贵州省
现代农业气象
GUIZHOU SHENG XIANDAI NONGYE QIXIANG FUWU SHOUCE
服务手册

主　编　谷晓平　胡家敏
副主编　古书鸿　肖　俊

气象出版社
China Meteorological Press

内容简介

本书从业务服务需求出发，整理了农业气象服务所需的相关知识要点，从贵州省农业概况、农业气候资源、主要农业气象灾害、二十四节气与农事活动、作物气象服务内容与流程、作物气象服务技术等方面进行了详细阐述，选取了具有代表性的24种作物，分为粮油、果树和经济作物3类，从作物概况、各发育期农业气象指标、气象灾害及防御对策等方面进行了详细梳理，并归纳成气象服务简表，便于业务人员使用。

本书可为贵州全省各级农业气象业务服务工作者提供参考，适合农业气象业务和科研人员、高等院校师生及农业生产管理者阅读参考。

图书在版编目(CIP)数据

贵州省现代农业气象服务手册 / 谷晓平，胡家敏主编. — 北京 ：气象出版社，2019.10

ISBN 978-7-5029-7062-8

Ⅰ.①贵… Ⅱ.①谷… ②胡… Ⅲ.①农业气象-气象服务-贵州-手册 Ⅳ.①S165-62

中国版本图书馆 CIP 数据核字(2019)第 216660 号

出版发行：气象出版社

地　　址：北京市海淀区中关村南大街46号　　**邮政编码**：100081

电　　话：010-68407112(总编室)　010-68408042(发行部)

网　　址：http://www.qxcbs.com　　**E-mail**：qxcbs@cma.gov.cn

责任编辑：黄海燕　崔晓军　　**终　　审**：吴晓鹏

责任校对：王丽梅　　**责任技编**：赵相宁

封面设计：楠竹文化

印　　刷：北京建宏印刷有限公司

开　　本：710 mm×1000 mm　1/16　　**印　　张**：17.5

字　　数：360千字

版　　次：2019年10月第1版　　**印　　次**：2019年10月第1次印刷

定　　价：120.00元

《贵州省现代农业气象服务手册》编委会

主　编：谷晓平　胡家敏

副主编：古书鸿　肖　俊

编　委（按姓氏拼音排序）：

敖　芹　陈朝龙　陈　芳　陈中云

池再香　邓　珺　付芳婧　付国清

付瑞滢　侯双双　黄桂东　姜于兰

兰昌明　李腹广　李慧璇　李丽丽

梁　平　梁正文　廖留峰　刘朝英

刘丽萍　刘荣让　刘宇鹏　莫建国

谭清波　谭　文　田　野　汪圣洪

韦美静　吴　丹　谢仁波　徐永灵

姚正兰　于　飞　詹沛刚　张　波

张艳梅　钟有萍　邹书平　左　晋

前　言

近年来，随着脱贫攻坚和乡村振兴的不断深入，农业生产呈现为多种经营主体并存，农业结构正面临深刻调整。贵州依托优良的山地生态环境气候优势，大力发展现代山地特色高效农业，以茶、辣椒、马铃薯、精品果业、中药材、油茶、特色杂粮、特色渔业、生态畜牧业等为特色的农业产业蓬勃发展，成效显著。据统计，截至2015年，贵州茶园面积以及辣椒、薏苡、火龙果和刺梨种植规模居全国首位，马铃薯种植规模居全国第二位，中药材、荞麦种植规模居全国第三位，蓝莓种植规模居全国第四位，大鲵存池数居全国第四位，蔬菜种植规模居全国第十一位。特色农业已经成为当地农民增收、农业增效的突破口和各地经济社会发展的重要组成部分。

贵州地处低纬高原西南季风气候区，气候复杂多样，气象灾害种类多、频次高，干旱、暴雨山洪、低温雨雪冰冻、冰雹、大风等气象灾害发生频繁，有“无灾不成年”之说，气象条件对农业生产造成严重影响，“靠天吃饭”依然是贵州农业生产的突出特征，农业和农村气象灾害防御能力弱，因灾致贫、返贫情况时有发生。农业生产规划布局需要科学的农业气象研究作为支撑，农业生产管理更是与气象条件密不可分。而贵州现代山地特色高效农业面临着新的发展，因此，贵州农业生产对农业气象服务的需求日益迫切。

要做好农业气象服务，必须做到对农业生产对象有所了解，对农业生产过程有所了解，以及对气象条件需求有所了解，在此基础上，才能做到对农业气象条件对农业生产影响有所了解，才能做出针对性的服务。

《贵州省现代农业气象服务手册》，在前人关于农业气象业务服务技术的相关研究成果基础上，整理了农业气象服务所需的相关知识要点，从贵州农业概况、贵州农业气候资源、贵州主要农业气象灾害、二十四节气与贵州农事活动、作物气象服务内容与流程、作物气象服务技术等进行详细阐述，尤其对贵州24种作物的种植概况、气候适宜性、各发育期特点及农事活动、农业气象指标、气象灾害及防御对策、气象服务方案简表等分别进行了详细梳理，概括了贵州农业生产对象、农业生产过程、农作物对气象条件需求等各方面的知识，是一本集气象与农业的综合性参考书，可为贵州全省各级农业气象业务服务工作者提供参考。

本书在编写过程中，得到了相关领导和专家的帮助和指导，曾晓珊、王冉熙、张皓、刘庭恺、胡锋、王备、胡欣欣等参与了本书的校稿等工作，在此一并表示感谢。

作者

2018年12月

目　　录

第 1 章　贵州农业概况

贵州地处云贵高原东部，平均海拔约 1100 m。全省面积 17.6 万 km^2，其中 92.5%为山地和丘陵，素有“八山一水一分田”之说。贵州生态环境复杂多样，生物多样性优势突出，农业资源富集。栽培的粮食、油料、经济作物有 30 多种，水果有 400 余种，可食用的野生淀粉植物、油脂植物、维生素植物主要种类有 500 多种，天然优良牧草有 260 多种，畜禽品种 37 个，有享誉国内外的“地道药材”32 种，是中国四大中药材产区之一。贵州还是茶叶的原产地，茶产业已成为贵州农业的第一大产业。

贵州农业历史悠久。据史料记载，春秋以前，贵州地域散居着多种原始农业部落。明朝在贵州建立行省后，加快了贵州与邻省及中原地区的经济交往，农业开发速度加快。清朝实行“改土归流”后，解脱奴役的农民积极开荒垦田，生产进一步发展，到清末耕地扩大到 2000 余万亩①。党的十一届三中全会后，贵州农业走上了全面、持续、健康发展的轨道。至 20 世纪末，贵州第一产业增加值 630.33 亿元，粮食产量 1112.3 万 t，肉类总产量 179.12 万 t，水产品产量 8.79 万 t，农民年人均纯收入 3472 元。进入 21 世纪后，贵州农业农村经济工作紧紧抓住国家深入实施西部大开发战略和贯彻落实国发〔2012〕2 号文件的历史性机遇，围绕农业增效、农民增收、农村繁荣这一主线，在巩固发展传统产业的同时，立足气候、生物和资源多样性的特点，把转变发展方式、调整优化结构、建设无公害绿色有机农产品大省作为主攻方向，坚持念好“山字经”，种出“摇钱树”，打好特色牌，积极探索发展现代山地特色高效农业，在改造传统农业的过程中不断发展农村生产力，为增加农民收入、繁荣农村经济、推进全面小康建设发挥了重要作用。

2016 年，全省各级农业部门以农业供给侧结构性改革为主线，以产业裂变发展为重点，以农业园区提升促进三产融合为载体，以深化农村改革为动力，以增加农民收入为核心，大力发展现代山地特色高效农业，农业农村经济加快发展。2016 年末贵州省常住人口 3555 万人，其中乡村人口 1985.47 万人，占 55.85%；第一产业增加值 1846.54 亿元，比 2015 年增长 6.0%，占地区生产总值的 15.74%。全省农林牧渔业增加值 1944.66 亿元，比 2015 年增长 5.9%。全省粮食总产量 1192.38 万 t，比 2015 年增长 1.0%，实现了“三连增”，为改革开放以来最高水平；主要特色农产品产

① 1 亩=1/15 hm^2，余同。

量较快增长，全省油菜籽产量 90.25 万 t，比 2015 年增长 1.4%；蔬菜产量 1878.48 万 t，比 2015 年增长 8.5%；茶叶产量 14.13 万 t，比 2015 年增长 19.7%；水果产量 162.27 万 t，比 2015 年增长 9.9%。畜牧业呈恢复性增长。全省畜牧业增加值 480.16 亿元，比 2015 年增长 2.9%。林业、渔业较快增长。全省林业增加值 133.32 亿元，比 2015 年增长 8.3%；渔业增加值 43.86 亿元，比 2015 年增长 15.6%。农村常住居民人均可支配收入 8090 元，比 2015 年增长 9.5%，高于全国增幅 1.3 个百分点，增速名列全国第四；城乡居民收入差距比缩小到 3.31∶1，城乡居民收入差距进一步收窄。

1.1　农业发展成效

贵州属于亚热带湿润季风气候区，冬无严寒、夏无酷暑，降水丰富、雨热同季，水热条件总体上对农业生产有利。各地年平均气温大部分在 10.8～19.8 ℃，年降水量在 833～1492 mm，在秋收作物生长期（4—9 月）太阳辐射较多，占全年辐射总量的 60%～70%。境内河流交错、地表落差大，对病虫远距离传播有阻隔作用，因此，农业病虫灾害相对较少；耕地、水源和大气受工业及城市“三废”污染较少，良好的生态环境使得贵州在发展生态畜牧业、蔬菜、茶叶、水果、中药材等特色产业方面表现出明显的绿色优势和巨大的潜力，正逐渐成为全国重要的“菜篮子”产品生产基地。

根据《中国农业年鉴 2017》提供的 2016 年中国 31 个地区作物种植面积和产量数据进行统计，贵州主要农作物的播种面积和产量及其全国排名分别见表 1.1 和表 1.2。

表 1.1　2016 年贵州主要农作物的播种面积及全国排名

类别	农作物	播种面积			
		全国（万 hm^2）	贵州（万 hm^2）	贵州占全国的比重（%）	排名
粮食	稻谷	3017.82	67.43	2.2	15
	小麦	2418.68	24.17	1.0	14
	玉米	3676.77	74.03	2.0	15
	马铃薯	562.60	73.17	13.0	2
油料作物	油菜籽	733.11	53.00	7.2	5
	花生	472.75	5.25	1.1	16
烟叶	烤烟	120.64	15.58	12.9	2
药材	药材	223.61	16.83	7.5	4
茶叶	年末实有茶园面积	290.21	43.98	15.2	1
	本年采摘面积	220.41	23.14	10.5	5
水果	苹果	232.38	1.43	0.6	14
	葡萄	80.96	3.18	3.9	12

表 1.2　2016 年贵州主要农作物的产量及全国排名

类别	农作物	总产				单产		
		全国（万 t）	贵州（万 t）	贵州占全国的比重(%)	排名	全国（kg/hm²）	贵州（kg/hm²）	排名
粮食	稻谷	20707.5	430.5	2.1	17	6862	6384	21
	小麦	12884.5	59.7	0.5	15	5327	2472	27
	玉米	21955.2	324.4	1.5	15	5971	4382	27
	马铃薯	1947.7	233.4	12.0	2	3462	3189	18
油料作物	油菜籽	1454.56	90.25	6.2	6	1984	1703	21
	花生	1728.98	11.32	0.7	16	3657	2155	26
烟叶	烤烟	255.51	27.50	10.8	3	2118	1764	21
茶叶	茶叶	240.49	14.13	5.9	7			
水果	苹果	4388.23	5.95	0.1	18			
	葡萄	1374.51	23.12	1.7	16			

1.1.1　主要农产品产量稳定增长

2016 年贵州粮食作物播种面积 311.33 万 hm²，比 2015 年减少了 0.1%（表 1.3）；但粮食总产量 1192.38 万 t，比 2015 年增长 1.0%，实现了“三连增”；粮食作物单产达到 3830 kg/hm²，比 2015 年增长 1.05%。油菜籽产量 90.25 万 t，比 2015 年增长 1.4%，粮油产量均为改革开放以来最高水平（表 1.4）。畜牧业稳步发展，猪牛羊禽肉产量 199.3 万 t，比 2015 年下降 1.3%；禽蛋产量 18.3 万 t，比 2015 年增长 4.1%；牛奶产量 6.4 万 t，比 2015 年增长 3.2%。渔业快速发展，水产品产量 28.99 万 t，同比增长 16.1%。

表 1.3　2012—2016 年贵州主要农作物播种面积　单位：万 hm²

类别	2012 年	2013 年	2014 年	2015 年	2016 年	2016 年比 2015 年增长百分率(%)
农作物总播种面积	518.29	539.01	551.65	554.22	559.68	1.0
粮食作物	305.43	311.84	313.84	311.49	311.33	−0.1
稻谷	68.30	68.45	68.20	67.51	67.43	0.0
小麦	25.98	25.18	25.15	24.87	24.17	−2.8
玉米	77.52	77.84	78.75	76.32	74.03	−3.0
大豆	13.38	12.82	13.06	13.51	13.96	3.3
薯类	91.94	93.79	94.45	94.41	96.65	2.4

续表

类别	2012年	2013年	2014年	2015年	2016年	2016年比2015年增长百分率(%)
马铃薯	67.63	68.95	70.43	70.92	73.17	3.2
油料作物	54.75	56.08	58.21	59.10	59.45	0.6
油菜籽	49.70	50.67	52.16	52.81	53.00	0.4
花生	4.10	4.36	4.89	5.13	5.25	2.3
糖料作物	2.18	2.79	2.79	2.68	2.09	—22.0
甘蔗	2.17	2.79	2.78	2.68	2.09	—22.1
烟叶	24.92	26.64	22.85	19.42	16.82	—13.4
烤烟	23.70	25.49	21.64	18.21	15.58	—14.4
药材类	7.47	11.75	14.66	15.58	16.83	8.0
蔬菜	77.43	84.77	92.43	98.02	105.04	7.2

表 1.4　2012—2016 年贵州主要农作物产量　　单位：万 t

类别	2012年	2013年	2014年	2015年	2016年	2016年比2015年增长百分率(%)
粮食作物	1079.50	1029.99	1138.50	1180.00	1192.38	1.0
稻谷	402.43	361.30	403.24	417.54	430.50	3.1
小麦	52.39	51.51	61.50	61.67	59.70	—3.2
玉米	342.25	298.03	313.81	324.08	324.40	0.1
大豆	7.84	8.04	11.78	12.60	17.80	41.3
薯类	235.83	263.36	289.91	303.84	301.90	—0.6
马铃薯	179.74	211.40	226.60	237.62	233.40	—1.8
油料作物	87.38	91.53	98.05	101.34	103.43	2.1
油菜籽	78.18	81.78	86.69	89.03	90.25	1.4
花生	7.86	8.25	9.71	10.50	11.32	7.8
甘蔗	127.96	159.29	168.27	156.09	117.81	—24.5
烤烟	37.31	41.79	35.34	32.93	27.50	—16.5
蔬菜	1375.63	1500.45	1625.62	1731.88	1878.48	8.5

1.1.2　农业结构调整持续推进

2016 年贵州粮食内部结构和经济作物结构进一步优化，粮经比稳定在 4∶6，实现了结构调整与稳定粮食产能双赢。主要特色农产品产量较快增长，蔬菜产量1878.48 万 t，增长 8.5%；茶叶产量 14.13 万 t，比 2015 年增长 19.7%；苹果、梨、柑橘和香蕉等水果产量较 2015 年均有较大幅度增长，猕猴桃产量比 2015 年增长31.2%（表 1.5）。全省 2016 年年末实有茶园面积 43.98 万 hm^2，面积全国第一，辣椒面积全国第一，火龙果、刺梨生产规模全国第一，马铃薯种植面积全国第二，薏苡产量占全国总产量的 80%以上。养殖业结构进一步优化，牛羊禽肉占肉类总产量比例增长1 个百分点，规模化养殖比例稳步提升。大牲畜年末存栏数稳中略降，但牛肉、羊肉、禽肉、牛奶和禽蛋等牧业产品产量均有所增长（表 1.6），主要农产品加工转化率达到 46%。以休闲观光农业和农村电子商务为代表的新产业新业态不断发展壮大。

表 1.5　2012—2016 年贵州部分重要农产品产量　　单位：万 t

类别	2012 年	2013 年	2014 年	2015 年	2016 年	2016 年比 2015 年增长百分率(%)
茶叶	7.44	8.94	10.71	11.80	14.13	19.7
苹果	2.49	3.25	4.39	5.27	5.95	12.9
梨	21.72	24.09	27.31	29.24	32.09	9.7
柑橘	22.74	25.48	28.91	32.01	34.90	9.0
香蕉	0.61	0.56	0.58	0.85	0.95	11.8
猕猴桃	1.76	2.21	2.50	5.25	6.89	31.2
柿子	1.46	1.46	1.50	1.49	1.59	6.7

表 1.6　2012—2016 年贵州畜牧业及水产品产量

类别	2012 年	2013 年	2014 年	2015 年	2016 年	2016 年比 2015 年增长百分率(%)
当年出栏数猪(万头)	1734.76	1832.28	1845.27	1795.26	1759.40	−2.0
牛(万头)	105.99	115.22	117.35	133.26	140.70	5.6
羊(万只)	206.78	205.39	220.38	246.14	263.90	7.2
肉类总产量(万 t)	190.27	199.74	201.80	201.94	199.30	−1.3
猪肉(万 t)	156.13	163.73	165.55	160.75	155.00	−3.6
牛肉(万 t)	13.04	14.13	14.68	16.76	17.90	6.8
羊肉(万 t)	3.53	3.51	3.75	4.20	4.50	7.1
禽肉(万 t)	15.41	15.48	14.84	16.31	17.70	8.5
牛奶(万 t)	5.10	5.45	5.71	6.20	6.40	3.2
禽蛋(万 t)	14.65	15.44	16.20	17.58	18.30	4.1

续表

类别	2012 年	2013 年	2014 年	2015 年	2016 年	2016 年比 2015 年增长百分率(%)
蜂蜜(t)	2052.00	2468.00	2733.00	3017.00	3075.00	1.9
大牲畜年末存栏数(万头)	541.03	536.90	572.05	609.20	586.30	−3.8
牛年末存栏数(万头)	461.04	460.62	495.86	535.95	518.30	−3.3
猪年末存栏数(万头)	1604.09	1604.10	1600.57	1558.96	1498.20	−3.9
羊年末存栏数(万只)	290.09	299.59	337.4	354.67	349.20	−1.5
水产品(万 t)	13.47	16.70	20.99	24.98	28.99	16.1

1.1.3 农产品质量安全稳步推进

农业标准化推进加快，2016 年贵州全省无公害绿色有机农产品认证面积达 2223.53 万亩，占全省耕地面积的 32.56%。新登记农产品地理标志 10 个，累计达 35 个。遵义市播州区、印江土家族苗族自治县和罗甸县被农业部命名为第一批国家农产品质量安全县。全年省级监督抽检蔬菜、茶叶、畜产品、水果和水产品分别为 1597、241、385、325 和 143 个，合格率分别为 99.9%、100%、99.7%、100% 和 99.3%。全年未发生重大农产品质量安全事件，农产品质量总体安全。

1.1.4 农业园区转型升级加快

2016 年贵州省级农业示范园区发展到 410 个，园区在先进技术应用、资金集聚等方面的作用正在显现。以园区为平台加大招商力度，2016 年完成签约项目 975 个，签约资金 1548.9 亿元，到位资金 261.3 亿元，资金到位率 16.9%。入驻园区新型经营主体 8802 家，优质农产品生产基地达 1300 万亩，依托园区开展产业精准扶贫，园区覆盖贫困人口 171.1 万人，扶持带动 57.4 万贫困人口脱贫。实现总产值 1976.2 亿元，销售收入 1709.0 万元。

1.1.5 农村改革全面深化

农村土地承包经营权确权登记颁证全省推进试点工作进展顺利，2016 年开展确权工作乡镇 1297 个，完成实测面积 6010 万亩，占全省国土耕地面积的 91.3%。协同推进农业保险改革，启动茶叶气象指数保险试点，农产品目标价格保险试点范围和规模进一步扩大。全省 21 个县 193 个乡镇 1257 个行政村开展“三变”改革试点，试点县土地等资源入股 25 万亩，流转土地、林地等资源 44.85 万亩，农民宅基地及其他物权量化 5.16 万宗，141.84 万农民入股成为股东，入股农民人均获得收益 1170 元，帮助 11.1 万人脱贫。贵州“三变”改革成为全国农村改革样板，写入 2017 年中央一号文件，“三变”改革入选 2016 年贵州经济“十件大事”。

1.1.6　产业融合发展加快

积极培育发展新型经营主体，打造产业融合发展主力军，2016 年贵州省级以上农业产业化经营重点龙头企业达 711 家，农民专业合作社达 4.7 万户，培训新型职业农民 1.14 万人。深入实施“万名农业专家服务三农行动”，帮助争取上级财政资金和引进社会资金 11.5 亿元，推广农作物新品种 2555 个，推广农业新技术 3862 项。深入推进 2016 年全国农村一二三产业融合发展试点工作，延伸农产品加工链条，加速推进农旅融合发展。茶旅一体化发展助推精准扶贫、耕地休耕试点、产业精准扶贫、金融支农创新等工作获农业部肯定。2016 年规模以上农产品加工企业完成总产值 2948.4 亿元，同比增长 15.7%；实现营业收入 2556.3 亿元，同比增长 19.5%；利润总额 398.5 亿元，同比增长 14.1%。

1.1.7　农业信息化水平逐步提升

2016 年贵州“农经云”已完成系统平台建设，13 个应用系统迁移至“云上贵州”，数据目录梳理及资源上架工作已完成。贵州“农业云”建设项目立项、可研报告、初步设计等相关工作已经完成。茶资源交易、高效农业园区物联网应用示范、园区质量安全云、贵州种子管理综合信息系统、蔬菜产地信息系统等投入试运行。信息进村入户试点工作稳步推进。扎实推进“互联网＋”现代农业发展，毕节农业大数据中心和北京金禾天成科技有限公司的火龙果标准化种植及产业化推广入选全国“互联网＋”现代农业百佳实践案例。贵州省农业大数据中心进入农业部试点。2017 年 9 月 4 日，贵州农业大数据专家委员会在中国农业科学院农业信息研究所成立，今后将围绕贵州农业大数据发展重大问题，开展相关咨询服务。

1.1.8　农业可持续发展能力增强

2016 年贵州继续开展农产品产地土壤重金属污染防治普查，完成 5.4 万个土壤样品采集分析检验和全省水稻主产区稻米重金属污染协同监测，制作全省农产品产地重金属污染普查图。推进美丽乡村“百村大战”行动，完成建设项目 2035 个，投入建设资金 45.51 亿元，建设新农村环境综合治理省级示范点 105 个。开展 16 个农业面源污染国控点监测，推广化肥减量增效技术，建设绿色防控示范区 44 个，示范区主要农作物病虫害绿色防控和关键技术覆盖率分别达 35%和 86.3%。

1.2　现代农业发展的主要举措

1.2.1　集聚资源打造现代高效农业示范园区，带动辐射区域农业产业发展

现代高效农业示范园区建设是 2012 年中国共产党贵州省第十二届委员会第三次全体会议提出推进“5 个 100 工程”重点发展平台建设内容之一。2013 年贵州省第

十二届人民代表大会第一次会议通过的《贵州政府工作报告》指出，要重点打造 100 个现代高效农业示范园区。根据贵州省委、省政府的安排部署，结合各地农业产业发展情况，共筛选出 113 个创建点建设 100 个现代高效农业示范园区，其中省级重点园区 30 个。2019 年，贵州省第十二届五次全会提出重点开展 500 亩以上坝区农业产业结构调整，以及茶、辣椒、蔬菜、水果、中药材、生态畜牧业等十二大特色农村产业革命。

园区建设按照“统筹规划、政府引导、市场运作、企业主体、农民参与”思路，坚持以农业科技为根本，以市场为导向，以农业资源的高效持续利用为支撑，以政府投入为引导，形成以企业投入为主体的运作模式，引导优势企业向园区汇集。各地积极响应，2015 年现代高效农业示范园区增加到 326 个，入驻企业增加到 3017 家，其中注册资金在 500 万元以上的企业 1485 家。

2016 年年底，贵州省现代高效农业示范园区建设联席会议办公室组织开展了省级农业园区绩效考评和新增省级农业园区申报评定工作，并报经贵州省人民政府同意，将排名前 110 位的园区确定为“引领型”园区作为省级重点园区打造，另确定了 200 个“发展型”园区和 75 个“追赶型”园区，并对排名最后 20 位的园区予以黄牌警告，其中天柱县清水江库区生态渔业示范园因连续两年绩效考评予以黄牌警告，淘汰出省级农业园区；新增认定 47 个省级农业园区，同时纳入“追赶型”园区。至此，贵州省级现代高效农业示范园区总数达到 431 个。

未来，现代高效农业示范园区将实现规划设计科学、产业特色鲜明、基础设施配套、生产要素集聚、科技含量高、经营机制完善、产品商品率高、综合效益显著，成为做大产业规模、提升产业水平、促进农民增收、推动经济发展的“推进器”和“发动机”。

1.2.2　实施绿色农产品“泉涌”工程，让绿色农产品“泉涌”贵州、风行天下

为贯彻落实贵州省第十二次党代会精神，深入推进农业供给侧结构性改革，大力发展现代山地特色高效农业，发挥资源丰富和生态良好优势，增加无公害绿色有机农产品供给，推动绿色农产品“泉涌”发展，实现农业生产增效、农民生活增收、农村生态增绿，2017 年 5 月，贵州省委办公厅、省人民政府办公厅印发《贵州省绿色农产品“泉涌”工程工作方案(2017—2020 年)》(以下简称《方案》)。

《方案》明确了立足大生态、服务大扶贫、利用大数据，围绕资源禀赋、市场需求、农民增收，着力打造全国重要的绿色农产品生产加工基地，全面提升烟、酒、茶、药、特色食品等多张“名片”的知名度和美誉度，切实增强绿色农产品的核心竞争力和品牌影响力。通过加大农村“三变”改革力度，重点发展“十大类绿色农产品”，大力实施“八项发展任务”，促进农产品生产规模化、质量标准化、营销网络化、利益股份化，确保到 2020 年实现建成无公害绿色有机农产品大省的总体目标。

2020 年要在 2015 年的基础上，实现“三增加、五达到、一确保”。“三增加”，即“三品一标”(无公害农产品、绿色食品、有机农产品和农产品地理标志)产地认定面积

从 1460.49 万亩增加到 5000 万亩以上，省级现代高效农业示范园区从 431 个增加到 500 个，规模以上农产品加工业总产值从 1383 亿元增加到 5000 亿元。“五达到”，即粮食总产量达到 1100 万 t 以上，通过“三品一标”认证产品达到 3300 个以上，主要农产品基地质量安全例行监测总体合格率达到 98%以上，农业示范园区农产品加工转化率达到 50%以上，农产品网上销售额年均增长达到 30%以上。“一确保”，即：确保农民人均可支配收入 30%以上来自绿色农产品产业发展。

2018—2020 年，贵州省将重点主推生态畜牧业、茶、蔬菜、中药材、精品果业、马铃薯、核桃、油料、特色杂粮、水产业等十大类具有市场竞争优势的特色产业。着力打造南方草地生态畜牧业大省，加快建成企业集聚、产业集群的中国高品质绿茶原料中心和加工中心，建成全国重要的夏秋蔬菜基地、名特优蔬菜基地、辣椒产销中心和优质特色食用菌基地，建设成为中药材大省和民族医药强省，建成南方最大的种薯和商品薯基地，建成全国最大的薏苡原料基地、加工和流通中心。

推动绿色农产品“泉涌”发展，改革创新是关键，通过产业发展方式改革创新，促进绿色农产品“上规模”；通过质量安全监管改革创新，促进绿色农产品“提品质”；通过农技示范推广改革创新，促进绿色农产品“达标准”；通过农业经营制度改革创新，促进绿色农产品“深加工”；通过市场流通体制改革创新，促进绿色农产品“闯市场”；通过品牌营销推进改革创新，促进绿色农产品“塑形象”；通过农村产权制度改革创新，促进绿色农产品“增红利”；通过组织管理机制改革创新，促进绿色农产品“强保障”。

1.2.3　电商破解“城乡二元结合”新路子，绿色优质农产品 e 路前行

2016 年 6 月，贵州省 66 个贫困县的 400 个名特优农产品进驻京东集团全国首个省级扶贫馆——“中国特产 · 贵州扶贫馆”，8 个月销售产品 3 万余件，销售额突破 500 万元。2016 年，贵州全省建成农村电子商务服务站（点）6949 个，电商交易额完成 1436 亿元，同比增长 34.7%，增速位居全国前列，直接或间接带动近 10 万建档立卡贫困户脱贫。2017 年 3 月，天猫 · 贵州原产地商品官方旗舰店开馆以来，合作销售的产品有 58 个，涉及茶、酒、水果生鲜、零食特产等类目，累计订单逾千件。7 月，贵州与苏宁集团携手合作，在苏宁易购电子商务平台开设中华特色馆 · 贵州馆，馆内汇聚 18 个品牌 58 个商品，涉及黔茶、白酒、水果生鲜、特产美食、休闲零食等具有贵州特色和元素的多种产品。2017 年贵州全省电商销售金额同比增速 76%，同比增速排行全国第 2 位。

近年来，贵州对外不断引入国内大型电商平台，对内大力发展本土平台型电商企业，培育出贵州电商云、黔邮乡情等一批本土优秀电商平台。贵州绿茶、散养土鸡、绿壳鸡蛋、小香猪等大量的贵州绿色优质农产品已成为受到全国消费者追捧的“网红”。

在“互联网+”及大数据时代，“农商互联”新型模式，成为减少流通环节、降低流

通成本、提高农产品流通发展水平、推进结构调整和产业升级的唯一选择。2017 年 6 月 3 日，贵州勤邦农商互联扶贫云栈项目净菜加工集配中心在贵阳落成。该中心通过创建产销对接机制，整合贵州全省无公害农产品、绿色食品、有机农产品等资源，做好蔬菜的清洗、分级、整理、包装、储藏、保鲜，发展速冻、脱水蔬菜和保健蔬菜等深加工产品，推进农产品“团销、团餐”行动开展，助力“黔货”抢占国内餐桌市场，并依托勤邦农商互联扶贫云栈河口口岸分栈走出国门，实现贵州农产品销售的快速增长，助推脱贫攻坚。2017 年 6 月，贵州在线采购平台“美乘网”上线，其以贵州优质绿色农产品为主要类目展开运营，覆盖蔬菜(40 余种)、蛋禽、肉、粮油、调味品 5 大品类，采供双方通过平台在线购买，实现便捷的网络交易。2017 年贵州已在 1300 个贫困村设立电商网点，电子商务交易额较 2016 年增长 30%。

据《2017 中国电子商务发展指数报告》发布的数据显示，2017 年前 11 个月，贵州成为全国 31 省区市(不含港澳台)电商销售增速最快的 3 个省份之一，全省销售金额同比增速 76%，同比增速排行第 2 位。贵州跻身“人均消费增长最快”TOP10 榜单，有 140 人累积消费金额在百万元及以上，在全国排名 25 位。随着农村电商的发展和智慧物流的普及，农村电商发展步入快车道，辣椒类调料、牛肉、腊肉腌肉、猪肉、代用花茶、腌制泡菜、臭豆腐等农副产品在线发挥优势，成为贵州人最赚钱的农副产品，贵州的农副产品利用电商实现了“黔货出山”。

当前，贵州将以推进供给侧结构性改革为主线，以产业扶贫为主要任务，以优化供给、提质增效、农民增收为目标，以绿色发展为导向，以改革创新为动力，以结构调整为重点，以园区建设为平台，着力培育新动能、打造新业态、扶持新主体、拓宽新渠道，加快推进农业转型升级，加快农业现代化建设。

未来，贵州农业将坚持绿色发展理念，走生态循环农业发展之路。突出大数据产业优势，围绕绿色优质农产品，打造特色优势产业，大力发展品牌农业。推进“三品一标”认证，强化质量安全监管，应用物联网等现代信息技术，实现农产品质量安全全程可追溯。以现代高效农业园区和美丽乡村为平台，整合优化配置资源，促进先进要素集聚，推进产村一体发展。利用现代信息技术提升农业生产、经营、管理和服务水平，培育具备智能化、精细化、个性化特征的现代农业发展新模式，形成贵州现代山地特色高效农业互联网生态体系。

1.3　农业气象服务发展概况

近年来，贵州省、市、县各级气象部门围绕粮食安全气象服务、农业防灾减灾以及现代山地特色高效农业发展对气象服务提出的需求，通过建立完善农业气象观测网络，加强农业气象科技支撑，推进业务服务系统平台建设，大力实施“三农”专项，着力加强农业气象服务能力建设，贵州省、市、县三级农业气象服务体系日趋完善，农业气象服务保障农业生产的能力日益提升。

1.3.1　农业气象观测网络日益完善

贵州全省现有 18 个农业气象观测站，分别开展大宗作物和部分特色作物的农业气象观测。其中，小麦（6 个站）、油菜（9 个站）、单季稻（12 个站）、玉米（8 个站）属于中国气象局管理项目；烟草（4 个）、马铃薯（4 个）、茶叶（3 个）、中药材（施秉）、花生（铜仁）、果蔬（榕江）等属于省级管理项目。此外，全省各县每周定期开展农情调查，及时调查了解和上报农业生产及农作物生长状况。全省建成了 113 个土壤水分自动观测站和 126 个农田小气候及实景观测站，建成了贵州省农业气象外场试验基地，实现了农业生产环境气象要素和农作物生长动态的实时监测。

1.3.2　农业气象科技支撑不断增强

近年来，针对农业气象业务服务需要，积极开展了农业气象科学和技术研究，包括作物物候期规律、气候适应性指标；干旱、低温等农业气象灾害监测、预报、预警技术；作物病虫害、作物长势、气象条件适宜度评价等定量分析技术；农用天气预报、作物关键发育期预报、产量预报技术；农业气候资源要素的空间精细化技术等，这一系列专业技术方法得到进一步深入研究和应用，为农业气象服务提供了有力的科技支撑。

1.3.3　现代农业气象服务全面推进

贵州省、市、县各级气象部门，结合区域农业生产实际，持续做好面向决策部门的气象服务工作，积极探索面向特色农业和农业生产者的直通式服务。针对现代山地特色高效农业蓬勃发展所带来的各地农业产业结构调整需要，开展了农业气候资源分析与灾害风险论证工作，在深入分析农业气候资源基础上，开展精细化农业气候区划和气象灾害风险区划，为农业产业时空布局和灾害风险防控等提供科学参考。

针对农业生产管理对气象监测预报预警信息的需要，适时制作发布农业气象情报、关键农事季节农用天气预报、农业气象灾害监测预警评估、特色农业气象专题服务等业务服务产品，通过密切关注农业气象条件变化，分析气象条件对农业生产影响，促进气象监测预报信息在农业生产中的应用。

针对贵州优良气候条件生产的特色优质农产品，开展气候品质认证工作，深入分析农产品品质形成与气候条件的关系，通过定量化的分析，评估农产品气候品质等级，充分挖掘各地气候资源优势以及农产品价值，为特色优质农产品增值畅销提供气象服务。

1.3.4　农业气象服务能力显著提升

随着贵州现代山地特色高效农业的迅速发展，各地农业产业化发展思路日渐明晰，农业气象服务对象随之日渐明确，为各级气象部门提升农业气象服务针对性奠定了基础。

随着信息化的发展，农村信息传播“最后一公里”的问题得到有效解决，农业气象信息也随之能够有效传递至广大服务对象手中，有效促进了气象信息在农业生产中的应用。

2016 年以来，中国气象局提出了发展基于“互联网＋”的智慧农业气象服务，贵州按照中国气象局有关部署，结合贵州实际，积极开展了智慧农业气象服务工作，通过同步推进由农业气象数据库、农业气象业务系统、农业气象服务支撑系统、农业气象服务手机终端（APP）等组成的贵州智慧农业气象服务平台建设，努力让农业气象服务更加智慧。通过平台建设与应用，有效促进了贵州农业气象业务系统和服务系统的有机衔接，有效增强了对省、市、县三级农业气象服务支撑，在很大程度上解决了贵州复杂山地环境和立体气候背景下，多样性农业生产带来的多样性农业气象服务需求与服务针对性之间的矛盾，各级农业气象服务能力显著提升。

第2章 贵州农业气候资源

农业气候资源，是重要的农业自然资源之一，主要包括光能、热量和水分等。它们都是农作物生长发育和产量形成的重要物质和能量来源，从而成为各种农作物不可缺少的基本生态因子。光、热、水资源对农作物的生长发育都具有同等重要的作用，它们之间可以互为补充，但不能用其中一种资源完全替代另一种资源。

贵州因受季风之惠，雨热同季，作物生长需水量大的时期正值雨季，热量的有效性较高。因此，对农业而言，贵州气候属于丰收型气候。此外，贵州复杂山地环境和立体气候背景下，各地光温水等气候要素组合的差异，造就了各地不同的农业气候资源。

2.1 主要气候特点

贵州属于亚热带湿润季风气候，气候温和，冬无严寒，夏无酷暑，四季分明；常年雨量充沛，时空分布不均，水热同期；光照条件较差，降水日数较多，空气相对湿度较大，多云寡照，光温同步；垂直方向气候差异较大，立体气候明显。

(1)全省大部分地区气候温和，冬无严寒，夏无酷暑，四季分明

年平均气温为10.8～19.8 ℃。各地月平均气温的最高值出现在7月(平均气温为17.7～27.9 ℃)，最低值出现在1月(平均气温为1.9～10.1 ℃)。贵州多年平均日最高气温为15.9～25.2 ℃，多年平均日最低气温大部分介于9.1～15.0 ℃。全省大部分地区的气候四季分明，地处全省中心位置的贵阳市在四季划分上具有代表性，四季以冬季最长，约105 d，春季次之，约102 d，夏季较短，约82 d，秋季最短，约76 d。

(2)常年雨量充沛，时空分布不均

全省多年平均年降水量大部分地区在832.9～1492.1 mm，且年降水量的年际变化不大，其平均变率为10%～15%，是全国年降水量变化较稳定的地区之一。年降水量的空间分布趋势是南部多于北部，东部多于西部，全省有3个多雨区和3个少雨区。降水大部分集中在夏半年，冬半年降水总量相对较少。

(3)光照条件较差，降雨日数较多，空气相对湿度较大

全省大部分地区年日照时数为966.7～1635.2 h，空间分布特点是西多东少，即西部约1600 h、中部和东部为1200 h，年日照时数比同纬度的我国东部地区少1/3以

上，是全国日照最少的地区之一。各地年降水总日数一般在 139～219 d，大部分地区的年平均空气相对湿度高达 82%，且年内各个季节的空气相对湿度变幅较小。

（4）气候垂直差异较大，立体气候明显

贵州地处低纬山区，地势高低悬殊，天气气候特点在垂直方向差异较大。贵州东、西部之间海拔高差在 2500 m 以上，故随着从东向西的地势不断增高，太阳辐射增多，气温降低，空气绝对湿度减小，风速略有增大。而在水平距离不大但坡度较陡的地区，立体气候特征更是明显，有“一山有四季，十里不同天”的说法。

2.2 农业气候资源特点

2.2.1 光能资源

光能是农作物生长发育和产量、品质形成的能量源泉。俗话说“阳光普照，五谷丰登”，就是农业生产对太阳光能依存关系的生动反映。科学实验证明，在植物体内干物质中，有 90%左右是直接或间接地来自光合作用的产物。因此，在热量和水分条件得到满足和其他农业技术措施得到保证的情况下，光能资源越丰富，农作物的产量越高，品质越好。

贵州光能资源的年总量并不丰富，属全国的低值区。但各地光能资源的年内分布主要集中在夏半年，这对于占全年粮食产量 80%的秋收作物而言，光照则相对较为充足。

2.2.1.1 日照时数

（1）年日照时数空间差异大，西部多东部少

贵州年日照时数在 966.7 h（务川）～1635.2 h（威宁），平均在 1180 h 左右，西部和西南部多、北部少。日照高值区主要分布在西部威宁、盘县、兴义、安龙一带，年日照时数大于 1500 h；低值区主要分布在北部的务川、凤冈、绥阳、正安一带，年日照时数小于 1000 h（图 2.1）。

（2）四季分布不均，夏季多冬季少

日照时数的年内变化主要趋势呈单峰型（图 2.2）。一年中以 1 月日照时数最少，在 26.6 h（凤冈）～136.8 h（威宁），平均为 45.6 h，其次是 2 月，在 27.8 h（正安）～140.8 h（威宁）；以 8 月日照时数最多，在 129.7 h（贵阳）～191.5 h（从江），平均为 169.8 h，其次是 7 月，在 122.6 h（长顺）～184.3 h（三穗）。

各季日照时数分布见图 2.3 至图 2.6。其中，春季全省平均为 300.0 h，各地为 218.7 h（荔波）～513.3 h（威宁），西部多、东部少；夏季全省平均为 433.0 h，各地为 360.0 h（长顺）～493.1 h（从江），东部多、西部少；秋季全省平均为 286.3 h，各地为 225.1 h（正安）～363.0 h（兴义），南部多、北部少；冬季全省平均为 164.1 h，各地为

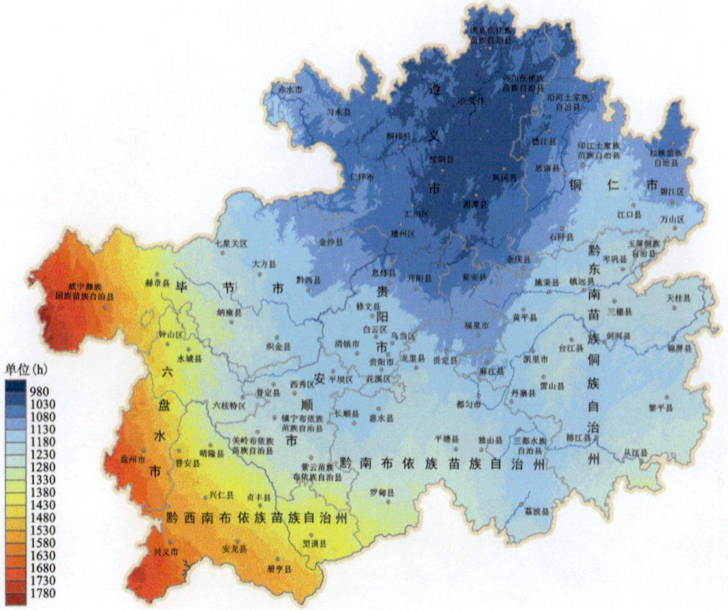

图 2.1　贵州年日照时数分布图

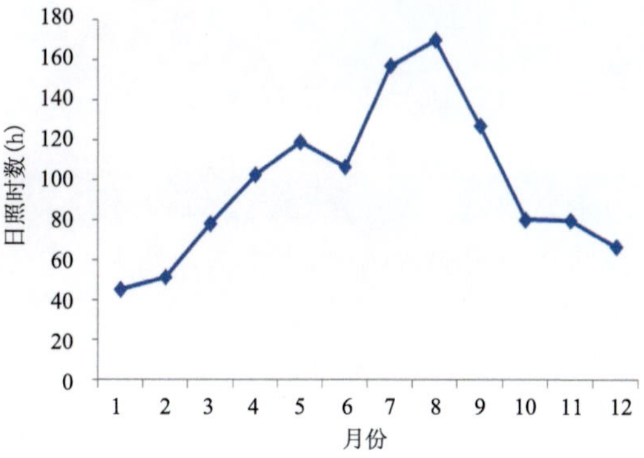

图 2.2　贵州年内各月多年平均日照时数变化曲线图

93.3 h(正安)～412.9 h(威宁),西部西南部多、北部少。

贵州日照资源主要集中在 4—9 月,总日照时数占年总日照时数的 71%～77%,各地 4—9 月日照时数在 672.5 h(荔波)～952.6 h(兴义),全省平均为 780.0 h(图 2.7)。4—9 月是贵州秋收作物的主要生长期,此期间充足的日照条件,为秋收作物高产丰收提供了良好的气候环境。

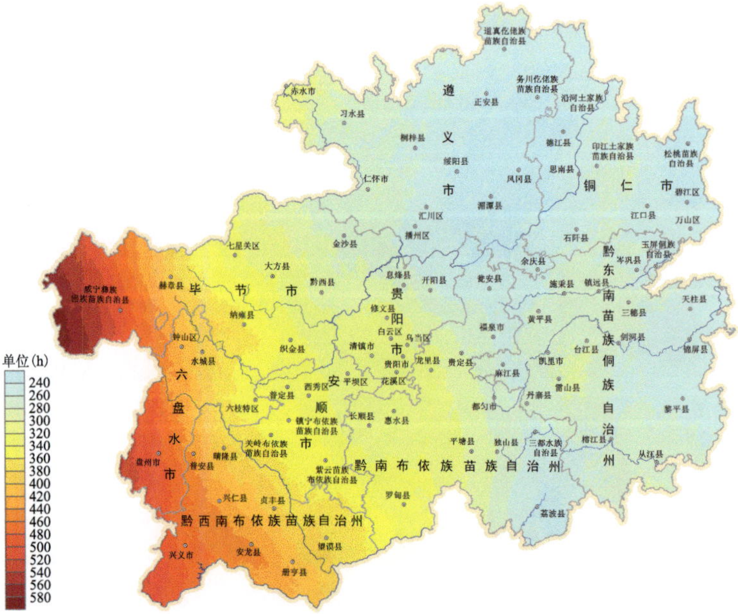

图 2.3 贵州春季日照时数分布图

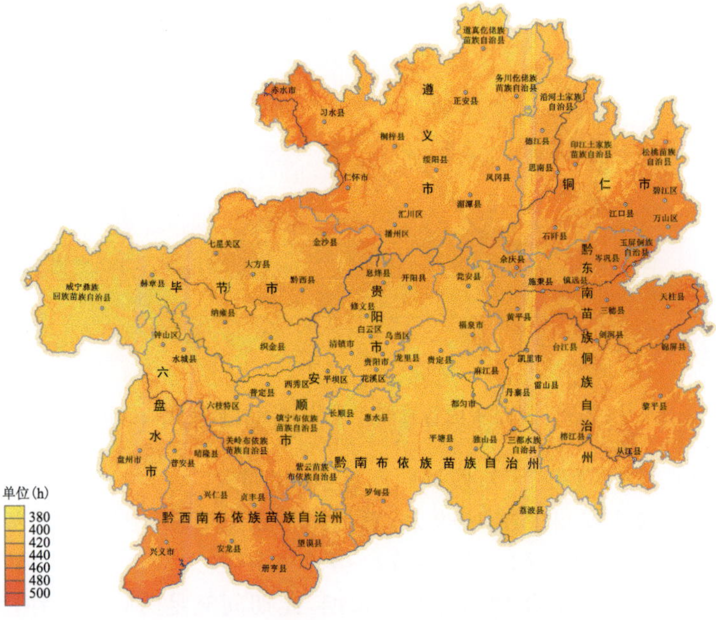

图 2.4 贵州夏季日照时数分布图

图 2.5　贵州秋季日照时数分布图

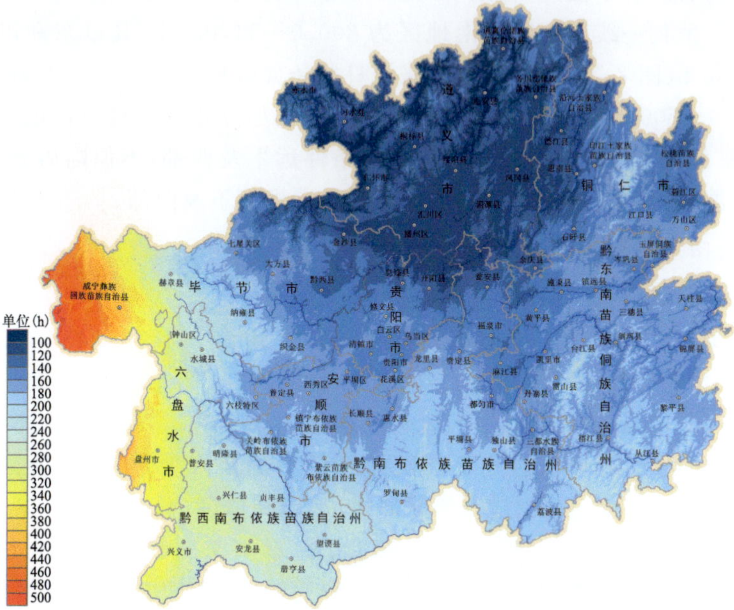

图 2.6　贵州冬季日照时数分布图

图 2.7　贵州 4—9 月日照时数分布图

夏收作物(油菜、小麦)生育期 10 月—翌年 5 月的总日照时数，在赫章—纳雍—晴隆—紫云—罗甸一线以西和以南地区为 800.0～1140.0 h；其以东和以北地区为 440.0～800.0 h(图 2.8)，对夏收作物来说日照条件就显得较差。3—5 月，西部日照时数达 300.0～500.0 h，相对充足的光照对小麦幼穗分化和抽穗阶段的生长发育都十分有利；东部因雨季来临，阴雨增多，日照条件远不及西部，不但阻碍光合作用，而且还因温高湿重，易诱发病虫害，使小麦品质和产量都不及西部。

2.2.1.2　太阳总辐射

(1)年太阳总辐射西部和西南部多，北部和东部少

贵州高原地形起伏大，各地年太阳总辐射平均为 814.0～5438.0 MJ/m^2(图 2.9)，总体分布为西部和西南部多、北部和东部少。年太阳总辐射地域差异很大，最大差值达 4624.0 MJ/m^2 之多，最大值是最小值的 6.7 倍，且纬向分布不明显，在起伏地形下，年平均太阳总辐射并不是随纬度的增加而降低，虽然低值区(814.0～2954.0 MJ/m^2)在习水、正安、道真等北部地区，但高值区(4133.0～5438.0 MJ/m^2)并不位于最南部，而是位于西部的威宁、盘县、普安、兴义一带。在大方、织金、安顺、罗甸等省之中部一线以东以北地区年太阳总辐射较低，普遍在 3500.0 MJ/m^2 以下；省之西部、西南部太阳总辐射相对较高，在 3500.1～5438.0 MJ/m^2。由此可见，坡

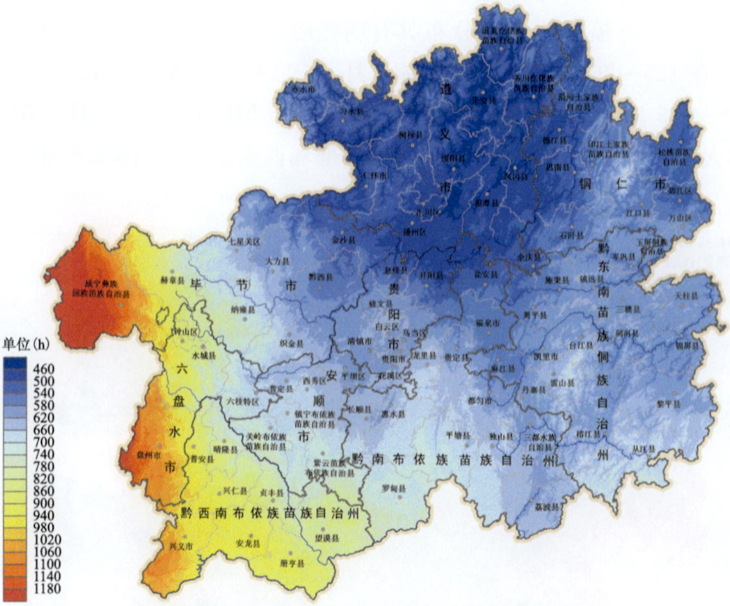

图 2.8 贵州 10 月—翌年 5 月日照时数分布图

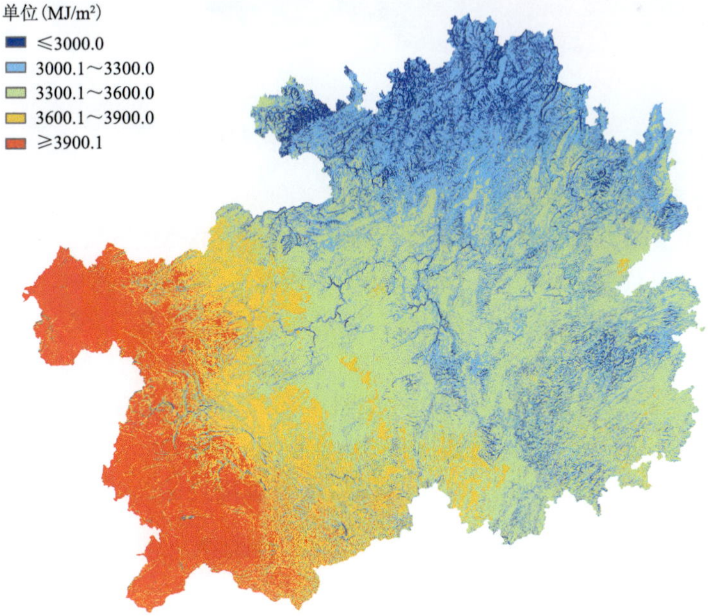

图 2.9 贵州年太阳总辐射分布图

度、坡向的作用非常明显，地形遮蔽对年太阳总辐射的影响要大于纬度的影响，使得起伏地形下年太阳总辐射的空间分布具有明显的地域分布特征。一年中以 12 月太阳总辐射最少，在 105～265 MJ/m^2，其次是 1 月，在 113～275 MJ/m^2；以 7 月太阳总辐射最多，在 383～515 MJ/m^2，其次是 8 月，在 388～495 MJ/m^2。4—9 月太阳总辐射的空间分布与年太阳总辐射的特征相似，同样是西部和西南部多，北部和东部少（图 2.10）。

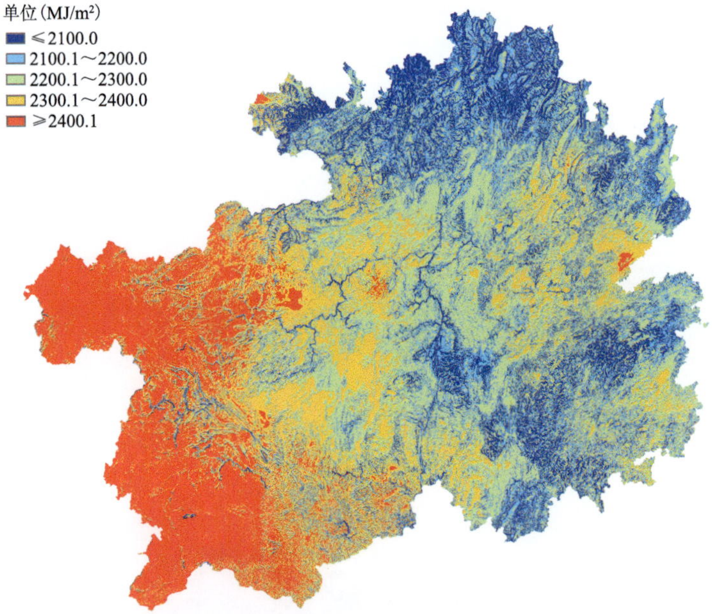

图 2.10　贵州 4—9 月太阳总辐射分布图

(2)四季分配不均，冬季最少，夏季最多

冬季是全年太阳总辐射最少的季节，各地在 340～753 MJ/m^2，自西南部向东北部递减；春季，太阳总辐射在 736～1465 MJ/m^2，西部多、东部少，其中，全省最低值出现在锦屏、务川等地，小于 837 MJ/m^2，最高值出现在威宁、盘县、兴义一带，达 1381～1465 MJ/m^2；夏季是太阳总辐射最多的季节，各地在 1165～1423 MJ/m^2，占年太阳总辐射的 30%～40%，南、北多，中间少，贵州中部的六枝—镇宁—安顺—龙里—麻江一线，不足 1256 MJ/m^2，由此向北、向南递增至 1423 MJ/m^2；秋季，太阳总辐射比夏季明显减少，各地在 595～931 MJ/m^2，占年太阳总辐射的 20%左右，西部和西南部多、北部少。

(3)太阳总辐射随海拔变化差异大

一般情况，高山由于气层较薄，太阳辐射被削弱较少，在相同的天气条件下，高山的太阳辐射大于低坝，如威宁（海拔 2237.5 m）的年太阳总辐射为 4594.8 MJ/m^2，贵阳(海拔 1223.8 m)的年太阳总辐射为 3721.9 MJ/m²,遵义(海拔 843.9 m)的年太阳总辐射为 3399.0 MJ/m²。但在贵州,由于阴雨天气多,高山云雾相对较多,云雾对太阳辐射削弱强,所以贵州太阳辐射有时呈现出随高度的增加而递减的现象。

2.2.2 热量资源特征

热量资源是农作物生长必不可少的重要气象生态因子之一。农作物维持生命活动、生长发育和开花结实都要求一定的温度范围。作物生长对温度条件的需求可用"三基点温度"(下限温度、上限温度和最适温度)来表示。其中,最适温度是指最有利于作物生长发育的环境温度,下限温度和上限温度分别指作物开始生长发育和停止生长发育但尚未受到伤害致死的温度。如果低于最低温度或高于最高温度,就会对作物产生不同程度的危害,直至死亡。

2.2.2.1 平均气温

(1)年平均气温地域差异明显,东部、南部高于西部、北部

贵州年平均气温有明显的地域差异,气温受海拔高度、地形的影响最为明显。由于海拔高度不同,各地气温差别很大。各地年平均气温为 10.8～19.8 ℃,东部、南部高于西部、北部。低值区(10.8 ℃)主要分布于威宁一带;高值区(16.9～19.8 ℃)主要分布于南部及东南部边缘和赤水河谷等低海拔地区(图 2.11)。

图 2.11　贵州年平均气温分布图

贵州各地 4—9 月平均气温为 12.1～21.3 ℃，东北部、东南部、南部一带高于中西部。相对低值区（12.1～13.7 ℃）主要分布于威宁、水城、大方一带，相对高值区（19.9～21.3 ℃）主要分布于南部低海拔地区及赤水河谷地区、乌江下游河谷一带。

贵州年内月平均气温变化呈单峰型，各地月平均气温的最高值出现在 7 月，最低值出现在 1 月。最热月（7 月）平均气温为 17.7 ℃（威宁）～27.9 ℃（碧江），区域分布总体是东部高于西部；最冷月（1 月）平均气温为 1.9 ℃（大方）～10.4 ℃（罗甸、册亨、望谟），南部高于西部、北部。

（2）四季分明，冬无严寒，大部分地方夏无酷暑

按照我国常用的气候季节划分标准，即候平均气温低于 10 ℃为冬季，高于 22 ℃为夏季，其间为春季或秋季。贵州大部分地区四季之中，秋季最短，冬季长于夏季。南部的罗甸、望谟一带，最短的是冬季，不超过一个月，在部分低洼河谷区则基本上没有冬季；而西北部的威宁、水城一带，则基本上没有夏季。

贵州冬季（1 月）平均气温为 1.9 ℃（大方）～10.1 ℃（罗甸、册亨、望谟），南部、东部高于西部、北部（图 2.12）。1 月，除受大气环流和冷空气影响以外，在云贵高原常常形成滇黔准静止锋，贵州中东部地区，受锋后冷气团影响，气温偏低。西部和西南部地区，处于滇黔准静止锋西侧和南侧，常常天气晴好，温暖如春。

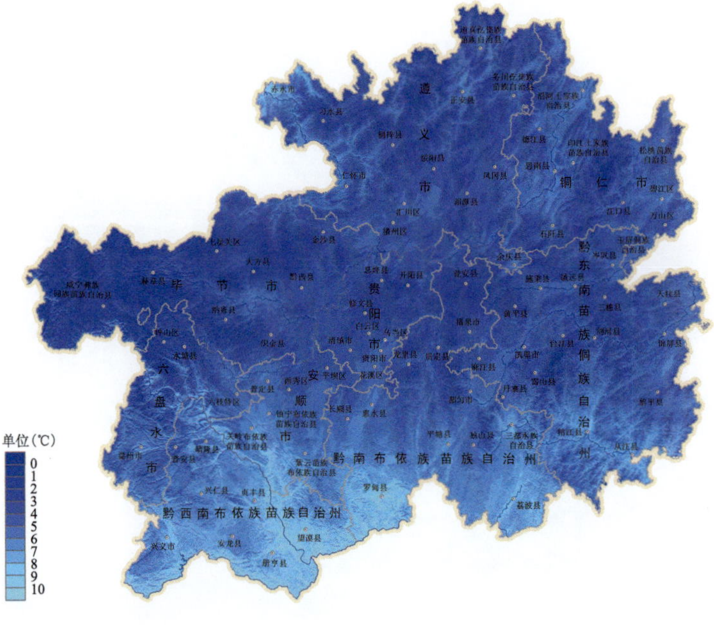

图 2.12　贵州 1 月平均气温分布图

贵州春季(4 月)平均气温为 11.7 ℃(威宁)～21.2 ℃(罗甸),南部、东部高于西部、北部(图 2.13)。滇黔准静止锋也是春季影响贵州的主要天气系统。较低值区(11.7～13.0 ℃)主要分布于西北部的威宁、大方等地,较高值区(19.7～21.2 ℃)分布于罗甸、望谟、册亨、荔波、榕江一带。

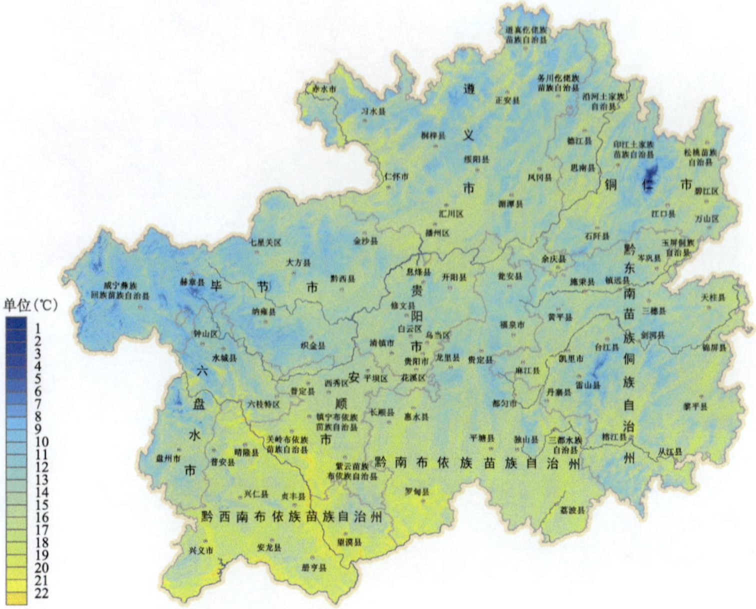

图 2.13　贵州 4 月平均气温分布图

贵州夏季(7 月)平均气温为 17.7 ℃(威宁)～27.9 ℃(碧江),区域分布总体是东部高于西部(图 2.14)。东部大部和南部边缘地区为 24.6～27.9 ℃,西北部边缘地区为 17.7～21.1 ℃外,其余大部分地区介于 21.2～24.5 ℃。

贵州秋季(10 月)平均气温(图 2.15)介于 11.1 ℃(威宁)～20.6 ℃(罗甸)。较低值区(11.1～12.7 ℃)主要分布于省之西北部的威宁、大方等地;较高值区(19.1～20.6 ℃)分布于南部边缘的罗甸、望谟、册亨、荔波、从江、榕江等地。

2.2.2.2　平均日最高气温

贵州多年平均日最高气温(图 2.16)为 15.9 ℃(大方)～25.2 ℃(罗甸),总体分布为南部、东部高于中西部。较低值区(15.9～17.2 ℃)分布在西北部的大方、威宁、水城等地,较高值区(23.0～25.2 ℃)主要分布在南部边缘的望谟、罗甸、册亨、荔波、从江、榕江等地。大娄山区、雷公山区、轿子顶和册亨、望谟等地,由于山地、丘陵、河谷纵横交错,地形复杂,这些地区年平均日最高气温的空间分布梯度较大。

图 2.14　贵州 7 月平均气温分布图

图 2.15　贵州 10 月平均气温分布图

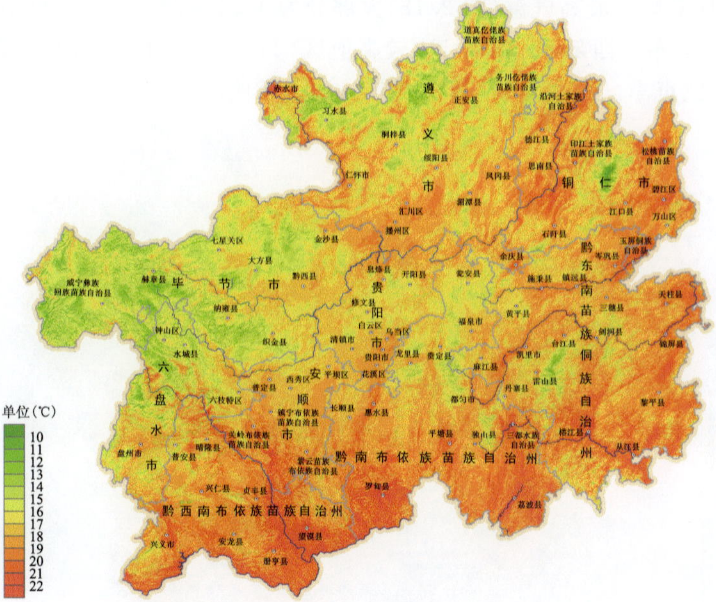

图 2.16　贵州多年平均日最高气温分布图

贵州 1 月平均日最高气温(图 2.17)大部分为 6.5～11.5 ℃。1 月平均日最高气温的空间分布和 1 月平均气温的空间分布相似,形成原因也基本相同。

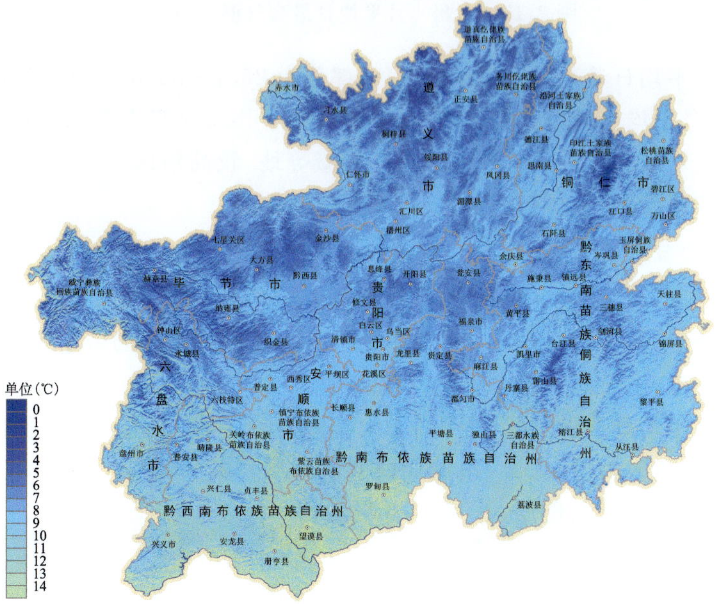

图 2.17　贵州 1 月平均日最高气温分布图

贵州 4 月平均日最高气温(图 2.18)大部分为 19.1～23.0 ℃,较低值区(17.3～19.0 ℃)主要分布于西部和北部地区,较高值区(23.1～27.0 ℃)分布于西南部及南部边缘的兴义、贞丰、册亨、罗甸、荔波、榕江、从江等地。

图 2.18　贵州 4 月平均日最高气温分布图

贵州 7 月平均日最高气温(图 2.19)大部分为 26.1～30.0 ℃,东部高,西部低。

贵州 10 月平均日最高气温(图 2.20)大部分为 18.5～23.5 ℃,较低值区(15.8～18.4 ℃)主要分布于西北部的威宁、大方、水城等地,较高值区(23.6～26.2 ℃)分布于南部边缘的望谟、罗甸、荔波、从江、榕江、荔波等地。

2.2.2.3　平均日最低气温

贵州多年平均日最低气温(图 2.21)大部分为 9.1～15.0 ℃,全省的空间分布差异总体上比较大,较低值区(6.9～9.0 ℃)主要分布于西北部的威宁等地,较高值区(15.1～16.0 ℃)分布于南部的望谟、罗甸等地。

贵州 1 月平均日最低气温(图 2.22)大部分为 0.5～4.5 ℃。较低值区(−1.7～0.4 ℃)主要分布于威宁、大方、水城等西北部地区;较高值区(4.6～7.4 ℃)分布于南部的册亨、望谟、罗甸、榕江、荔波、从江等地。

贵州 4 月平均日最低气温(图 2.23)大部分为 9.5～14.5 ℃。较低值区(6.9～9.4 ℃)主要分布于威宁、大方、水城等西北部地区;较高值区(14.6～16.9 ℃)分布于南部的册亨、望谟、罗甸、榕江、从江等地。

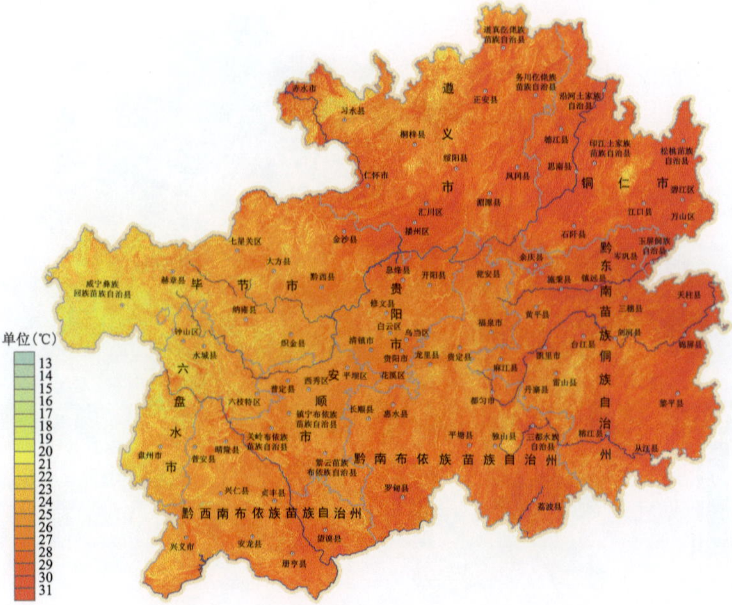

图 2.19　贵州 7 月平均日最高气温分布图

图 2.20　贵州 10 月平均日最高气温分布图

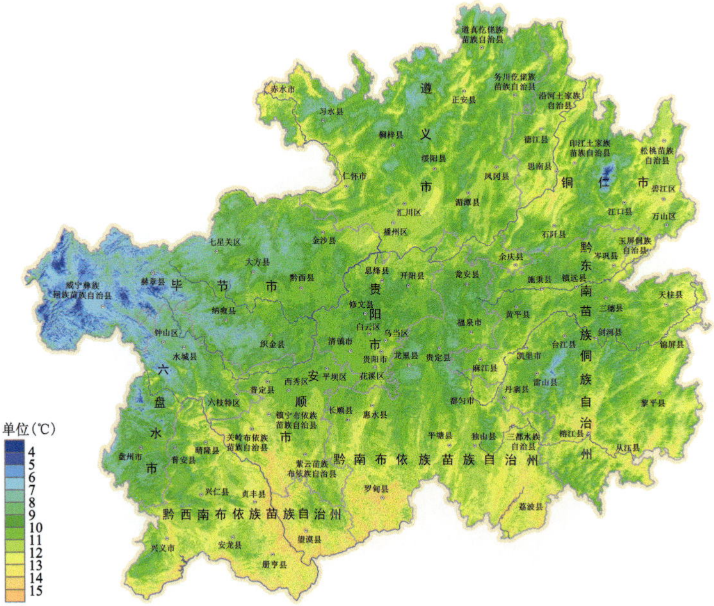

图 2.21　贵州多年平均日最低气温分布图

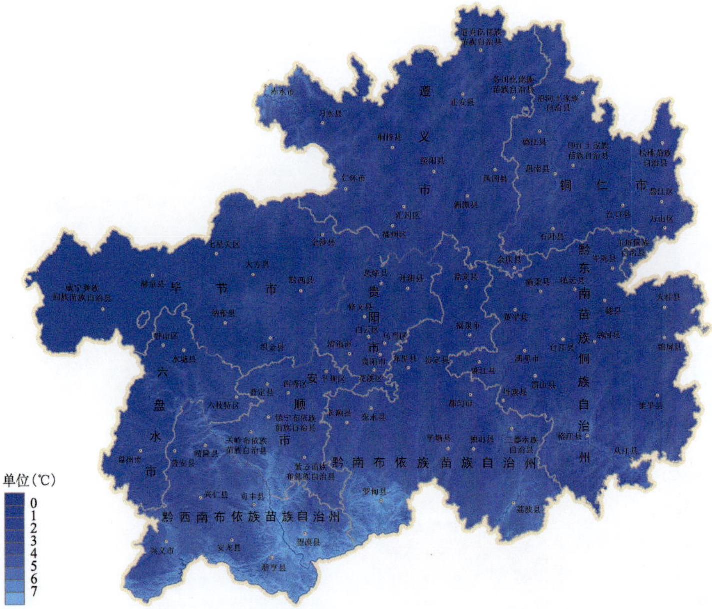

图 2.22　贵州 1 月平均日最低气温分布图

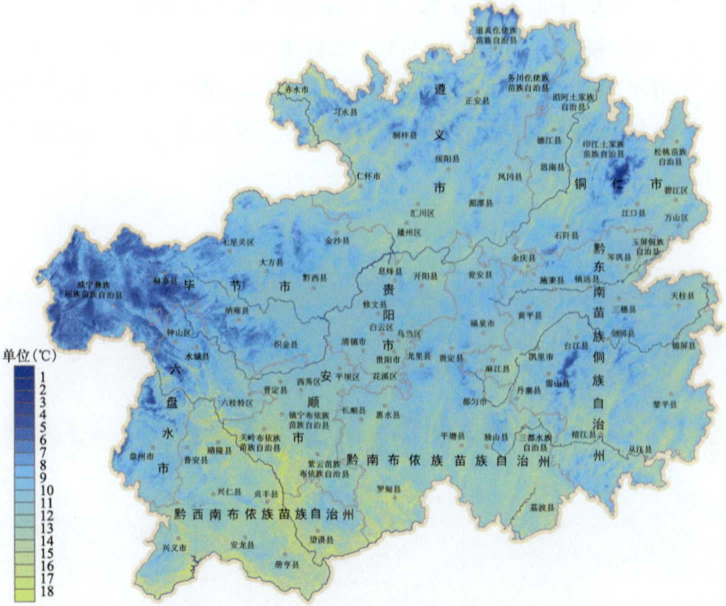

图 2.23　贵州 4 月平均日最低气温分布图

贵州 7 月平均日最低气温(图 2.24)大部分为 17.1～22.0 ℃。7 月,贵州高原受夏季风影响,较低值区(14.5～17.0 ℃)主要分布于威宁、水城等西北部地区;较高值

图 2.24　贵州 7 月平均日最低气温分布图

区(22.1～23.8 ℃)主要分布于东北部、东南部及南部边缘地区。

贵州 10 月平均日最低气温(图 2.25)大部分为 11.1～15.0 ℃。较低值区(8.0～11.0 ℃)主要分布于西北部的毕节、大方、水城、赫章、威宁等地;较高值区(15.1～16.8 ℃)分布于南部边缘的望谟、罗甸、荔波、榕江、从江等地。10 月平均日最低气温总体比 4 月高。

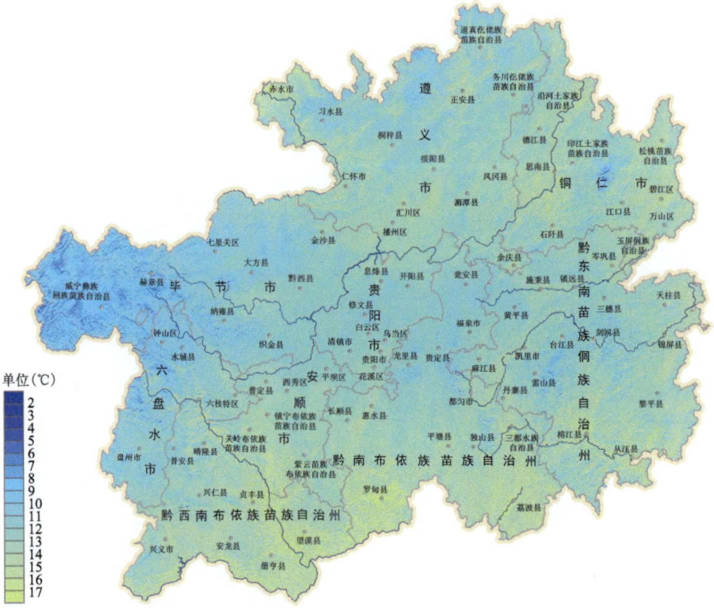

图 2.25　贵州 10 月平均日最低气温分布图

2.2.2.4　极端最高、最低气温

贵州极端最高气温大部分为 33.0～38.5 ℃,部分地区极端最高气温可达 40 ℃以上。海拔较低的赤水、罗甸、石阡、沿河、碧江是省内的高温中心,赤水极端最高气温达 43.2 ℃,居全省最高;罗甸、石阡、沿河和碧江分别为 40.5、41.1、42.0 和 42.5 ℃。全省海拔 1000 m 以上地区极端最高气温只有 32～36 ℃,日最高气温≥35 ℃的高温天气日数极少,甚至根本不出现。因此,省内夏季温度对作物的无效积温少,除个别地区外,基本上无危害性高温。

贵州极端最低气温绝大部分地区在－5 ℃以下。全省有两个低温区,一是黔西北,低至－15～－10 ℃,以威宁的－15.3 ℃为全省最低;另一个在黔东北湘黔边境一带,低至－13～－8 ℃,由于此区域是冬季冷空气入侵贵州的要道,极端最低气温常比海拔 800～1200 m 的中部高原低,如海拔仅 610.5 m 的三穗,低至－13.1 ℃,仅次于海拔为 2237.5 m 的威宁，居省内第二。

2.2.2.5　界限温度

(1)各级农业界限温度(持续期)随海拔的差异

由于贵州具有低纬度、高海拔的山区气候特点，各级农业界限温度(持续期)受海拔高度影响较大。贵州南部的红水河、都柳江等河谷地区几乎全年日平均气温稳定在 5 ℃以上，适宜喜温作物安全越冬；北部的赤水河下游河谷和东部的乌江下游河谷等地区，日平均气温几乎全年都稳定在 0 ℃或 3 ℃以上，喜凉作物在整个冬季不会停止生长。省内海拔 1900 m 以上的地区，日平均气温全年内稳定在 20 ℃以下；海拔 1700～1900 m 的地区，日平均气温几乎全年在 22 ℃以下，且稳定通过 20 ℃的初、终日间隔时间很短，或根本不会出现。

日平均气温稳定通过 0、5、10、12、15、20 和 22 ℃的各级农业界限温度初日，由海拔 300～600 m 的东、南、北部河谷温热地区向海拔 800～1200 m 的中部温和地区再向海拔 1600 m 以上的西北部高寒山区依次逐渐推迟。其中，日平均气温稳定通过 5、10 和 12 ℃的初日，依次推迟半个月左右，终日则相反，依次提前半个月左右。同一级界限温度的初日或终日，在省内不同地区的日期最大差异可达 1 个月以上。

(2)各级农业界限温度初日、终日、初终间日数

≥0 ℃积温：贵州大部分地区活动积温为 5000～6100 ℃ · d(图 2.26)。南部边缘地区、赤水河谷、东北部乌江下游河谷等地达 6200～7234 ℃ · d；西北部地区只有

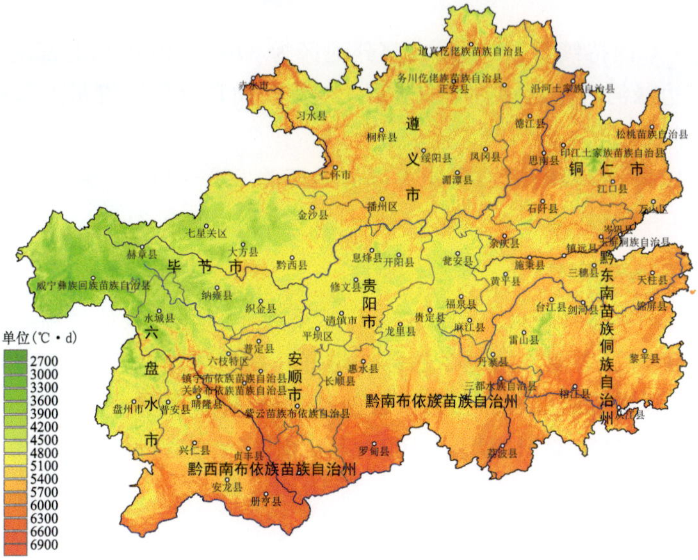

图 2.26　贵州≥0 ℃积温分布图

4000～5000 ℃·d,最多为罗甸高达 7234 ℃·d,最少的威宁仅有 4007 ℃·d。

≥10 ℃积温:贵州大部分地区为 4500～5700 ℃·d(图 2.27)。南部、北部边缘地区可达 5700～7000 ℃·d;西北部为 3290～4500 ℃·d,威宁仅有 3292 ℃·d。

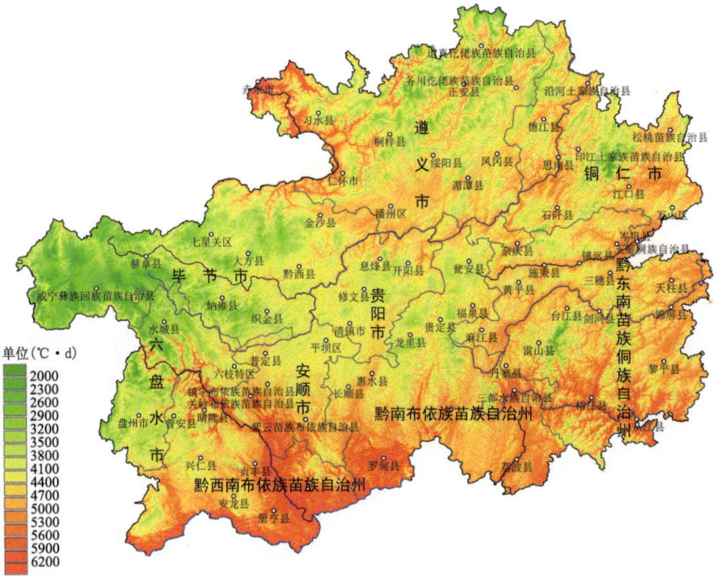

图 2.27　贵州≥10 ℃积温分布图

稳定通过 0 ℃的持续日数:贵州大部分地区为 346～360 d,西北部地区为 335～340 d,南、北部边缘河谷地区多在 360 d 以上(图 2.28)。可见,贵州大部地区适宜农作物生长的季节长。

稳定通过 10 ℃的持续日数:贵州大部分地区为 250～290 d,见图 2.29。最多的罗甸、望谟、册亨、荔波等地可达 306～328 d;威宁最少,仅有 214 d。

2.2.2.6　霜期及霜冻日数

霜期为自当年秋季日最低气温≤0 ℃开始至翌年春季日最低气温≤0 ℃终止之间的日数。霜期越短,表明作物越冬的条件越好。霜期内霜冻日数越少,对冬季作物和喜温的亚热带果树造成低温冻害的机会就越少,也容易采取补救措施。

贵州除西北部水城、威宁霜期达 100～120 d 外,省内大部分地区为 60～80 d。赤水、罗甸等地霜冻日数最少,平均每年不到 10 d。

贵州日最低气温≤0 ℃的霜冻日数也不多,大部分地区只有 10～27 d(图 2.30)。西北部可达 28～39 d;在赤水河谷、独山、望谟、册亨等地则仅有 3～4 d,在这些地方有许多年份,日最低气温都在 0 ℃以上,冬季暖和,甜橙、香蕉、芭蕉、甘蔗、大叶种茶

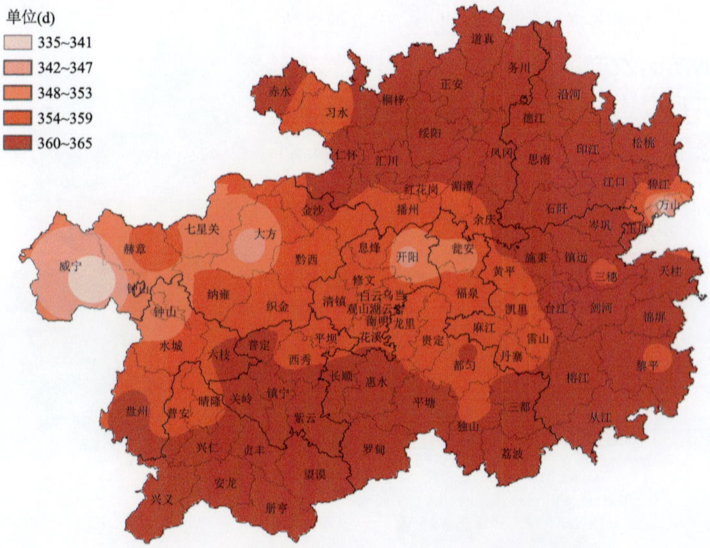

图 2.28　贵州稳定通过 0 ℃的持续日数分布图

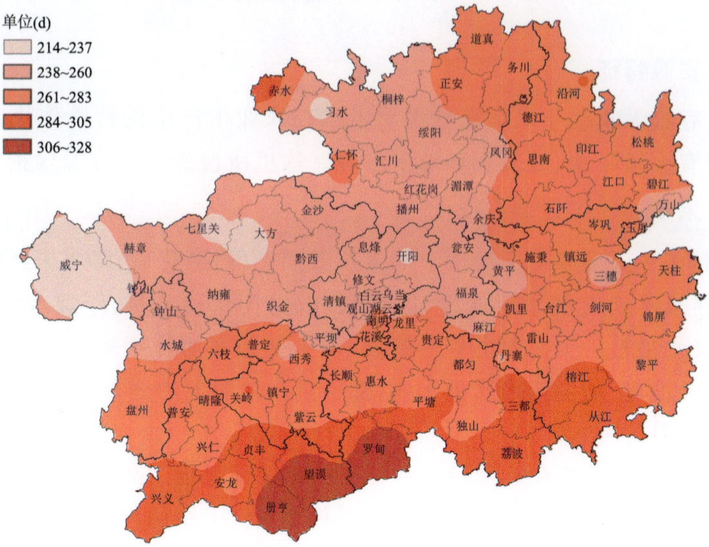

图 2.29　贵州稳定通过 10 ℃的持续日数分布图

树等作物，很少遭受冻害，薯类作物及辣椒甚至可以在地里越冬。因而赤水、罗甸等地是适宜种植喜高温的南亚热带水果如龙眼、荔枝等的地方。

日最低气温≤0 ℃的日数，随着海拔升高而增加，中部罗甸—惠水—贵阳，海拔每上升 100 m 约增加 3 d。西部盘县—水城—威宁，每上升 100 m 增加 6～9 d。

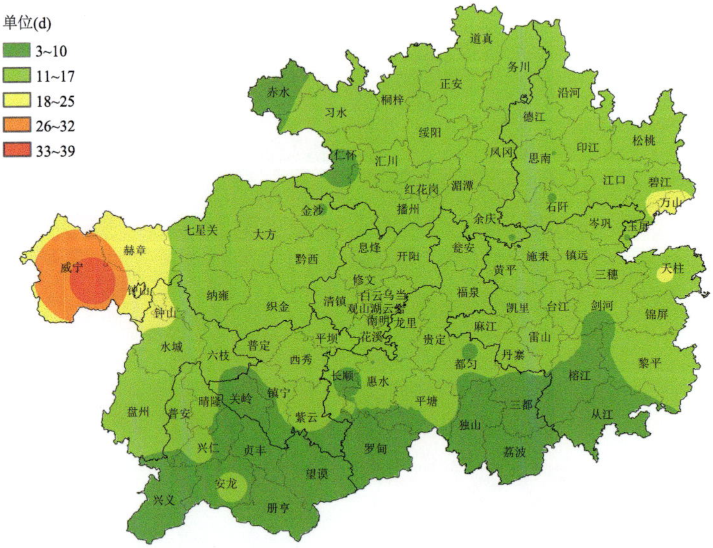

图 2.30　贵州霜冻年总日数分布图

2.2.3　水分资源特征

农谚说“有收无收在于水”，充分说明了水在农业生产中的特殊作用。水分的来源较广，主要有大气降水、地表水和地下水等。这里所说的水分资源仅指大气降水。

2.2.3.1　降水量

降水量是指从天空降落到地面上的液态或固态(经融化后)降水未经蒸发、渗透、流失而积聚在水平面上的水层深度，以毫米(mm)为单位。月、年降水量是指月、年降水总量。降水量是一个离散的气候要素，由于受距离海洋远近不同，经度、纬度和海拔高度，以及坡度、坡向等因素的影响，降水量在地面上的分布极不均匀。

(1)年降水量

贵州大部分地区年降水量为1100～1320 mm，总体呈现东南部和西南部多、西北部少的分布趋势(图2.31)。全省有3个多雨区：南北盘江上游的六枝、晴隆、普安、兴义一带；都柳江上游的丹寨及都匀、雷山一带；梵净山东侧的江口、松桃一带，这些区域年降水量均在1320 mm以上，最多为晴隆(1540 mm)。全省少雨区主要在毕节、赫章、威宁一带及黔西、金沙、遵义、桐梓、仁怀一带，年降水量在840～900 mm。仅从年降水总量来看，贵州降水条件十分满足植被生长和农业生产的需求。但是，由于贵州山体坡度大，土层浅薄，降水的径流比率高，加之喀斯特构造形成的漏斗结构使降水大部分流入地下暗河，从而使得降水的有效性相对较差，常常出现季节性干旱。

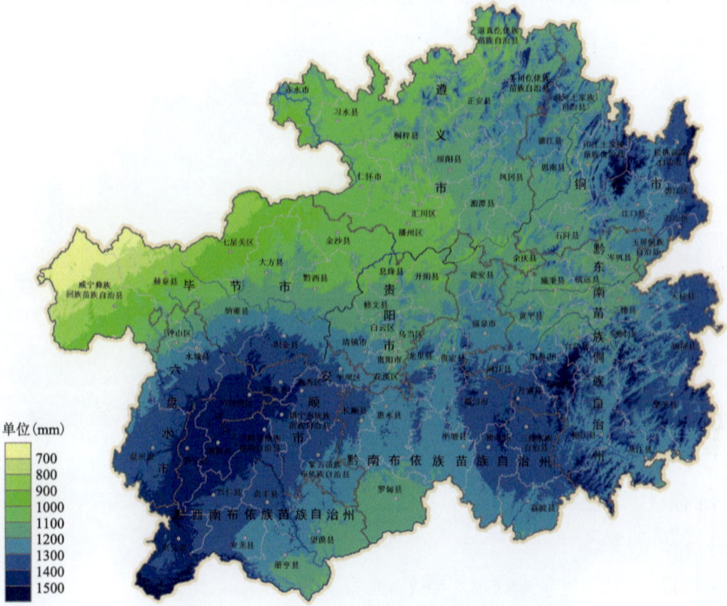

图 2.31　贵州年降水量分布图

(2)月降水量

由于贵州处于季风气候区,80%以上的降水量集中在 4—10 月,大部分地区降水量为 950～1100 mm(图 2.32),空间分布趋势与年降水趋势相似,总体趋势为南部多、北部少,多雨区分布在西南部及东南部,降水量在 1150 mm 以上,少雨区在西北部,降水量在 760～860 mm。全省各地降水量均以冬季最少。大部分地区 1 月降水量在 25～40 mm,东部地区相对偏多,在 40 mm 以上;西北部和西南部相对偏少,在 25 mm以下。4 月,降水量呈明显的南北向带状分布,黔东南以及铜仁大部分地区大于 110 mm;西部边缘地区由于雨季稍迟,降水量仅为 40～50 mm,因此容易导致春旱发生。5 月,贵州东部和南部一些地区降水量达到 220 mm 以上,西部和西南部雨量仍偏少,只有 60～120 mm,常受春旱威胁。6 月,贵州的降水量普遍增多,达230～290 mm,此时已进入高温季节,水热同季。7 月,西南部降水最多,达到 250 mm 以上;东部大部和北部最少,在 160 mm 以下,常发生夏旱。8 月盛夏时节,西部和南部降水较丰富,毕节的降水量达到全年高峰;东部和北部,包括黔东南、铜仁以及遵义部分地区,进入少雨期,降水量仅为 150 mm 左右,此时气温高,蒸发旺盛,常有伏旱发生。9 月入秋后,降水量显著减少,而降水日数却逐渐增多,全省普遍出现绵雨天气,西部和北部较重,有的年份持续日数长达 20～25 d。10 月,全省除西北部大部和南部边缘地区降水量在 90 mm 以下,其余大部地区在 90～110 mm,常有秋绵雨危害。

11 月后,全省各地降水量降至 60 mm 以下,又进入冬季少雨季节。1、4、7 和 10 月降水量分布见图 2.33 至图 2.36。

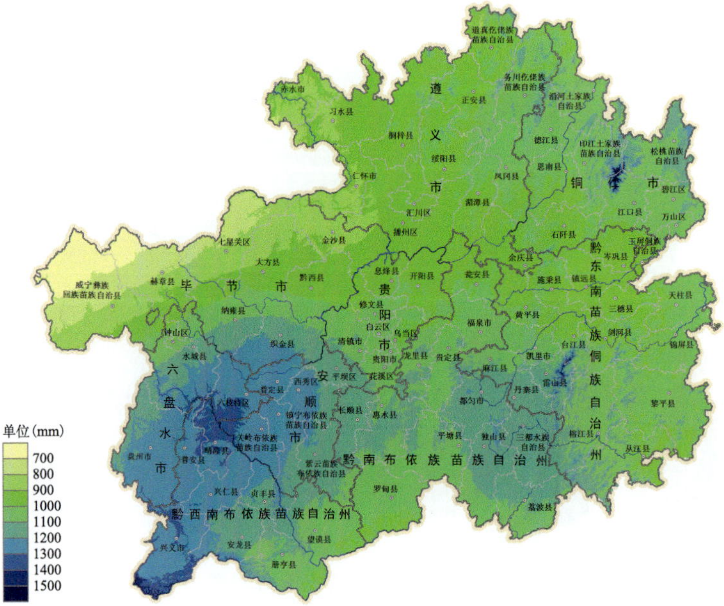

图 2.32　贵州 4—10 月降水量分布图

图 2.33　贵州 1 月降水量分布图

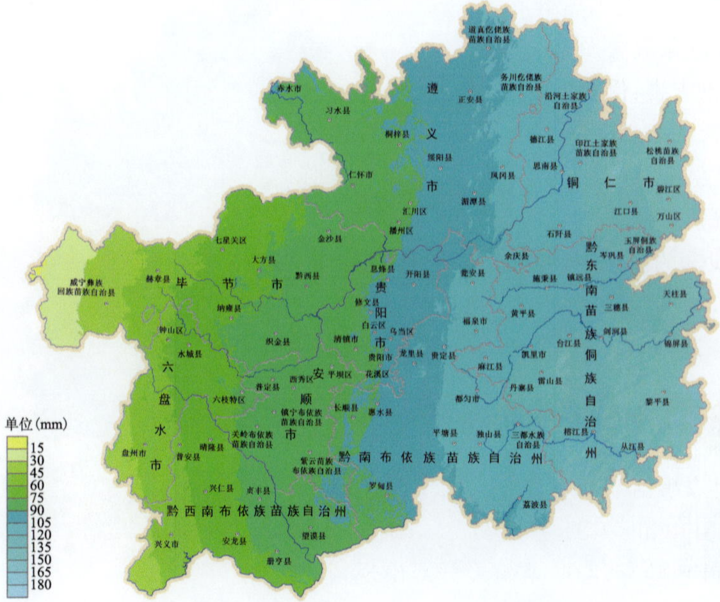

图 2.34　贵州 4 月降水量分布图

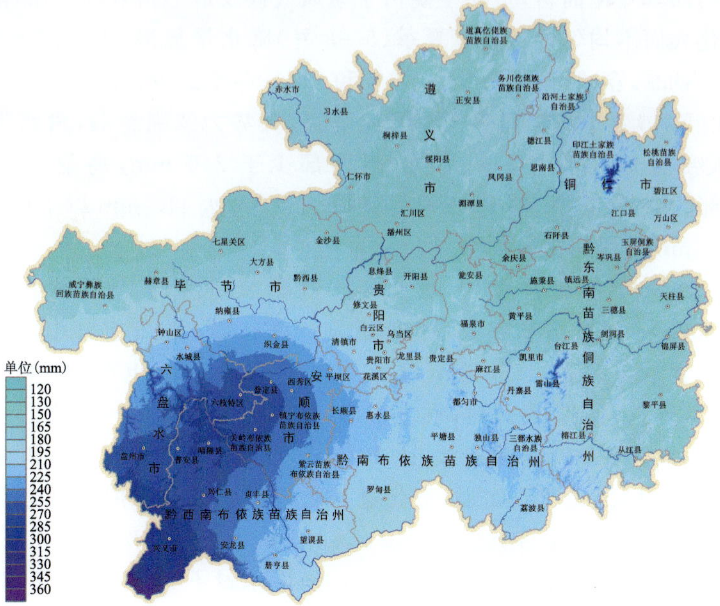

图 2.35　贵州 7 月降水量分布图

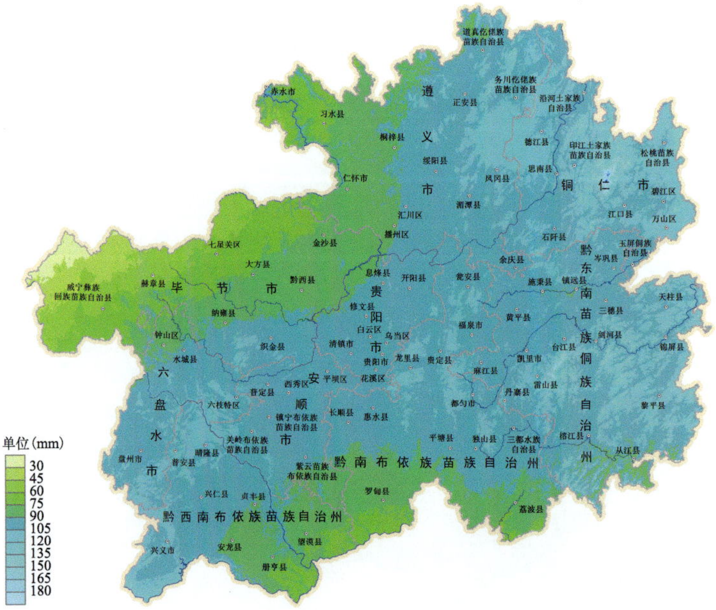

图 2.36　贵州 10 月降水量分布图

(3)降水的季节分配

就降水的四季变化而言，贵州主要由于季风气候及地形抬升的作用，降水量时空分布上有变化大而不均匀的特点。夏季(6—8 月)降水量最多，占年降水量的 47%；春季降水多于秋季，春、秋两季分别占 26%和 21%；冬季最少，仅占 5%。

春季(3—5 月)由于海洋暖湿气流开始涌进，其势力忽强忽弱，贵州降水量由西向东递增，大部分地区在 240～370 mm，西部少于 240 mm，乌蒙山威宁一带仅 157 mm；东部的锦屏、黎平、松桃、天柱等地降水较多，达 410 mm 以上(图 2.37)，最多为锦屏 422 mm。西部常出现春旱。

夏季(6—8 月)盛行海洋气团，为全年多雨季节，贵州各地降水量都在 410～830 mm(图 2.38)。总的分布趋势是由东北向西南递增，南、北盘江上游的盘县—晴隆—兴义一带夏季降水量在 800 mm 以上；清水江以南地区，也在 600 mm 以上。盛夏，当副热带高压稳定控制贵州时，省之东部、北部地区降水量较省之西南部降水量明显偏少，东部地区夏季降水变率大，达 40%～50%，此时常造成大面积夏旱。

秋季(9—11 月)偏北气流加强，贵州进入秋季绵雨期。省内大部分地区降水量在 230～270 mm，西南部最多，达 300 mm 以上(图 2.39)，其次为遵义东部、铜仁西部，降水量在 280～300 mm。秋季降水特点是，降水量不大，但雨日多，对西部和北部地区秋耕、秋种及秋粮入仓影响大。

冬季(12 月—翌年 2 月)处于大陆性极地气团占优势的少雨季节，除东部玉屏、锦屏、黎平、天柱等地降水量超过 120 mm 外，其余大部在 50～120 mm(图 2.40)。西部地区在单一的干暖气团控制下，降水量少于 50 mm，故这一带常形成干冬天气，若加上翌年春旱，对小季作物生长威胁就更加严重。

图 2.37　贵州春季降水量分布图

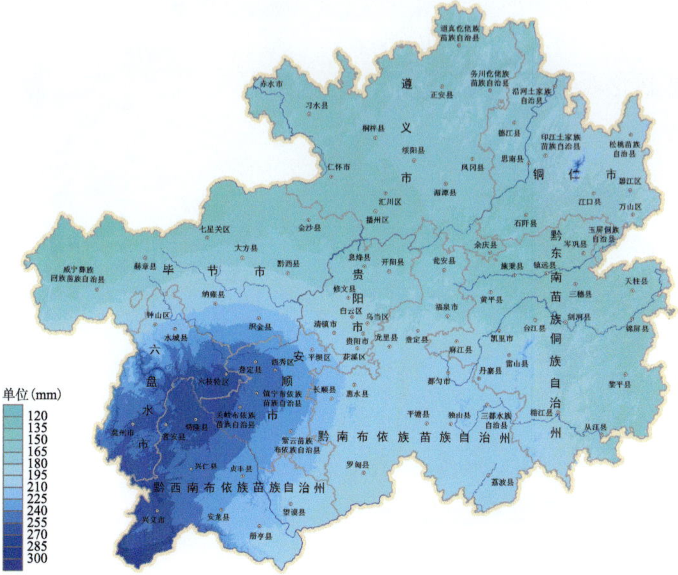

图 2.38　贵州夏季降水量分布图

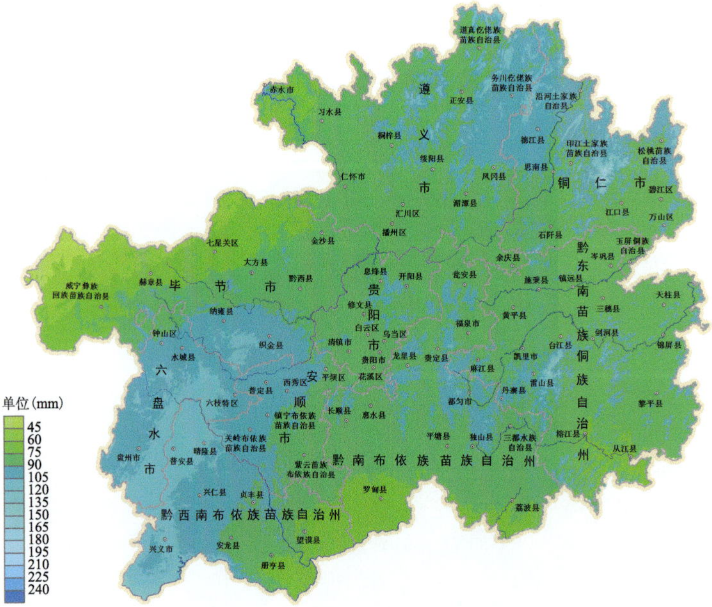

图 2.39　贵州秋季降水量分布图

图 2.40　贵州冬季降水量分布图

(4)降水随地形的变化

贵州内崇山峻岭,下垫面崎岖不平,许多山峰和山麓相对高差一般都在 300～500 m,有的甚至超过 1000 m。山脉纵横,对气团有阻挡抬升作用,在迎风坡上降水明显随高度增加。例如,梵净山东南坡,地处南来的气团迎风面,降水随高度增加的现象特别明显。

2.2.3.2　降水日数与降水强度

(1)降水日数

日降水量≥0.1 mm 为一个降水日,一定时段(旬、月、年)内降水日之和,称为这一时段的降水日数。贵州各地每月降水日数都在 10～15 d,故有“天无三日晴”之说。全省大部分地方年降水日数在 160～200 d,西部最多,在 200 d 以上;最少的南部边缘红水河流域一带也在 140 d 以上(图 2.41)。各季降水日数以冬季各月最少,初夏及秋季最多,尤其是秋季的连绵阴雨,个别年份可持续长达 27～28 d 之久,这对大季作物收割和小季作物播种都非常不利。

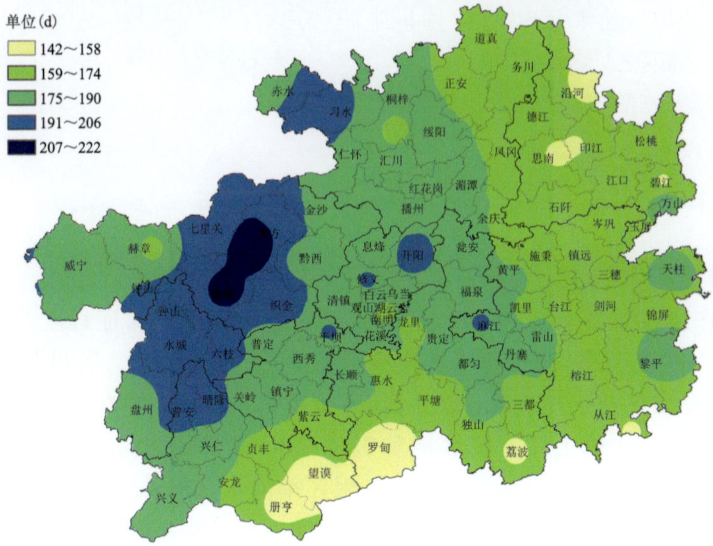

图 2.41　贵州年降水日数分布图

(2)降水强度

降水强度是指单位时间内的降水量。贵州全年降水强度并不大,一般为 4.6～7.9 mm/d,但雨季的降水强度大,一般为 8.2～13.7 mm/d,其中又以春末及夏季最大,常有暴雨发生。雨季内,小雨天数最多,占雨季降水日数的 70%～80%,中雨占 10%～15%,大雨、暴雨占 5%～10%。省内各地日最大降雨量都在 150 mm 以上,而晴隆、凯里一带的多雨区可高达 250 mm。

(3)雨季开始期

贵州各地雨季开始期,东部为 4 月上、中旬,往西逐渐推迟,中部为 4 月下旬、5 月上旬,至西部地区大约到 5 月中旬才进入雨季(图 2.42)。

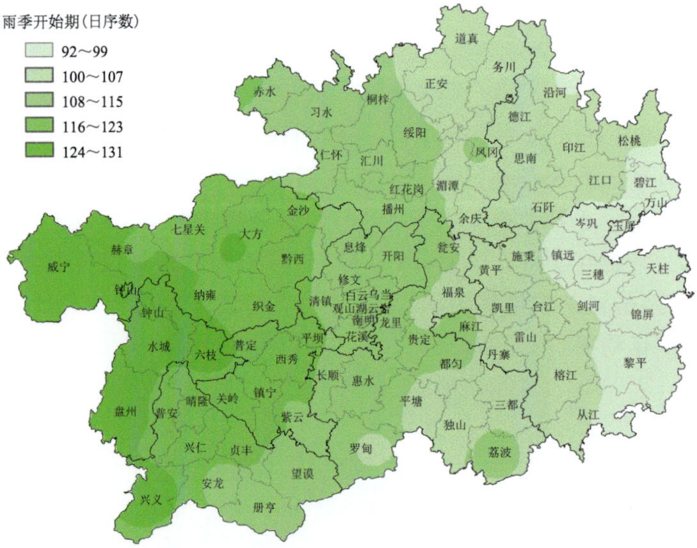

图 2.42　贵州雨季开始期分布图

2.2.3.3　降水保证率

农业生产不仅需要丰富的降水,更需要某种量级降水的保证程度。平均降水量一般只有 50%的保证率,而农业生产至少要求 80%的保证率。贵州各地 80%保证率年降水量,除西部低于 900 mm 以外,其余地区多在 900~1100 mm;兴义与都匀等地最多,达 1300 mm 以上。若按水稻和玉米全生育期分别需要 700~850 mm 和 410~640 mm 的降水量分析,4—9 月 80%保证率降水量除北部的遵义、桐梓和西部的威宁接近 700 mm 外,其余各地都在 700~900 mm。常年降水均能满足其生长需要。小麦和油菜全生育期需水量分别为 400~500 mm 和 350~500 mm,从小季作物生育期(10 月—翌年 5 月)80%保证率降水量看,西部和西南部地区,由于冬春干旱少雨,小麦在拔节—抽穗阶段的需水要求,10 年有 8 年不能满足;东部的镇远、碧江、思南、凯里、都匀一带,全生育期降水量 400~650 mm,不仅能满足小麦需水要求,有时还因抽穗—成熟阶段雨水过多、光照少而造成湿害。

第3章　贵州主要农业气象灾害

3.1　干旱

3.1.1　春旱

3.1.1.1　定义和指标

春旱指的是春季3月1日—5月31日发生的干旱现象，主要发生在贵州中部以西地区。

入旱条件：当一次连续降水过程总降水量为5～20 mm时，从过程结束后的第3天起算；过程总降水量为20.1～35.0 mm时，从过程结束后的第5天起算；过程总降水量在35.1 mm及以上时，从过程结束后的第7天起算。若降水过程结束次日至起算日之间降水量小于5 mm，则判断春旱发生，把起算日定为春旱入旱日，否则从降水过程结束后第3天起重新判断下一个降水过程。其中，连续降水过程统计最多允许间隔2个无降水日。

春旱时段：从一次干旱的入旱日起至该次干旱解除日的前一天之间持续的时段定为一个干旱时段。分级标准：8～18 d为轻旱；19～35 d为中旱；36～50 d为重旱；51 d及以上为特旱。

春旱解除条件：当春旱等级为轻旱时，从入旱日至累计降水量大于等于10 mm，认为春旱解除；当春旱等级为中旱时，从入旱日至累计降水量大于等于20 mm，认为春旱解除；当春旱等级为重旱时，从入旱日至累计降水量大于等于30 mm，认为春旱解除；当春旱等级为特旱时，从入旱日至累计降水量大于等于50 mm，认为春旱解除。

3.1.1.2　特征

（1）时间分布特征

基于上述春旱的定义，根据入旱和干旱解除条件，统计每年贵州各个站点平均春旱持续日数（图3.1）。从图3.1可以看出，贵州春旱持续日数多年平均值为23 d，近38年来（1981—2018年）在多年平均值附近波动，无明显的上升或下降趋势。春旱持续总日数偏多的年份为1987、2010、1988和2011年，其中1987和2010年春旱总日数超过 60 d，分别为 62 d 和 61 d。1983、1997、1992 和 2009 年春旱持续日数较短，平均持续日数低于 10 d。

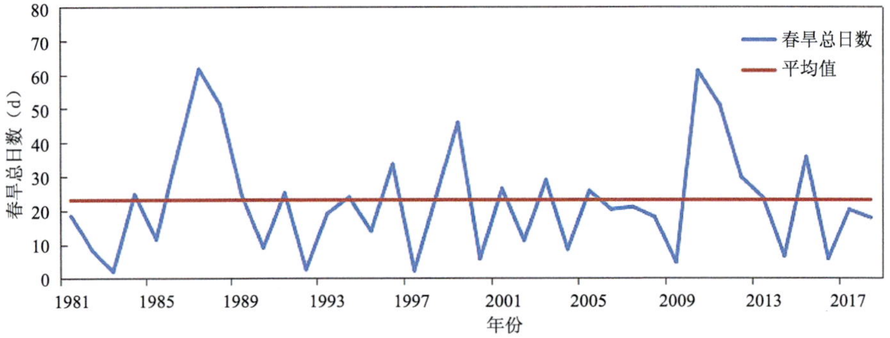

图 3.1　1981—2018 年贵州春旱总日数时间变化曲线

(2)空间分布特征

图 3.2 为春旱分布图，根据春旱日数可分为基本无春旱区、轻春旱区、中等春旱区、重春旱区和特重春旱区。贵州春旱持续总日数为 6.3～45.8 d，呈带状分布，自西

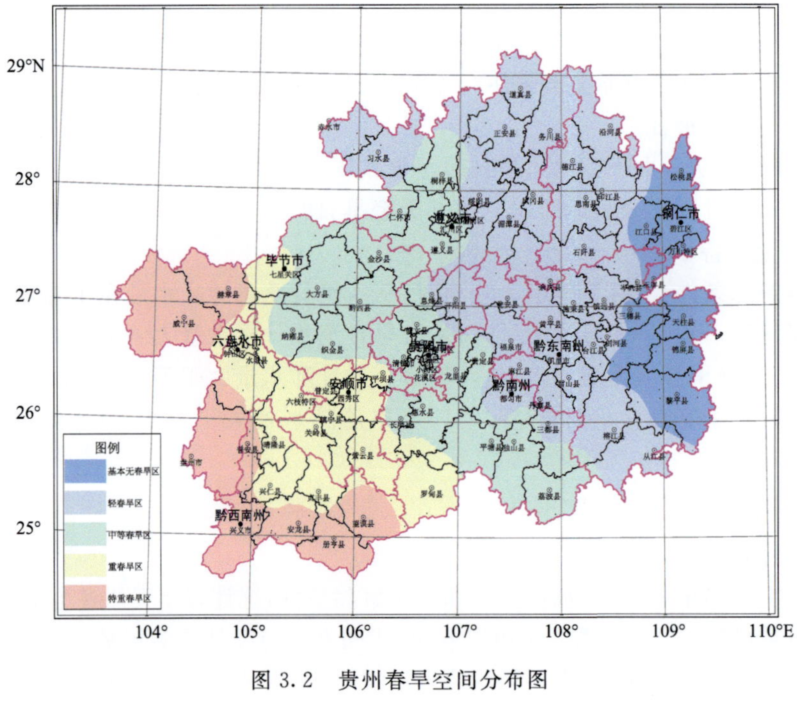

图 3.2　贵州春旱空间分布图

部逐渐向东部减少，与春季多年平均降水量的空间分布基本一致。贵州西部的威宁、赫章、水城、盘县、普安和兴义等地，春旱的多年平均持续总日数为 39.2～45.8 d，高于贵州春旱多年平均值(24.1 d)15.0 d 以上，是春旱持续时间最长、受灾最重的地区。贵州中东部区域受春旱影响较小，东部边缘的黎平、锦屏、天柱、万山、铜仁和松桃一带，春旱持续时间多年平均值为 6.3～12.7 d，持续时间较短。

3.1.2　夏旱

3.1.2.1　定义和指标

夏旱指的是夏季 6 月 1 日—8 月 31 日发生的干旱。其中，发生在 6 月 1—30 日(初夏)的夏旱称为洗手干，特指水稻移栽后不久发生的夏旱；发生在 7 月 1 日—8 月 31 日(盛夏)的夏旱称为伏旱。夏旱主要发生在贵州中部以东地区。

夏旱入旱条件：当一次连续降水过程总降水量为 5～25 mm 时，从过程结束后的第 3 天起算；当过程总降水量为 25.1～50 mm 时，从过程结束后的第 5 天起算；当过程总降水量在 50.1 mm 及以上时，从过程结束后的第 7 天起算。若降水过程结束次日至起算日之间降水量小于 5 mm，则判断夏旱发生，把起算日定为夏旱入旱日，否则从降水过程结束后第 3 天起重新判断下一个降水过程。其中，连续降水过程统计最多允许间隔 2 个无降水日。

夏旱时段：从一次夏旱的入旱日起至该次夏旱解除日的前一天之间持续的时段定为一个夏旱时段。分级标准：8～18 d 为轻旱；19～35 d 为中旱；36～50 d 为重旱；51 d 及以上为特旱。

夏旱解除条件：当夏旱等级为轻旱时，从入旱日至累计降水量大于等于 20 mm，认为夏旱解除；当夏旱等级为中旱时，从入旱日至累计降水量大于等于 25 mm，认为夏旱解除；当夏旱等级为重旱时，从入旱日至累计降水量大于等于 50 mm，认为夏旱解除；当夏旱等级为特旱时，从入旱日至累计降水量大于等于 70 mm，认为夏旱解除。

3.1.2.2　特征

(1)时间分布特征

从图 3.3 可以看出，贵州夏旱总日数多年平均值为 14.7 d，近 55 年来(1961—2015 年)的夏旱总日数无明显的上升或下降趋势，偏多的年份为 1972，2011 和 2013 年，其中 2013 年贵州境内的夏旱总日数最长，达到 42.8 d，区域平均值达到重旱标准。1993—2002 年贵州的夏旱总日数偏少。

(2)空间分布特征

图 3.4 为夏旱分布图，根据夏旱日数可分为基本无夏旱区、轻夏旱区、中夏旱区和重夏旱区。贵州境内夏旱总日数的多年平均值为 2.4～24.4 d，总体呈现为自西向

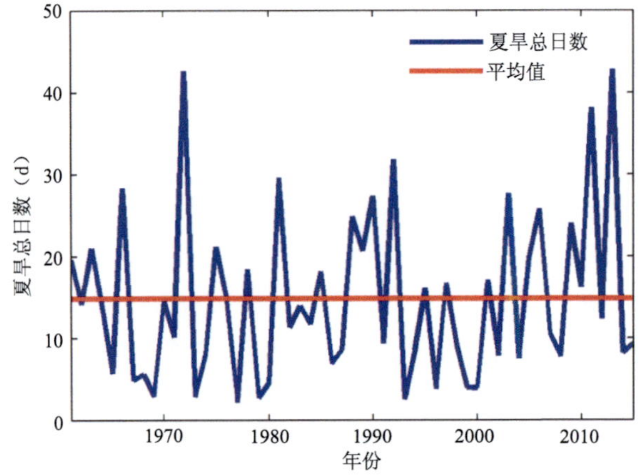

图 3.3　1961—2015 年贵州夏旱总日数时间变化曲线

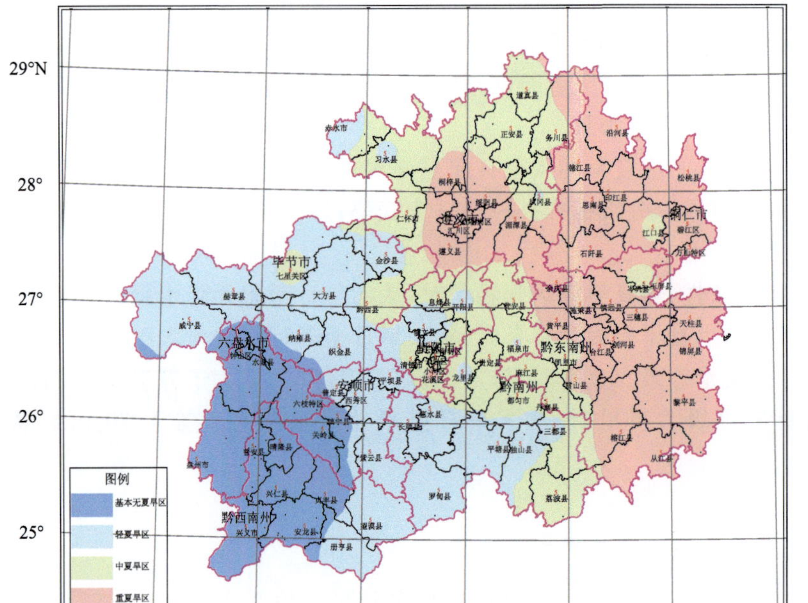

图 3.4　贵州夏季干旱分布图

东逐渐增多的分布特征。贵州西部的六盘水、黔西南州中西部以及安顺西部的夏旱总日数较少，多年平均值为 2.4～6.8 d；毕节中西部、安顺中东部以及黔南州长顺、罗甸、惠水、平塘、独山和荔波西部为 6.9～11.2 d；毕节中部—贵阳中西部—黔南州的都匀—黔东南州的榕江一带以及遵义播州和赤水为 11.3～15.6 d；贵州东部一带的夏旱总日数多年平均值总体偏高，以余庆、石阡、思南、印江以及黄平、施秉、镇远、岑巩一带的夏旱最为严重，多年平均值达20.1～24.4 d；毕节东部、贵阳东北部、黔南州北部、黔东南州中东部、铜仁以及遵义大部分地区（除赤水、习水以外）的夏旱总日数多年平均值高于 15.7 d。

3.1.3　影响

干旱影响作物的正常生长，常造成不同程度减产、农业歉收。干旱发生严重的年份，还会导致溪河断流、人畜饮水困难等，给农业生产及人民生活带来巨大影响。此外，长期降水不足，还会导致地下水水位降低、土地沙化、水资源匮乏等环境问题。

作物受干旱灾害影响，叶片会出现不同程度的萎蔫情况，老叶早衰，生长缓慢，叶面积下降。此外，还会造成落花落果，且易发生病害。受旱严重时会导致作物干枯死亡。

3.2　洪涝

3.2.1　定义和指标

洪涝，指因大雨、暴雨或持续降雨使低洼地区排水不畅、渍水、淹没的现象。洪涝灾害可分为洪水、涝害、湿害。洪水是指大雨、暴雨引起山洪暴发、河水泛滥、淹没农田、毁坏农业设施等；涝害是指雨水过多或过于集中或返浆水过多造成农田积水成灾；湿害是指排水不良，使土壤水分长期处于饱和状态，作物根系因缺氧而成灾。

按照洪涝的降水持续时间将单站洪涝分为单日、二日和三日或以上三种类型，具体指标见表 3.1。

表 3.1　单站洪涝指标

类型等级	单日洪涝	二日洪涝	三日或以上洪涝
一般洪涝	雨量≥100 mm	雨量≥130 mm	雨量≥150 mm
重洪涝	雨量≥150 mm	雨量≥180 mm	雨量≥200 mm
严重洪涝	雨量≥200 mm	雨量≥250 mm	雨量≥300 mm

为了反映贵州全省年度洪涝的总体发生情况，按以下公式推算：

$$NH = 0.7M_1 + 0.8M_2 + 0.9M_3 \tag{3.1}$$

$$QS = \sum NH/M \tag{3.2}$$

式中，NH 为单站年洪涝指数；M_1，M_2 和 M_3 分别为单站一般、重和严重洪涝的发生次数；QS 为全省年平均洪涝指数；$\sum NH$ 为一年中全省发生洪涝台站的单站年洪涝指数之和；M 为全省当年台站总数。单站的一般洪涝、重洪涝和严重洪涝对应的系数分别为 0.7，0.8 和 0.9。

全省洪涝分级指标为：

一般洪涝年：$0.2 \leqslant QS < 0.4$；

重洪涝年：$0.4 \leqslant QS < 0.6$；

严重洪涝年：$QS \geqslant 0.6$。

3.2.2 特征

3.2.2.1 一般洪涝特征

(1)时间分布特征

图 3.5 为贵州 84 站一般洪涝总次数的年际变化。一般洪涝偏多的年份为 1991，1996 和 2007 年，一般洪涝偏少的年份为 1973，1975 和 1981 年。

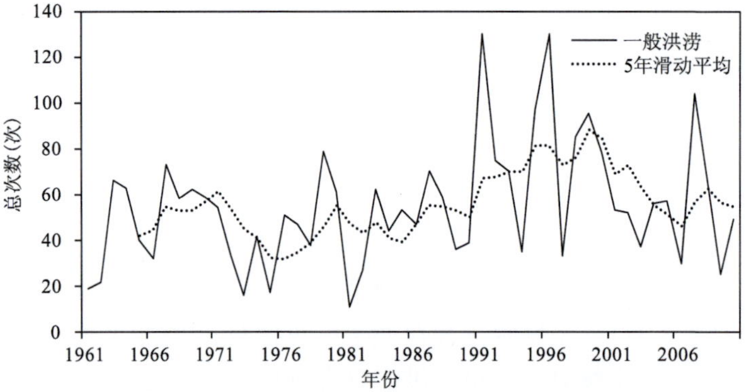

图 3.5 1961—2010 年贵州一般洪涝总次数逐年变化趋势

从贵州各年代一般洪涝次数分布(表 3.2)可以看出，1961—2010 年贵州发生一般洪涝 2737 次。20 世纪 60—80 年代及 21 世纪的 2001—2010 年一般洪涝发生的次数相对偏少，以 20 世纪 70 年代为最少，仅有 439 次，占总次数的 16%；其次为 20 世纪 80 年代，有 448 次，占总次数的 16.4%；以 20 世纪 90 年代为最多，有 828 次，占总次数的 30.3%。

表 3.2 1961—2010 年贵州各年代一般洪涝次数分布

年份	1961—1970	1971—1980	1981—1990	1991—2000	2001—2010
年代总次数(次)	494	439	448	828	528
年平均次数(次)	49.4	43.9	44.8	82.8	52.8
距平(次)	−53.4	−108.4	−99.4	280.6	−19.4
占一般洪涝总次数的比例(%)	18.0	16.0	16.4	30.3	19.3

(2)空间分布特征

图 3.6 为 1961—2010 年贵州 84 站一般洪涝总次数的空间分布。从图 3.6 可以看出，贵州一般洪涝次数的空间分布差异显著，在全省范围内存在 3 个一般洪涝发生次数较多地区，发生次数最多的区域在贵州西部，主要位于六盘水市东部、安顺市西部及黔西南州北部，1961—2010 年 50 年内一般洪涝总次数达 60 次以上，以六枝一般洪涝次数出现最多，达 87 次；另一个高值中心位于贵州东南部的丹寨、三都、雷山、麻江一带，为一般洪涝发生的次多中心区域，50 年内一般洪涝总次数在 50 次以上，以丹寨一般洪涝次数为最多，达 65 次；贵州东北部也存在一个一般洪涝次数的高值中心，主要位于绥阳、湄潭、凤冈一线，50 年内一般洪涝总次数达 30 次以上，以凤冈一般洪涝次数为最多，有 42 次。

由图 3.6 还可以看出，一般洪涝发生次数的低值区域主要分布在三个区域，一是贵州西北部的威宁、赫章、毕节一线，一般洪涝发生次数低于 10 次，出现次数最少的为赫章，50 年内仅发生 1 次；另外两个低值区域主要分布在贵州东南部的施秉、黎平、三穗一带及中部的开阳、龙里、乌当附近，一般洪涝发生次数在 15 次以下，发生次数最少的为施秉，50 年内共发生 7 次。

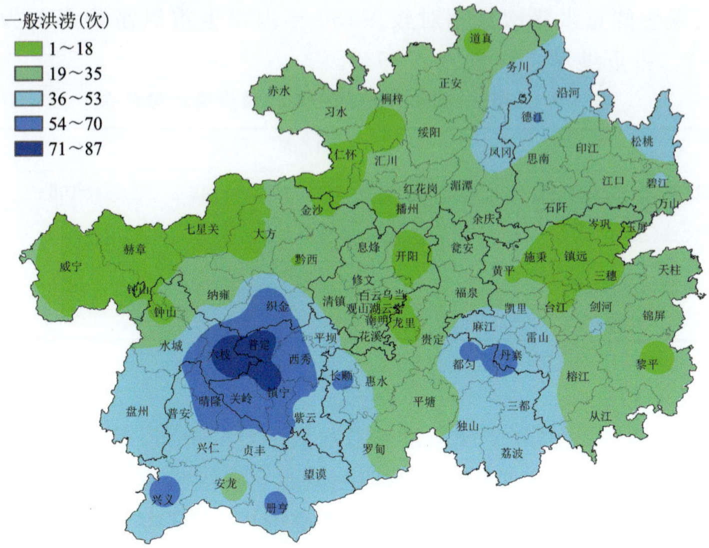

图 3.6　1961—2010 年贵州一般洪涝总次数空间分布图

3.2.2.2　重洪涝特征

(1)时间分布特征

图 3.7 为 1961—2010 年贵州 84 站重洪涝总次数的年际变化。重洪涝发生次数

最多的年份为 1996 年，达 28 次；其次为 1970 年，达 24 次；1965、1966、1973、1975、1981、1982、1989、1994、2008 和 2009 年共 10 年没有重洪涝发生。

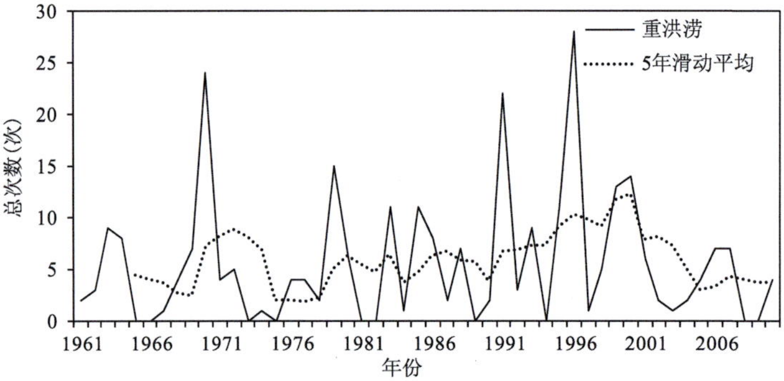

图 3.7　1961—2010 年贵州重洪涝总次数逐年变化趋势

从贵州各年代重洪涝次数分布（表 3.3）可以看出，1961—2010 年贵州共发生 280 次重洪涝。20 世纪 70—80 年代及进入 21 世纪以来发生的重洪涝较少，进入 21 世纪以来的 2001—2010 年只发生 33 次重洪涝，占重洪涝总次数的 11.8%。20 世纪 60 和 90 年代发生的重洪涝次数相对较多，50 年内发生重洪涝最多的为 20 世纪 90 年代，达 106 次，占重洪涝总次数的 37.9%。

表 3.3　1961—2010 年贵州各年代重洪涝次数分布

年份	1961—1970	1971—1980	1981—1990	1991—2000	2001—2010
年代总次数(次)	58	41	42	106	33
年平均次数(次)	5.8	4.1	4.2	10.6	3.3
距平(次)	2	−15	−14	50	−23
占重洪涝总次数的比例(%)	20.7	14.6	15.0	37.9	11.8

(2)空间分布特征

图 3.8 为 1961—2010 年贵州重洪涝总次数的空间分布。从图 3.8 可以看出，贵州重洪涝发生次数比一般洪涝发生次数明显减少。重洪涝发生次数与一般洪涝发生次数的空间分布基本一致，重洪涝发生有 3 个高值中心，其中一个位于贵州西部的六枝、普定、镇宁、晴隆附近，50 年内重洪涝发生次数超过 10 次，以普定重洪涝发生 16 次为最多；贵州东南部的丹寨、麻江一带为重洪涝发生次多中心区域，有 10 次左右；贵州东北部的思南、江口附近也是重洪涝发生相对较多的区域之一，有 5～7 次。重洪涝发生次数的低值区域主要分布在六盘水市北部、毕节市及遵义市的北部和西部一带，铜仁市南部及黔东南州东部等地，50 年内全省共有 22 站没有发生过重洪涝。

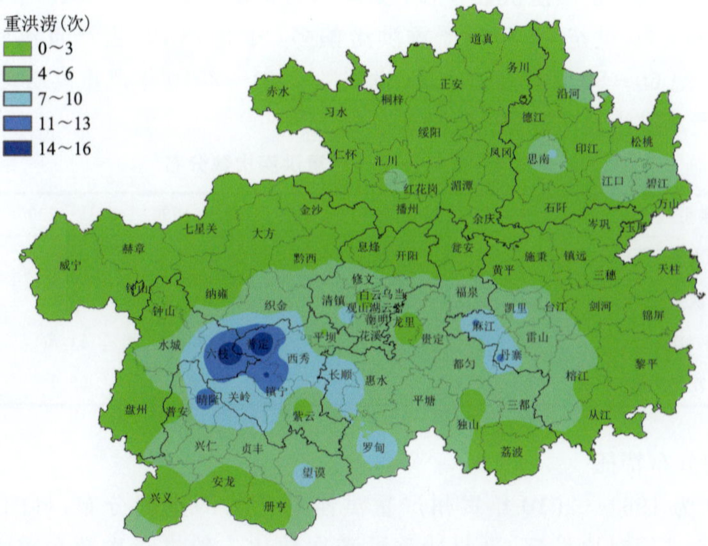

图 3.8 1961—2010 年贵州重洪涝总次数空间分布图

3.2.2.3 严重洪涝特征

(1)时间分布特征

图 3.9 为 1961—2010 年贵州 84 站严重洪涝总次数的逐年变化趋势。从图 3.9 可以看出,1961—2010 年 50 年内贵州严重洪涝发生年份较少,严重洪涝发生次数最多的为 1995 年,共发生 6 次;其次是 1970,1976 和 1991 年,每年均有 4 次严重洪涝发生;1963,1985,1997 和 2006 年每年仅发生 1 次严重洪涝,50 年内共有 38 年没有严重洪涝发生。

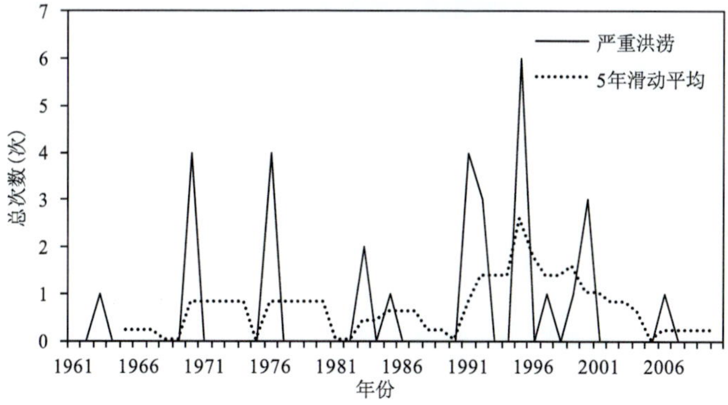

图 3.9 1961—2010 年贵州严重洪涝总次数逐年变化趋势

从贵州各年代严重洪涝次数分布(表 3.4)可以看出,1961—2010 年贵州共发生 31 次严重洪涝。20 世纪 90 年代严重洪涝偏多,发生 18 次,占严重洪涝总次数的 58.1%;20 世纪 60—80 年代及进入 21 世纪的 2001—2010 年严重洪涝均偏少,共发生 13 次,占严重洪涝总次数的 41.9%。

表 3.4　贵州各年代严重洪涝次数分布

年份	1961—1970	1971—1980	1981—1990	1991—2000	2001—2010
年度总次数(次)	5	4	3	18	1
年平均次数(次)	5.0	4.0	3.0	1.8	0.1
距平(次)	−1.2	−2.2	−3.2	11.8	5.2
占严重洪涝总次数的比例(%)	16.1	12.9	9.7	58.1	3.2

(2)空间分布特征

图 3.10 为 1961—2010 年贵州严重洪涝总次数的空间分布,将图 3.10 与图 3.6 和图 3.8 进行对比发现,贵州严重洪涝次数比一般洪涝次数和重洪涝次数均明显偏少,其空间分布特征也有所不同。1961—2010 年,贵州中西部的六枝、安顺、清镇一带发生严重洪涝,贵州东南部的都匀、凯里、贵定及铜仁市东部等地也发生严重洪涝,严重洪涝次数最多的为六枝、江口、雷山、罗甸、平坝,50 年内共发生 3 次严重洪涝。

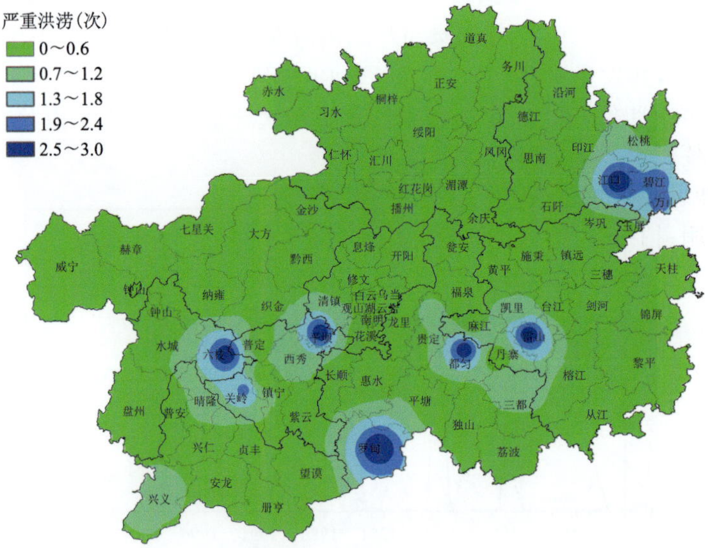

图 3.10　1961—2010 年贵州严重洪涝总次数空间分布图

3.2.2.4 年度洪涝指数特征

统计贵州 84 个气象观测站 1961—2010 年的年度洪涝指数，见表 3.5。从表中可以看出，1961—2010 年，贵州出现一般洪涝年有 15 年，占总洪涝年的 30%；出现重洪涝年为 15 年，占总洪涝年的 30%；出现严重洪涝年为 16 年，占总洪涝年的 32%；其中，1961、1973、1975 和 1981 年全省没有出现洪涝灾害。

表 3.5 贵州 1961—2010 年年度洪涝指数

一般洪涝	年份	1962	1965	1966	1972	1974	1978	1982	1984	1989	1990	1994
	QS	0.21	0.33	0.27	0.33	0.36	0.34	0.23	0.38	0.30	0.34	0.29
	年份	1997	2003	2006	2009							
	QS	0.30	0.32	0.33	0.21							
重洪涝	年份	1968	1969	1971	1976	1977	1980	1985	1986	1988	2001	2002
	QS	0.52	0.58	0.49	0.51	0.43	0.57	0.56	0.47	0.56	0.50	0.45
	年份	2004	2005	2008	2010							
	QS	0.49	0.51	0.54	0.45							
严重洪涝	年份	1963	1964	1967	1970	1979	1983	1987	1991	1992	1993	1995
	QS	0.65	0.60	0.62	0.76	0.80	0.64	0.60	1.34	0.69	0.67	0.98
	年份	1996	1998	1999	2000	2007						
	QS	1.35	0.76	0.93	0.82	0.93						

3.2.3 影响

暴雨洪涝灾害发生快，来势猛，尤其是大范围的持续暴雨或者集中的特大暴雨，不仅危害农林渔业的生产，还可能导致江河、湖泊水位暴涨，诱发山体滑坡、泥石流等地质灾害，冲毁房屋和建筑，严重时还会造成人畜伤亡。

洪水冲刷、拍打等，会造成土壤、耕地流失。地势低洼、地形闭塞地区，因雨水不能迅速排出而造成农田积水和土壤水分过度饱和，使得土壤表面板结、透气性变差，引发农田渍涝。作物受涝后生长明显受到抑制，植株矮小、叶片发黄、根系不发达、根尖变黑等，如果淹水时间过长，会引起作物死亡。

3.3 秋绵雨

3.3.1 定义和指标

每年 9 月 1 日—11 月 30 日，凡出现日降水量≥0.1 mm、持续时间达 5 d 或以上的时段(其中从第 6 天开始，允许有间隔 1 d 无降水量)，定义为一次秋季绵雨过程，或简称为秋绵雨。

单站秋绵雨持续日数分级标准如表 3.6 所示。

表 3.6　单站秋绵雨持续日数分级标准

秋绵雨等级	轻微	一般	较重	严重
持续日数(d)	5～10	11～15	16～20	≥21

3.3.2　特征

(1)时间分布特征

从图 3.11 可以看出,贵州区域秋绵雨持续日数的多年平均值为 21.4 d,近年来秋绵雨的区域年平均持续日数呈现出减少的趋势,趋势值为−0.23 d/a,通过了显著性检验(显著性水平值)。秋绵雨影响最为严重的年份为 1981 年,区域平均持续日数达 40.9 d,在 20 世纪 60 年代贵州境内秋绵雨的持续日数也较长,平均值在 30 d 以上。1998—2009 年贵州境内秋绵雨的持续日数连续低于多年平均值,其中 1998 年秋绵雨区域平均持续日数最短,仅为 8.2 d。

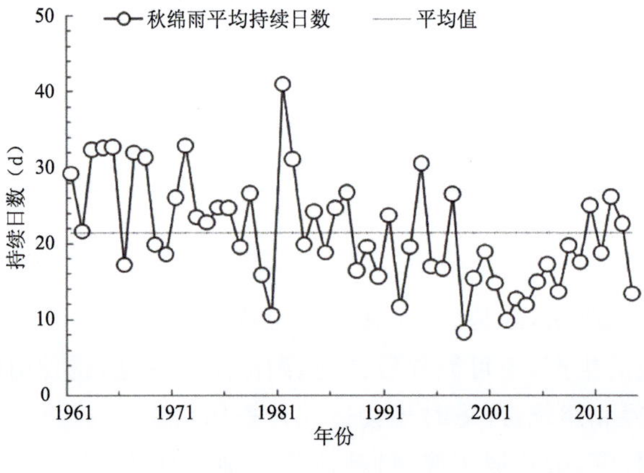

图 3.11　1961—2014 年贵州平均秋绵雨持续日数时间演变图

(2)空间分布特征

图 3.12 为贵州秋绵雨分布图,根据持续日数可以分为轻微秋绵雨区、一般秋绵雨区、较重秋绵雨区、严重秋绵雨区。贵州境内秋绵雨持续日数的多年平均值为 12.9～23.1 d,分布为自西北向东南逐渐减少。贵州西部的威宁、水城、盘县及西北部的纳雍、毕节、大方、赤水和习水一带的秋绵雨持续日数较长,为 28.9～32.1 d,为严重秋绵雨区;贵州南部边缘的望谟、独山、从江一带以及东北部的沿河、印江、镇远一带等,秋绵雨持续日数较少,在 12.9～16.0 d,为轻微秋绵雨区。

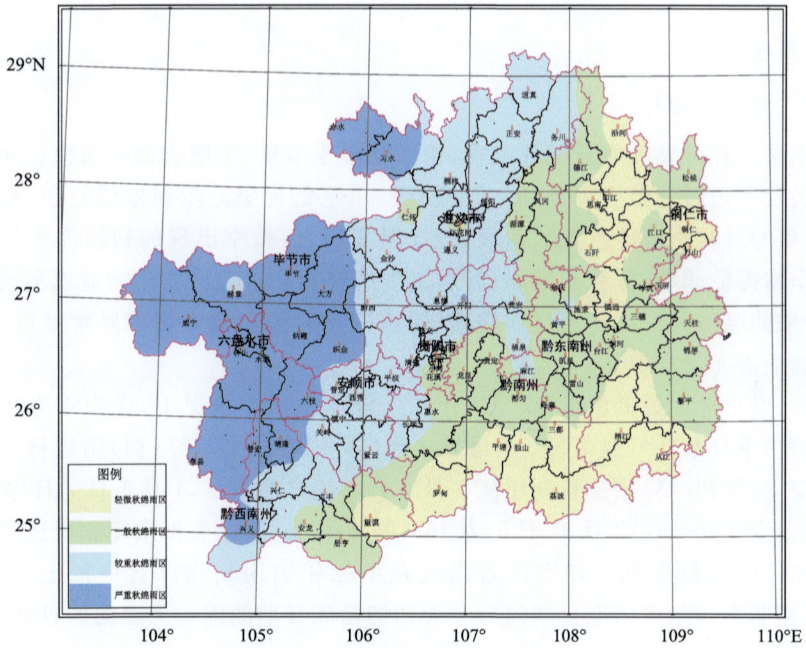

图 3.12　贵州秋绵雨分布图

3.3.3　影响

秋季多雨是贵州一种高影响天气气候事件，阴雨绵绵对农业的危害较大。不同时间段发生的秋绵雨对农业生产的影响不同。9 月上旬—10 月上旬，作物成熟收获期遇秋绵雨，已成熟的不能及时收获或已收获的也不能脱粒晾干入库而发生发芽、霉变，同时，易诱发水稻病害，导致水稻贪青，影响水稻灌浆、籽粒不饱满，而最终影响产量和品质。10 月中旬后，秋绵雨主要影响小麦、油菜等的秋种农事活动。

3.4　低温

贵州低温类农业气候灾害较为频繁，对农业生产危害较大的主要有霜冻、凝冻、冷害三种。危害较重的霜冻主要是出现在深秋的早霜冻和出现在早春的晚霜冻，主要特征是：晴天，早晚温差大，早晨地面温度降到 0 ℃以下。凝冻是贵州冬季最主要的气象灾害，主要特征是：气温低于 0 ℃，大气中的水汽在物体上凝结、凝华成冰。农作物的重要发育阶段遇气温比作物要求的气温偏低则会发生冷害，引起生育期延迟，或使花器的生理机能受到损害，造成农业减产，主要特征是：温度在 0 ℃以上、一般直观看不出作物受害的明显症状。贵州危害较大的冷害主要有仲春的倒春寒和夏末秋初的秋风。

3.4.1 霜冻

3.4.1.1 定义和指标

霜冻是一种常见的农业气象灾害，指在温暖季节里，土壤表面或植物表面及近地面空气层发生短时间温度降低到 0 ℃或 0 ℃以下的现象。贵州地形复杂，海拔差异悬殊，每年的春秋季节冷空气活动频繁，气温变幅大，秋季出现的初霜冻会导致晚熟的大田作物提前凋萎、籽粒不饱满；春季出现的终霜冻也会对农作物造成不同程度的损害，带来的经济损失往往超过初霜冻，初霜冻异常提前或终霜冻异常推迟，对农作物造成的损害尤其严重。

通常，以日地面最低温度≤0 ℃，并在无降水发生的情况下，作为霜冻标准。一般将春(秋)季日最低气温≤0 ℃的最后一天(第一天)定义为终(初)霜冻日。初(终)霜冻日定义：将初(终)霜冻日期用从 1 月 1 日起的日序表示，1 月 1 日的日序记为 1，1 月 2 日记为 2，……，12 月 31 日记为 365(闰年 366)，以此类推来建立所选站点的初(终)霜冻日的数据序列。初霜冻若出现在第二年则用初霜冻日序加上 365(闰年 366)；无霜期为当年终霜冻日期的后一天到初霜冻日期的前一天之间的日数。

3.4.1.2 特征

(1)时间分布特征

图 3.13 为贵州 1961—2010 年霜冻日数全省平均的年际变化、5 年滑动平均及趋势线，可以看出，1961—2010 年贵州霜冻日数呈下降趋势，气候倾向率大约为 −0.8 d/10 a，通过了 0.05 的显著性检验。20 世纪 60 年代到 70 年代中期、80 年代中期及 90 年代初大部分年份为正距平，90 年代中期到 21 世纪的头 10 年主要为负距平，表明霜冻日数处于较少时期。霜冻灾害相对较重的年份有 1963，1971 和 1993 年，与常年同期相比霜冻日数偏多 10 d 以上，1993 年全省平均霜冻日数为 22.8 d，是霜冻灾害最为严重的年份。霜冻灾害相对较轻的年份有 1991，1997 和 2007 年，与常年同期相比霜冻日数偏少 5 d 以上，1991 年仅为 3.9 d，为贵州历史上霜冻灾害最轻的年份。

(2)空间分布特征

图 3.14 为 1961—2010 年贵州平均霜冻日数的空间分布图，可以看出，全省霜冻日数分布的空间差异显著。全省 74%以上站点的霜冻日数在 8～15 d，霜冻日数较多的站主要集中在水城—毕节以西的高海拔地区，威宁站霜冻日数达到 39.3 d，是全省霜冻日数最多的地区，铜仁万山的霜冻日数达到 23.5 d，为一个次中心，另外，贵阳白云、乌当和开阳等地的霜冻日数相比周边地区略多。南部的贞丰—望谟—罗甸—

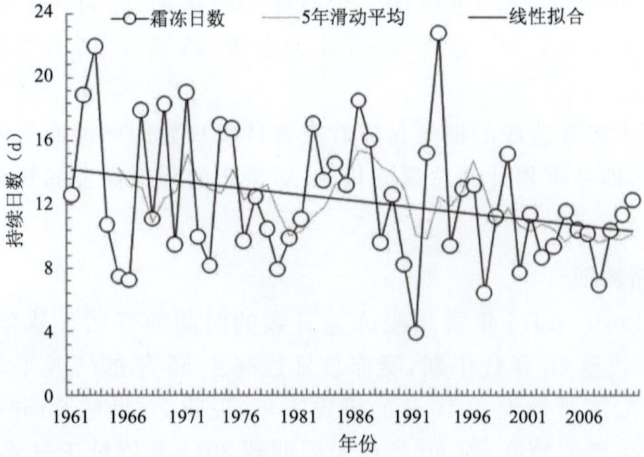

图 3.13　贵州 1961—2010 年霜冻总日数时间演变图

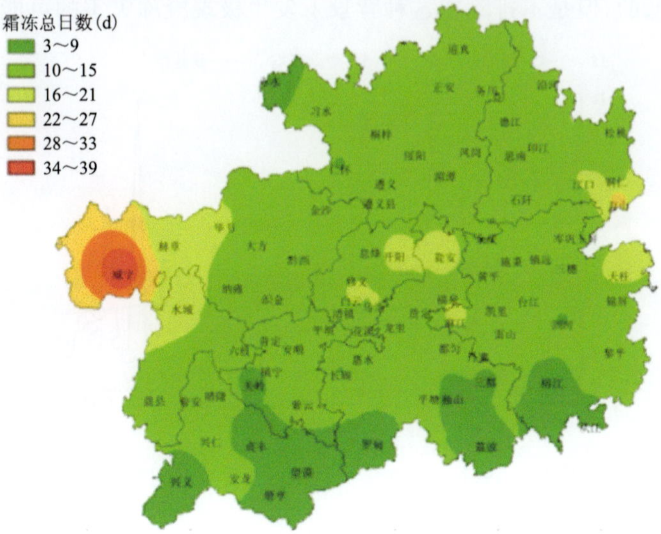

图 3.14　1961—2010 年贵州平均霜冻日数空间分布图

荔波一线的霜冻日数较少，均低于 5 d，北部赤水河谷地带，霜冻日数为全省最低，仅为 2.6 d。

3.4.2　凝冻

3.4.2.1　定义和指标

凝冻的定义为，每年冬季（当年 12 月至翌年 2 月），当日平均气温≤1 ℃，日最低气温≤0 ℃,且当日雨量≥0.0 mm 的三个指标同时达到,即为一个凝冻日。一次凝冻过程持续 2～3 d 为轻级,持续 4～5 d 为中级,持续 6～9 d 为重级,持续日数≥10 d为特重级。

由于一次凝冻灾害造成的损失是随着灾害持续日数的增加而迅速上升的,因此,采用凝冻总时间,即冬季累计的总凝冻日数,对贵州的凝冻灾害的气候特征做分析。

3.4.2.2 特征

(1)时间分布特征

图 3.15 是 1961—2015 年贵州凝冻总日数的时间演变图。从年代际的角度来看,20 世纪 60 年代至 80 年代中期,凝冻总日数高于 55 年的气候平均水平,24 年内出现 8 次平均总凝冻日数大于 10 d 的重灾害年,说明 20 世纪 60 年代至 80 年代中期的凝冻灾害发生频率较高;而 80 年代中后期到 2015 年则处于气候平均值以下,31 年内只有 2008 和 2011 年为超过 10 d 的重灾年。2007 年 12 月—2008 年 2 月我国南方发生大范围雨雪冰冻灾害,贵州是最严重区域,虽然近年来贵州凝冻灾害发生的气候趋势是降低的,但是不排除在这种背景下发生极端凝冻灾害的可能性。

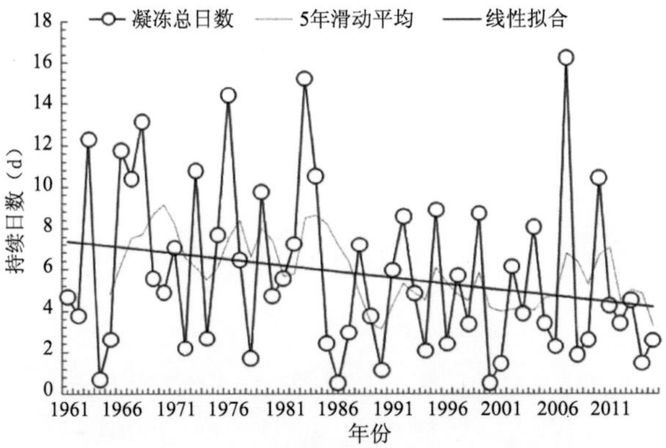

图 3.15 1961—2015 年贵州凝冻总日数时间演变图

(2)空间分布特征

图 3.16 是 1961—2015 年贵州凝冻等级空间分布图,根据凝冻日数可分为基本无凝冻区、轻凝冻区、中等凝冻区、重凝冻区。威宁—大方一带是省内凝冻灾害发生最严重的地区,海拔高度较高,平均凝冻总日数达到了每年 15 d 以上。开阳凝冻总日数次之,平均每年为 14.9 d。铜仁地区和遵义东北部的多个县市的凝冻灾害较轻,气候平均凝冻总日数低于 2 d,沿河和思南两地均低于 1 d;省南部的凝冻灾害发生最轻,册亨—望谟—罗甸—榕江一带平均凝冻总日数不足 0.5 d,望谟和罗甸两地从未有凝冻记录,因此凝冻灾害的发生具有明显的区域特征,与地形和海拔高度有密切的

相关性。

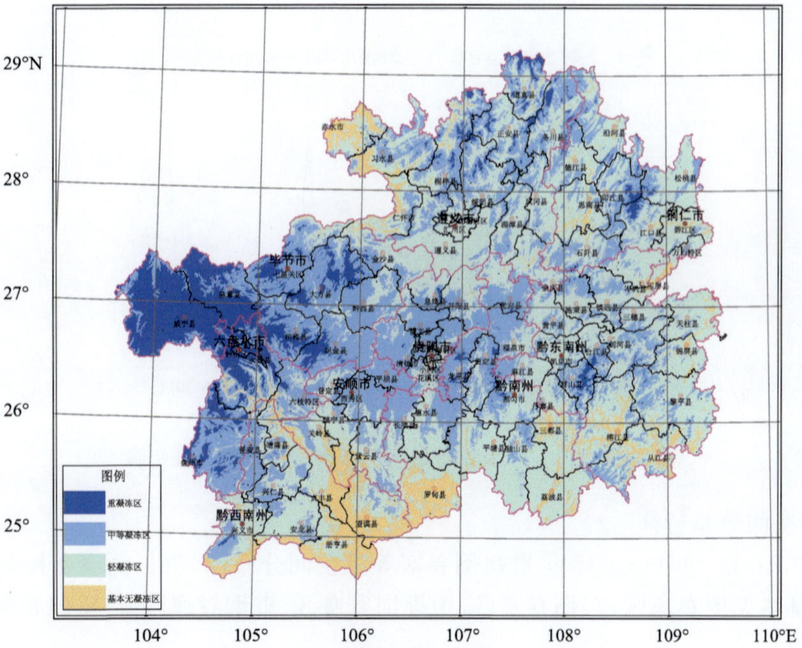

图 3.16　贵州凝冻等级空间分布图

3.4.3　倒春寒

3.4.3.1　定义和指标

倒春寒一般指在 3 月 21 日—4 月 30 日，日平均气温≤10 ℃，持续 3 d 或 3 d 以上(其中从第 4 天开始，允许有间隔 1 d 的日平均气温≥10.5 ℃)，为一次倒春寒天气过程。倒春寒的指标包括次数、总日数、最长持续时间和倒春寒的强度指数 K，选取当年累计总日数为衡量倒春寒灾害强度的指标，倒春寒年累计总日数越多，表明当年倒春寒越严重。

3.4.3.2　特征

(1)时间分布特征

图 3.17 为 1961—2015 年贵州倒春寒总日数的时间演变。从图 3.17 中可见，贵州倒春寒总日数具有很明显的年代际特征，1960—1976 年倒春寒总日数基本位于气候平均值以下，1976—1999 年，倒春寒总日数逐渐增加，基本位于气候平均值以上，2000—2010 年，倒春寒灾害的程度处于历史最低水平，总日数低于 4 d，倒春寒灾害强度变弱，而 2011—2015 年，倒春寒总日数从 6.4 d 迅速升至 18 d 以上，为贵州全省

平均倒春寒年总日数最多的时段。倒春寒的年际变化主要经历了“弱—略强—弱—强”的演变。

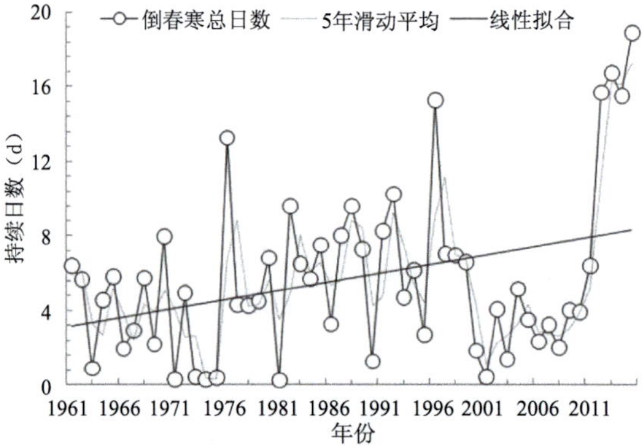

图 3.17　1961—2015 年贵州倒春寒总日数时间演变图

(2)空间分布特征

图 3.18 是 1961—2015 年贵州倒春寒等级空间分布图,根据倒春寒持续日数可以分为基本无倒春寒区、轻倒春寒区、中等倒春寒区、重倒春寒区、严重倒春寒区。贵

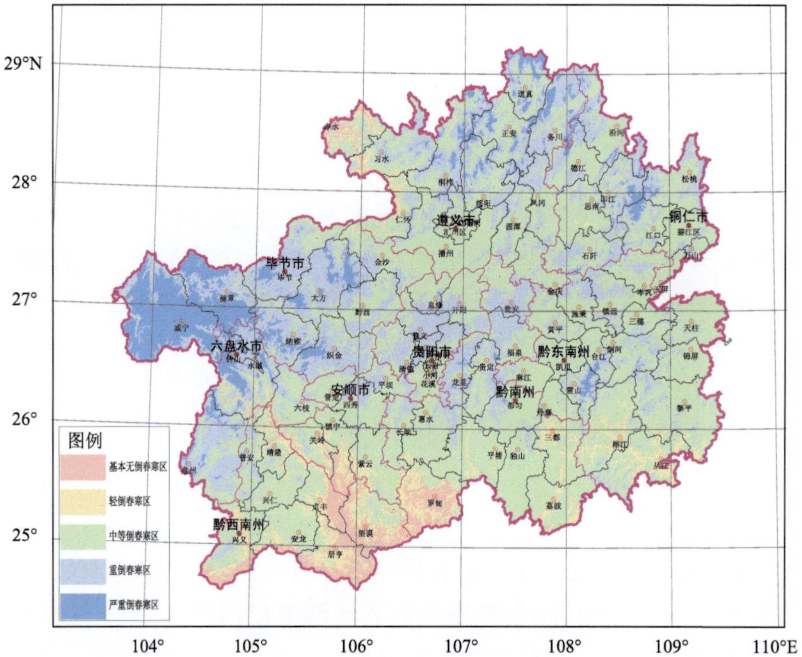

图 3.18　贵州倒春寒分布图

州全省的倒春寒发生情况大致为自西向东逐渐减弱，西部海拔较高的毕节地区是倒春寒最为严重的地区，其中，大方倒春寒日数为全省最高(13.2 d)，其次为威宁和毕节，都达到 10 d 以上，另外，贵阳地区相对高差较大的开阳倒春寒日数也达到 12 d 以上，黔西南州南部五县(市)的倒春寒灾害程度为全省最轻，倒春寒日数均不超过 4.0 d，其中省南部的罗甸、册亨、望谟、荔波和榕江等地区的倒春寒总日数几乎为 0，铜仁地区和遵义东部的灾害程度也较轻，时间不超过 5.0 d。结合贵州地形地貌特征，说明在海拔相对较高的地区，更容易遭受倒春寒灾害的影响。

3.4.4 秋风

3.4.4.1 定义和指标

夏末初秋(8 月—9 月上旬)，北方冷空气南下出现的对水稻抽穗开花不利的低温(表 3.7)，常伴有阴雨天气，常使花药不能正常开裂，花粉粘连或吸水膨胀破裂，丧失活力，严重影响水稻的结实，这种天气过程被称为“秋风”。

表 3.7　不同海拔地区水稻抽穗开花期的下限温度

海拔高度(m)	下限温度(℃)
≤700	22
701～1200	21
1201～1500	20
1501～1800	19
≥1801	18

选取每年 8 月上旬—9 月上旬作为研究时段，采用冷积温表征水稻秋风的强度，不同冷积温值对应不同的秋风发生等级(表 3.8)。冷积温是指气温低于水稻生殖生长临界温度的累计值，与有效积温计算方法类似：

$$LJW = \sum_{i=1}^{n}(T_0 - T)$$

(当 $T_0 \leqslant T$ 时，令 $LJW=0$)

式中，LJW 为冷积温(℃ · d)，T_0 为水稻开花期(8 月上旬—9 月上旬)的下限温度；T 为日平均气温；n 为日平均气温低于 T_0 的天数(d)。

表 3.8　贵州水稻秋风灾害冷积温(*LJW*)指标

	无	轻级	中级	重级	特重级
LJW(℃ · d)	$LJW \leqslant 17$	$17 < LJW \leqslant 21$	$21 < LJW \leqslant 25$	$25 < LJW \leqslant 29$	$LJW > 29$

3.4.4.2 特征

(1)发生频率

贵州水稻秋风灾害主要发生在海拔较高处。西部、铜仁地区的梵净山山脉、黔北娄山关等地区，发生频率等级在重级以上；而在东部、南部边缘地区，平均海拔高度≤700 m，发生频率(≤20%)主要为轻级；中高海拔地区发生频率大部分为中级。从全省范围来看，秋风发生的平均频率毕节地区(41.3 次/站)>贵阳地区(36.8 次/站)>六盘水地区(24.2 次/站)>遵义地区(15.8 次/站)>安顺地区(15 次/站)>黔南地区(12.1 次/站)>黔西南地区(10.3 次/站)>黔东南地区(4.7 次/站)>铜仁地区(0.6 次/站)。

统计各年代水稻秋风发生频率，可以看出，各年代贵州西部地区都为水稻秋风主要发生区域，几乎年年都会出现秋风灾害天气(图 3.19)。20 世纪 70 年代，全省水稻秋风发生频率大部分都在中级以下(≤40%)；东、南部及北部边缘地区秋风发生频率

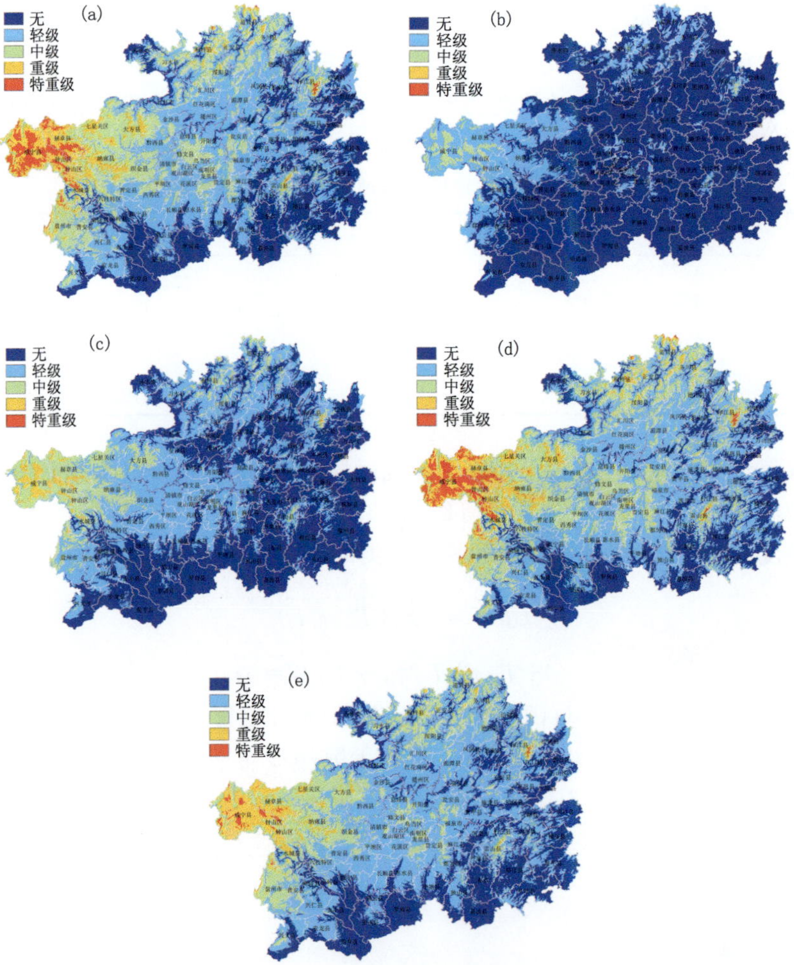

图 3.19　贵州水稻各年代秋风发生频率空间分布图

(a. 70 年代；b. 80 年代；c. 90 年代；d. 2001—2010 年；e. 40 年平均)

主要为轻级(≤20%),其中平均海拔高度 500 m 的低海拔地区无秋风灾害发生;40%以上的秋风灾害基本分布在 1500 m 以上的中高海拔地区,海拔 2000 m 以上的地区在这 10 年内每年都有水稻秋风灾害发生。20 世纪 70 年代以后,水稻秋风灾害发生频率随年代变化趋于频繁,重级以上秋风发生频率的范围有所扩大。20 世纪 80 年代水稻秋风发生频率,相对于 20 世纪 70 年代来说有所减轻,大部分地区发生频率都在轻级(≤20%),海拔高度 1700 m 左右的区域发生频率在重级以上;20 世纪 90 年代,发生频率轻级(≤20%)的面积减小,发生频率在中级以上的范围较 80 年代有所扩大,其中发生频率重级以上的平均海拔高度较 80 年代退至 1400 m。进入 21 世纪,秋风发生频率轻级(≤20%)的范围减小,平均海拔高度退至 500 m 以下,遵义北部、中部部分地区由中级发生频率发展到重级,水稻秋风发生频率较过去有显著的扩大和增加。

(2)发生日数及强度

秋风对水稻的危害,一方面受低温频率影响,另一方面也受低温强度影响,而强度主要体现在秋风日数、秋风冷积温值等方面。

贵州全省秋风日数为 0～29.3 d,沿毕节—大方—瓮安—平坝—兴仁一线以西以及遵义习水地区,秋风日数大于 5 d,其中毕节、六盘水、黔西南部分地区秋风日数达到了 10 d 以上,最大值出现在威宁,达 29.3 d;沿毕节—大方—瓮安—平坝—兴仁一线以东秋风日数在 5 d 以下,是贵州水稻种植主要地区;全省南部、东南部、东北部边缘部分低海拔地区无秋风灾害(图 3.20)。

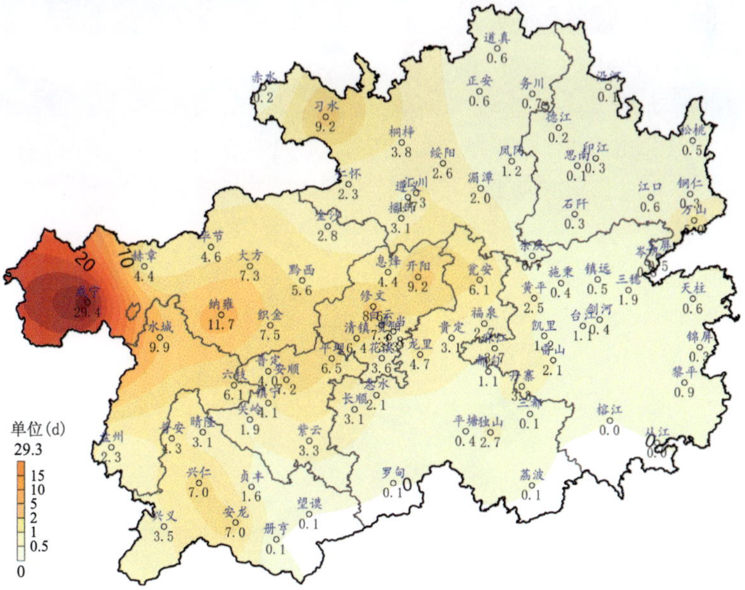

图 3.20　1971—2010 年贵州平均秋风日数空间分布图

水稻秋风强度与海拔高度有极显著的正相关关系，随着海拔高度的增加灾害强度也相应增强；水稻秋风强度与经度具有显著的负相关关系，但没有与海拔高度相关程度高，与纬度的相关程度不大。

在贵州的西部、中部、遵义习水地区为冷积温的高值区，冷积温值在 21 ℃ · d 以上，特别是在威宁地区冷积温值达到了 37.1 ℃ · d 以上，为特重级秋风地区；省之南部、东南部、东北部边缘大部分地区都为冷积温的低值区，为 6 ℃ · d 以下，中部地区为冷积温的中低值区。

各年代秋风强度变化特征与各年代秋风发生频率变化特征相似，即秋风发生频率比较频繁的地区秋风强度相对较强，主要分布在海拔较高的西部地区（图 3.21）。

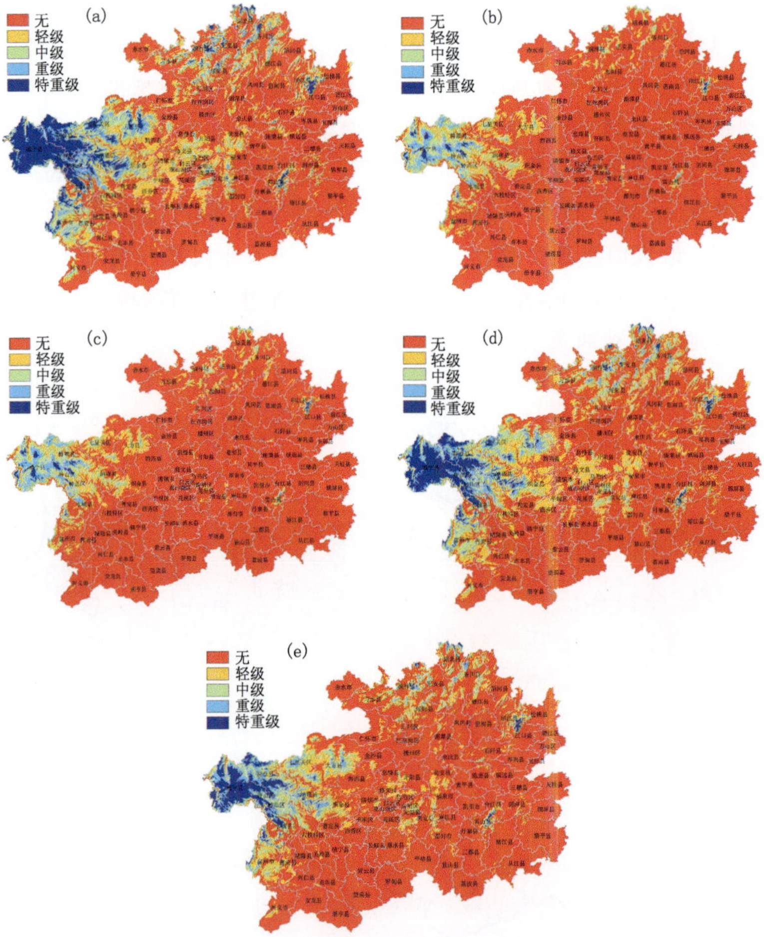

图 3.21　贵州水稻各年代秋风强度空间分布图

（a. 70 年代；b. 80 年代；c. 90 年代；d. 2001—2010 年；e. 40 年平均）

20 世纪 70 年代，除了西部及遵义北部部分高海拔地区（平均海拔高度 1500 m）为重级（$LJW>25.0$ ℃·d）以上，中部零星分布着秋风强度为中级的地区外，其余地区都无秋风天气发生（$LJW\leqslant 17.0$ ℃·d），分布面积较大。20 世纪 80 年代相对于 70 年代秋风强度及各级强度范围有所减弱，中级以上的面积减少，主要分布在贵州西部部分地区。20 世纪 90 年代秋风强度及范围与 80 年代相似，但都相对于 70 年代明显偏弱。进入 21 世纪，秋风强度有所增强、范围扩大，中级以上（$LJW>21.0$ ℃·d）灾害强度向该省中部靠近。

据统计分析，重级以上灾害强度（$LJW>25.0$ ℃·d）的地区平均海拔高度约在 1500 m 以上，而轻级灾害强度的平均海拔高度约在 700 m 以下，三个不同海拔高度区域每年平均秋风冷积温值变化幅度相似（图 3.22），1972，1974，1980，1988，1993 和 2002 年的冷积温值相对于前后几年均突然增加，第三区（海拔高度≥1500 m）的年平均冷积温值高于其他两个区域，普遍为秋风重灾区，但从线性趋势来看，有一定程度的下降趋势，气候倾向率为 −0.17 ℃·d/10a。第一区及第二区（海拔高度＜1500 m）秋风冷积温值较小，平均秋风强度比高海拔地区弱，但有一定程度的上升趋势，气候倾向率分别为 0.75 和 0.64 ℃·d/10a。

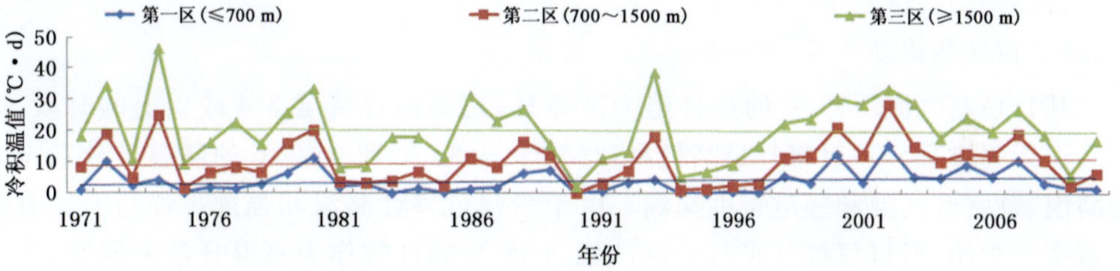

图 3.22　贵州水稻不同海拔区域秋风年平均冷积温值长期变化趋势

综合而言，贵州西部地区为秋风特重级区，平均秋风日数在 15 d 以上，威宁为 29.3 d，平均冷积温在 37.1～56.8 ℃·d；贵州中部大部分地区、毕节西部、六盘水大部为秋风重、中级地区，特别在贵阳开阳、遵义习水等地区，能达到重度秋风，平均秋风日数为 5～10 d，平均冷积温在 21～37 ℃·d；贵州南部、东南部、东北部边缘地区秋风日数及冷积温都处于低值区，平均秋风日数为 0～1 d，冷积温为 3～6 ℃·d，属于基本无秋风灾害地区。

3.4.5　低温类灾害影响

低温出现在不同季节或作物的不同生育阶段带来的危害不同。作物遭受低温会致生长迟缓，叶缘干枯、叶片扭曲，若持续时间长，则茎叶失水缩小，严重时可致植株死亡，初呈浸水状，后干枯死亡；开花结果期低温影响授粉、易造成落花落果，或导致花器官发育不正常，花瓣萼片、心室数目增多，形成畸形花；结果期低温还会影响果实膨大和着色等，并有可能导致裂果。此外，当地温过低时还会引发细菌性病害。

凝冻天气对贵州冬季农作物和畜禽安全越冬可造成一定危害，并影响人们的正常生活和农事活动的开展。

霜冻在贵州主要危害经济作物、水果、幼年林木等，尤其对早春茶危害较大，会造成茶叶、蔬菜减产，果树坐果率下降，以及新植幼树死亡等。

倒春寒天气会造成水稻、玉米发生严重烂秧烂种。经济作物如茶叶、果树也会受到影响。

秋风影响范围和危害程度不及倒春寒，主要危害处于抽穗扬花期的水稻，影响其正常扬花授粉，致使空壳率增加，产量下降。干冷型的秋风，主要是冷高压控制下，天气晴朗，夜间辐射强烈，使最低气温降至临界温度以下，把花粉粒冷坏，影响授粉。湿冷型的秋风，是由于北方冷空气南下，使日平均气温降至临界温度以下，并伴随低温阴雨天气，持续多日，使水稻不能安全扬花授粉。贵州一般两种秋风类型都存在，其中湿冷型较为常见。

3.5 高温

3.5.1 定义和指标

凡日最高气温≥35 ℃的当日定为高温日，把高温日持续 3 d 或以上的时段，称为高温天气过程。一般将日最高气温≥35 ℃、≥38 ℃和≥40 ℃的高温日分别定义为高温、危害性高温和强危害性高温。由于贵州危害性高温和强危害性高温日数发生概率非常小，所以仅统计了日最高气温≥35 ℃的日数作为高温日数来研究，不再划分危害性高温和强危害性高温。

3.5.2 特征

(1)时间分布特征

图 3.23 为 1961—2010 年贵州高温日数的年际变化趋势图。可以看出，高温日数在 2006 年最多，为 12.9 d，最少值出现在 1974 年，仅为 1.3 d。从长期变化看，50 年内高温日数呈微弱的线性增加趋势，趋势值为 0.25 d/10a，但未通过显著性检验。从高温日数的时间序列还可以看到，日最高气温≥35 ℃高温日数表现出“多—少—多”的年代际变化特征。

从年代际变化(表 3.9)来看，1961—2010 年贵州日最高气温≥30 ℃的日数相对平稳，日最高气温≥35 ℃的高温日数在 20 世纪 60 年代、70 年代、80 年代、90 年代变化不大；21 世纪的头 10 年高温日数增多，是 50 年中高温灾害天气过程的多发期，占总次数的 27%。

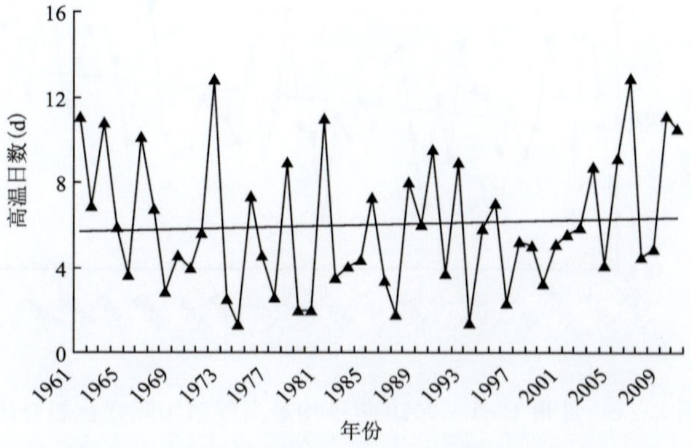

图 3.23　贵州 1961—2010 年高温日数变化趋势图

表 3.9　贵州各年代≥30 ℃和≥35 ℃日数分布

项目	指标	1961—1970 年	1971—1980 年	1981—1990 年	1991—2000 年	2001—2010 年
≥30 ℃	平均日数(d)	49	45	48	44	50
	比例(%)	21	19	20	19	21
≥35 ℃	平均日数(d)	6	4	5	4	7
	比例(%)	23	15	19	15	27

表 3.10 所示为 1961—2010 年贵州日最高气温≥35 ℃高温天气月出现日数，结果表明：1961—2010 年贵州高温日共出现 365 d，约占总日数的 2%，高温日数年平均达 7.3 d；高温天气主要出现在 5—9 月，其中 7 和 8 月出现频率最大，分别达 35.3% 和 40.3%，8 月高温天气出现日数多于 7 月。

表 3.10　1961—2010 年贵州高温天气月出现日数

月份	5	6	7	8	9
出现日数(d)	12	36	129	147	41
出现频率(%)	3.3	9.9	35.3	40.3	11.2

图 3.24 为贵州 1961—2010 年平均最高气温年际变化趋势图，从图中可以看出，50 年内平均最高气温变化趋势呈递增趋势，趋势值为 0.12 ℃/10a。1963 年，日最高气温的平均值约为 21.3 ℃，达到最大；1984 年，日最高气温的平均值为 18.9 ℃左右，为最小；1986 年以后，年平均最高气温开始缓慢回升，到达 21.1 ℃左右。以 1985 年作为分界，分析 1961—1985 年和 1986—2010 年的平均最高气温变化趋势，发现前一时段平均最高气温呈递减趋势，后一段呈显著递增趋势，趋势值为 0.34 ℃/10a。

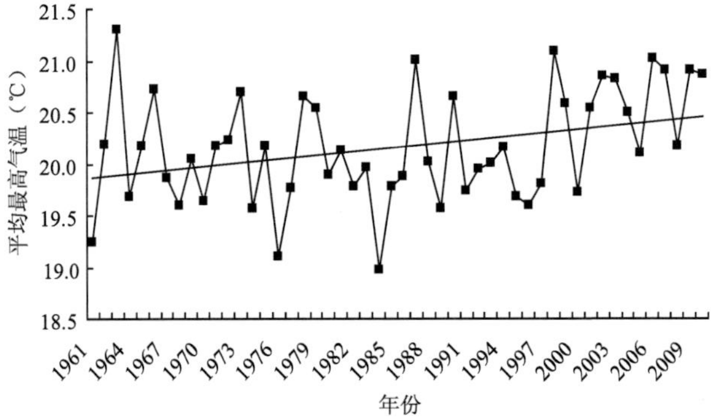

图 3.24　贵州 1961—2010 年平均最高气温年际变化趋势图

图 3.25 为 1961—2010 年贵州极端最高气温年际变化趋势图。从图中可以看出，1961—2010 年贵州极端最高气温呈显著递增趋势，递增速率为 0.41 ℃/10a，极端天气日数显著。以 1985 年作为分界，分析 1961—1985 和 1986—2010 年的气温变化趋势，发现两段时期气温变化均呈递增趋势，而后一时段增暖显著，趋势速率达到 0.26 ℃/10a，递增速率高于前一段时期的递增速率。2001 年以后极端高温天气呈显著递增趋势，递增速率为 0.98 ℃/10a。

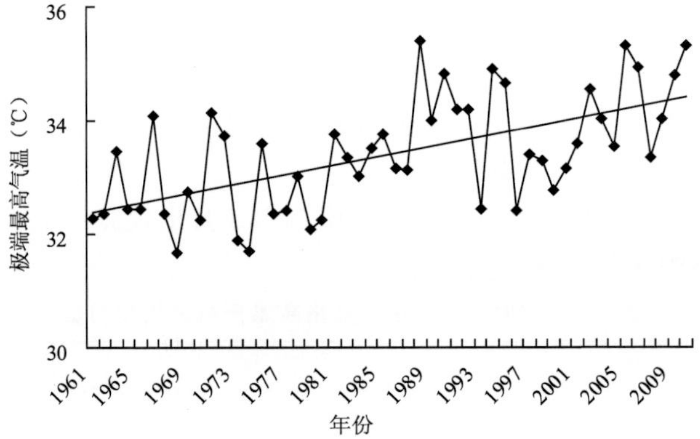

图 3.25　贵州 1961—2010 年极端最高气温年变化趋势

(2)空间分布特征

1961—2010 年贵州极端最高气温最大值出现在赤水市，极端最高气温达 43.2 ℃(图 3.26a)。除西部高海拔地区及贵阳区域的最高气温极大值介于 33.6～35 ℃外，其他站点的极端最高气温高于 35 ℃，其中黔南的南部及黔东南地区极端最高气温接近 40 ℃。

贵州日最高气温≥30 ℃日数多年平均呈现出贵州南部边缘及遵义北部较多的

分布特点，最高值为 129.7 d，贵州西部高海拔地区及贵阳等出现日最高气温≥30 ℃的日数较少(图 3.26b)。

受地形地貌影响，贵州日最高气温≥35 ℃高温日数的多年平均值呈现出铜仁、黔东南、黔南及遵义北部较多的分布特点，最高值为 29.9 d(图 3.26c)。贵州西部高海拔地区及贵阳等站点未出现日最高气温≥35 ℃的高温天气。高温中心位于沿河、赤水、罗甸和铜仁碧江附近，最高值在沿河，碧江、赤水、罗甸，高温日数均在 20 d 以上。

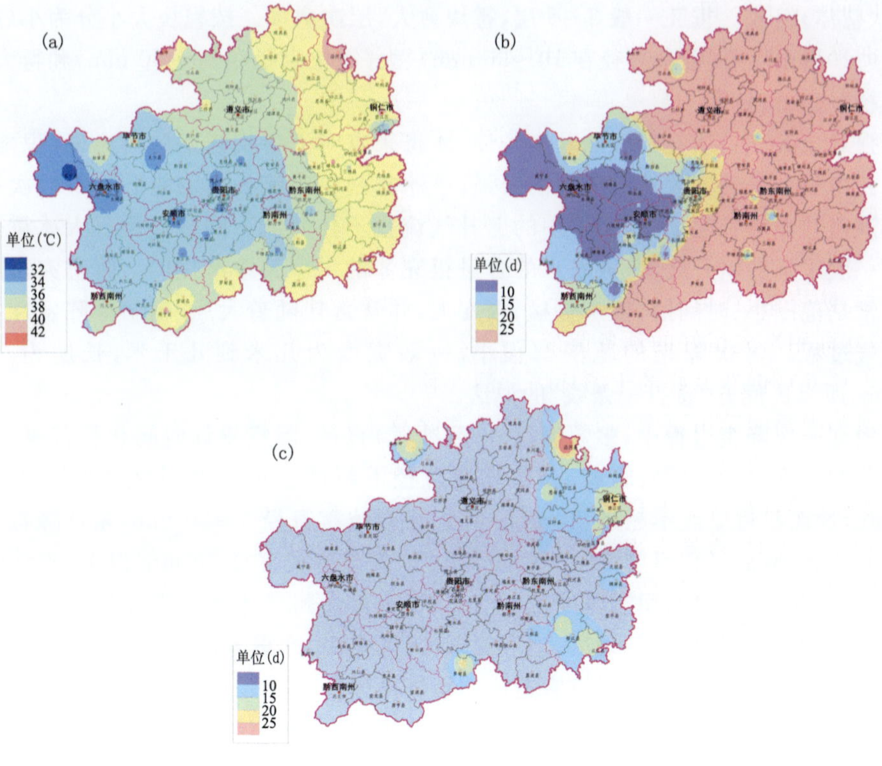

图 3.26　1961—2010 年贵州极端最高气温(a)、日最高气温≥30℃日数(b)和日最高气温≥35 ℃日数(c)空间分布图

3.5.3　影响

高温使植物体内叶绿素失去活性，阻碍了光合作用的正常进行，还会影响细胞膜和细胞内蛋白质等的活性，使植物器官组织受到损伤，抑制根系、植株生长和果实、籽粒的形成。

果树和林木遭受高温热害，还会出现不同程度的灼伤现象。晴天中午高温强光灼伤植株，导致叶片萎蔫；夏季雨后转晴曝晒，土壤表面温度急剧上升，水分汽化热烫伤叶片，造成落花落果等。此外，高温条件还易诱发病虫害。

3.6 冰雹

3.6.1 定义和指标

冰雹(hail)也叫“雹”，俗称“雹子”，有的地区叫“冷子”“白雨”，它是一种固态降水物，直径一般为 5～50 mm，最大的可达 100 mm 以上。冰雹由雹胚(生长中心)和雹块(雹体)组成。雹胚一般 3～5 层，雹块愈大，层次愈多。按雹块大小分为小(雹块直径＜10 mm)、中(雹块直径在 10～30 mm)、大(雹块直径在 30～50 mm)和特大(雹块直径＞50 mm)等。

强对流天气是冰雹形成的基本条件，冰雹来自对流特别旺盛的对流云(积雨云)中。云中的上升气流要比一般雷雨云强，小冰雹是在对流云内由雹胚上下数次和过冷水滴碰并而增长起来的，当云中的上升气流托不住时就下降到地面。大冰雹是在具有一股很强的斜升气流、液态水的含量很充沛的雷暴云中产生的。冰雹灾害的出现通常是范围小、时间短，但来势猛、强度大，并常常伴随着大风、雷雨等阵发性灾害性天气过程。每次降雹的范围都很小，一般宽度为几米到几千米，长度为 20～30 km，所以民间有“雹打一条线”的说法。

根据一次降雹过程中，多数冰雹(一般冰雹)直径、降雹累计时间和积雹厚度，将冰雹程度分为 3 个等级：轻雹，多数冰雹直径不超过 5 mm，累计降雹时间不超过 10 min，地面积雹厚度不超过 20 mm；中雹，多数冰雹直径 5～20 mm，累计降雹时间 10～30 min，地面积雹厚度 20～50 mm；重雹，多数冰雹直径 20 mm 以上，累计降雹时间 30 min 以上，地面积雹厚度达 50 mm 以上。贵州是冰雹灾害较为严重的省份之一，尤其是贵州的中西部地区，地形复杂，天气多变，冰雹多，受害重，对农业危害很大。据统计，贵州每年因冰雹灾害造成的经济损失高达数百万至数千万元，农田受灾高达几百万亩。如 2011 年 4 月 15 日，贵州普定、西秀、紫云等 10 多个县(市、区)遭受冰雹灾害，冰雹最大直径达 30 mm，冰雹灾害造成直接经济损失 7554 万元。图 3.27 是 2011 年 4 月 15 日冰雹云移动路径、降雹时间及降雹点分布图。

3.6.2 特征

根据历年冰雹资料统计分析结果，贵州中西部属于冰雹多发区和重灾区，贵州初始冰雹生成主要发源于贵州西部的赫章、纳雍、六枝及云南的昭通等地。图 3.28 是 1981—2010 年贵州 85 个台站年平均降雹日数分布图，图 3.29 是贵州主要冰雹形成源地和降雹带移动路径图。从图 3.29 可见，对流天气沿六枝、普定、安顺一线，或赫章、毕节、大方、金沙、黔西一线，或纳雍、织金、平坝、清镇一线由西北向东南移动，在

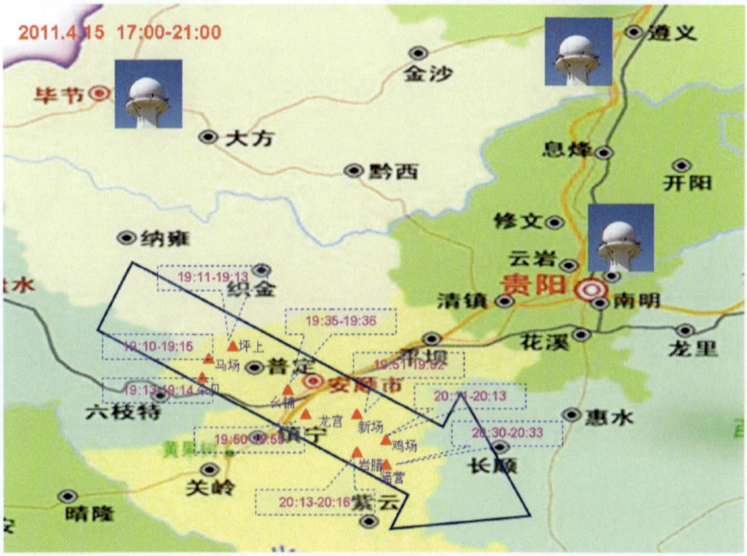

图 3.27　2011 年 4 月 15 日冰雹云移动路径、降雹时间及降雹点分布图

移动过程中发展加强，形成冰雹云带，从而影响贵州西部、中部、南部、西北部等大部地区。

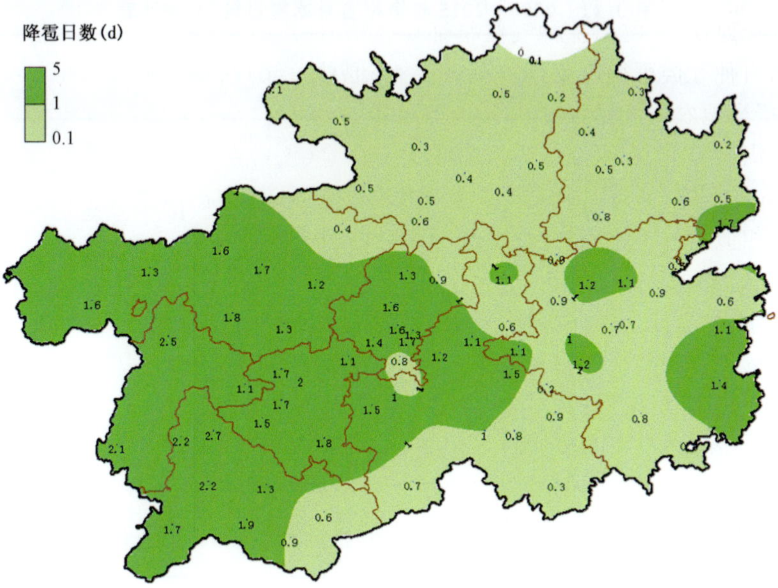

图 3.28　1981—2010 年贵州 85 个台站年平均降雹日数分布图

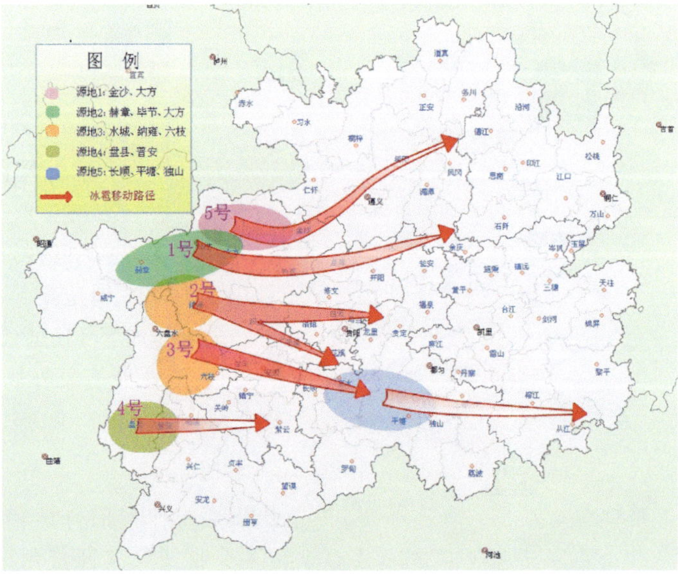

图 3.29　贵州主要冰雹形成源地与降雹带移动路径图

从表 3.11 和图 3.30 可见，贵州年平均冰雹日数为 31～44 d，2006，2007 和 2014 年最多。贵州冰雹多发生在 3—5 月，占全年冰雹日数的 61.8%，尤以 4 月最多。

表 3.11　2006—2015 年贵州各月冰雹日数(d)统计表

月份＼年份	2006 年	2007 年	2008 年	2009 年	2010 年	2011 年	2012 年	2013 年	2014 年	2015 年	合计
1 月	0	1	0	0	0	0	0	0	0	0	1
2 月	0	4	0	4	1	3	0	0	0	8	20
3 月	8	5	7	7	7	1	3	10	11	3	62
4 月	16	13	5	7	7	4	12	12	11	5	92
5 月	9	3	12	3	5	5	9	9	7	14	76
6 月	3	11	1	5	1	6	3	2	4	4	40
7 月	0	1	8	1	7	4	4	1	4	1	31
8 月	1	3	4	5	1	2	2	3	3	1	25
9 月	0	0	1	1	2	0	0	0	1	1	6
10 月	4	0	0	0	0	1	0	0	3	2	10
11 月	3	0	1	0	0	4	0	0	0	0	8
12 月	0	1	0	0	0	0	0	0	0	0	1
合计	44	42	39	33	31	30	33	37	44	39	372

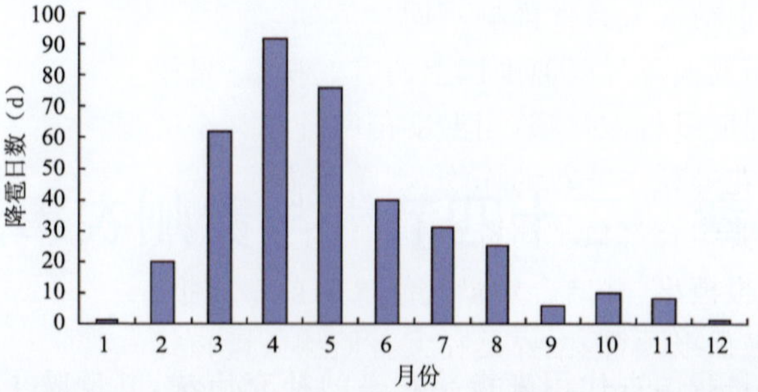

图 3.30 贵州 2006—2015 年 1—12 月降雹日数统计图

3.6.3 影响

冰雹灾害发生时常伴随着狂风骤雨，对作物造成的伤害主要是机械损伤。冰雹会打伤打断植株枝条、茎叶或者花果，影响产量及品质，尤其是对成熟收获期的作物危害最大，重雹区有时会颗粒无收。温室大棚等基础农业设施也会由于冰雹大风而遭到破坏。此外，农户田间劳作时遇直径较大的冰雹还可能被砸伤。

第 4 章　二十四节气与贵州农事活动

二十四节气，是我国古代用来指导农事的补充历法，其反映了一年中的气候转换、气温高低、雨水多寡和白昼长短以及物候变化等，对农业生产具有非常深远的影响，至今仍对农事活动具有重要的指导意义。

二十四节气起源于我国春秋战国时期，是依照黄河中游流域的气候、物候和农业生产活动密切相关的太阳历历法，根据太阳在黄道（即地球绕太阳公转的轨道）上的位置来划分的（二十四节气的形成见图 4.1）。视太阳从春分点（黄经 0°，太阳垂直照射赤道）出发，每前进 15°为一个节气，每个月有两个节气。历史上人们总结二十四节气歌：春雨惊春清谷天，夏满芒夏暑相连，秋处露秋寒霜降，冬雪雪冬小大寒，每月两节不变更，最多相差一两天，上半年来六廿一，下半年来八廿三。

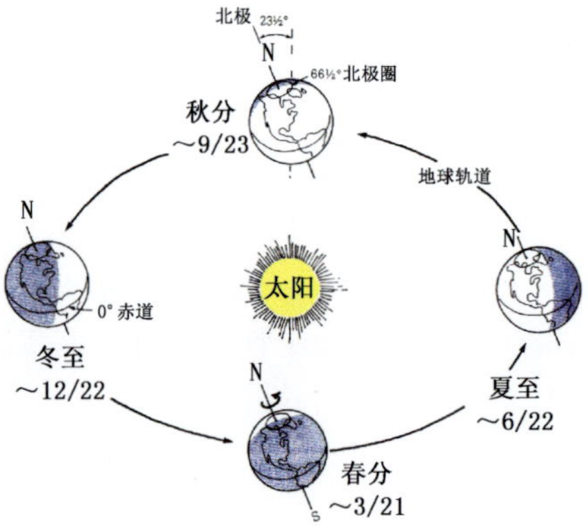

图 4.1　二十四节气形成示意图

我国历史上记录了不少二十四节气和农业生产、生物活动及自然现象之间的关系，并依照二十四节气安排生产活动。但是节气与农事活动因地理纬度、海拔高度、地形地貌的不同而具有强烈的地域性。二十四节气起源于黄河流域，在农业生产中使用时，不能生搬硬套，必须因地制宜、灵活运用。不仅要考虑各省各地区的气候特点，还要考虑气候的年际变化和生产发展的需求。

贵州大部分地区最热月出现在 7 月，与小暑、大暑相对应，最冷月出现在 1 月，与小寒、大寒所在月份相同，二十四节气适用于贵州。

与江南开春便开始春耕相比较，贵州春耕、春种要晚许多。“田功三月始犁，四月播种，五月插禾，九、十月纳稼。动作稍迟，则禾苗不茂；夏初无雨，则收敛必歉；入秋遇有大风，则秀不实，谓之青空。所赖山坡旷土，杂种燕麦、荞麦、水稗、旱稗之属，以佐饔飧。故民鲜隔岁之蓄，其亦气候使然欤。”贵州农民根据长期观察与生产实践，将气候与农时的关系用谚语形式加以总结，归纳出一系列行之有效的农时安排。贵州农谚云，“猫爪刺开花把地翻，桐子开花把种下”“番茄辣子，春分撒籽”“清明种冬瓜，要用车船拉”“立夏不挖葱，葱在土头空，立夏不挖蒜，土里丢一半”“三月织绿锦，九月收黄金”“八月栽菜风吹大，九月栽菜尿淋大，十月栽菜长不大”“七大八小九丁丁，十月萝卜光缨缨”等。

为便于分析统计，若节气日期跨度为 3 d 的，取中间日期为统计代表日；节气日期跨度为 2 d 的，取后一天为代表日，各节气统计日期详见表 4.1。

表 4.1　二十四节气统计日期表(月.日)

节气	统计日期	节气	统计日期	节气	统计日期	节气	统计日期
立春	2.4—2.18	立夏	5.6—5.20	立秋	8.8—8.22	立冬	11.8—11.22
雨水	2.19—3.5	小满	5.21—6.5	处暑	8.23—9.7	小雪	11.23—12.6
惊蛰	3.6—3.20	芒种	6.6—6.20	白露	9.8—9.22	大雪	12.7—12.21
春分	3.21—4.4	夏至	6.21—7.6	秋分	9.23—10.8	冬至	12.22—1.5
清明	4.5—4.19	小暑	7.7—7.22	寒露	10.9—10.23	小寒	1.6—1.20
谷雨	4.20—5.5	大暑	7.23—8.7	霜降	10.24—11.7	大寒	1.21—2.3

4.1　立春

立春节气，全省各地平均气温在 3.2 ℃(万山)～13 ℃(望谟、册亨、罗甸)，降水量在 4 mm(赫章)～39 mm(黎平)，日照时数在 15 h(正安)～73 h(威宁)。气温、降水量空间分布见图 4.2。

古人将立春作为春季的开始。时至立春，白天逐渐变长，气温、日照、降水趋于上升或增多。农谚说：“立春春打六九头，春播备耕早动手。”立春节气，油菜进入抽薹期，小麦开始拔节，要抓紧追施油菜蕾薹肥和小麦拔节肥；烤烟进入育苗阶段，可着手进行烤烟育苗；继续播种马铃薯。虽然春日渐暖，但因天气的变化仍然无常，防寒还是必要的。

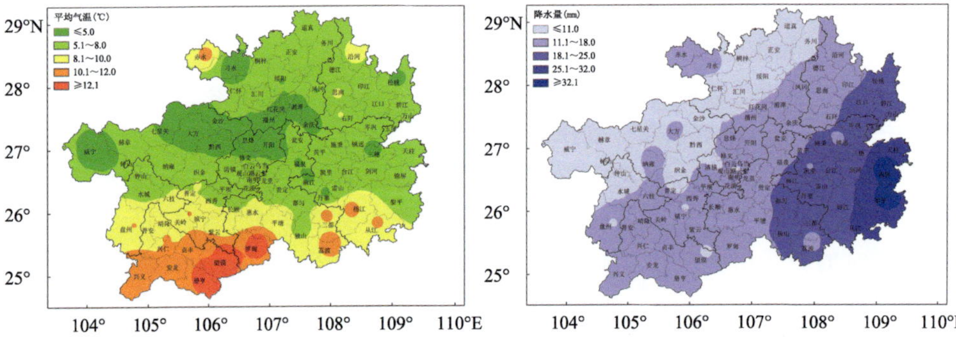

图 4.2　贵州立春节气平均气温及降水量分布图

4.2　雨水

雨水节气，全省平均气温在 5 ℃(大方)～15 ℃(册亨)，全省大部分县(市、区)平均气温跃升到 8 ℃ 以上；降水量在 7 mm(赫章、威宁)～39 mm(黎平)；日照时数在 18 h(凤冈)～69 h(威宁)。气温、降水量空间分布见图 4.3。

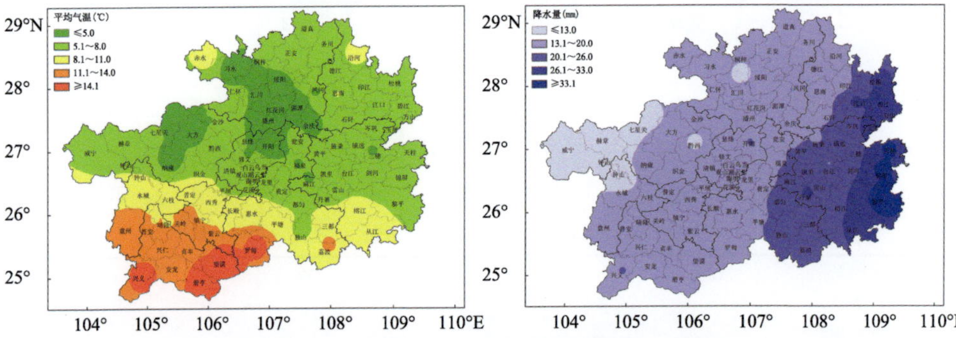

图 4.3　贵州雨水节气平均气温及降水量分布图

雨水之前的天气相对比较寒冷。随着雨水的到来，阳光温和、空气变得湿润。有农谚云："雨水春雨贵如油，顶凌耙耘防墒流。"雨水节气适合植树造林，检修山塘水库。适宜进行小春作物田间管理，做好选种、晒种等大春备耕。贵州中西部开始播种马铃薯。

4.3　惊蛰

惊蛰节气，全省各地平均气温度 7 ℃(万山)～17 ℃(望谟、册亨、罗甸)，大部分县(市、区)平均气温到了 10 ℃以上；降水量在 10 mm(威宁、赫章)～50 mm(黎平)，日照时数在 23 h(凤冈)～87 h(威宁)。气温、降水量空间分布见图 4.4。

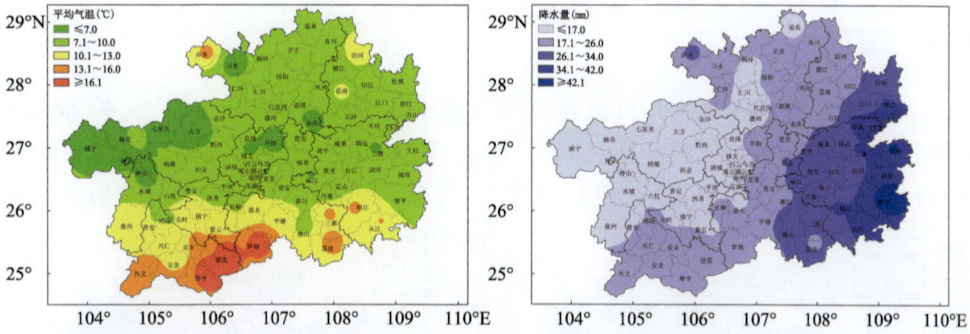

图 4.4　贵州惊蛰节气平均气温及降水量分布图

惊蛰"桃始华",此时春光明媚,桃红李白,万象更新,是春耕大忙的季节。气温、地温都上升得迅速,各种昆虫终止休眠,虫卵开始孵化,地上的草木生长较快。各地开始整秧田、施基肥;进行烤烟苗床水肥和温湿度管理,适时揭膜、盖膜,防高温烧苗和低温僵苗;南部及低热河谷一带宜播种早玉米;中西部及高海拔地区继续播种马铃薯。

4.4　春分

春分节气,全省各地平均气温在 10 ℃(威宁)~21 ℃(望谟、册亨、罗甸),降水量在 9 mm(威宁、赫章)~51 mm(黎平),日照时数在 28 h(松桃)~92 h(威宁)。气温、降水量空间分布见图 4.5。

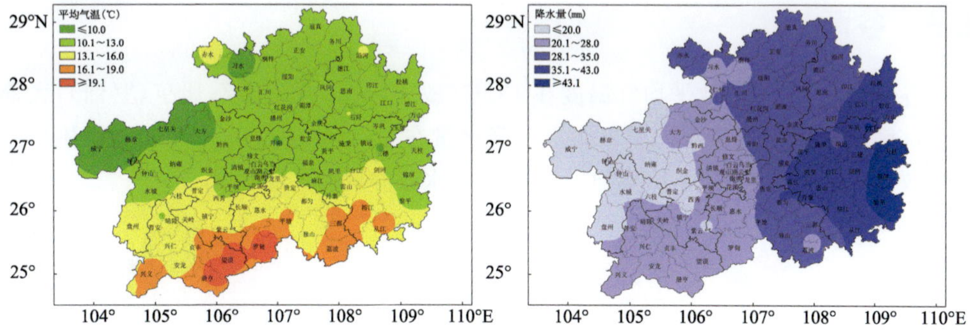

图 4.5　贵州春分节气平均气温及降水量分布图

"春分得意,农事繁忙",春分节气是各种春种作物播种的大忙季节。"春分一到昼夜平,耕田保墒要先行""春分有雨家家忙,先种瓜豆后插秧"。各地陆续进入水稻、玉米和高粱的播种始期,应抓紧整秧田、施基肥。此时易出现倒春寒天气,各地应抓住冷尾暖头进行播种,有利苗齐苗壮;宜进行红薯育苗工作,做好病虫害防治。

4.5　清明

清明节气，全省各地平均气温在 11 ℃（威宁、大方）～22 ℃（望谟、册亨、罗甸），大部分县（市、区）平均气温已升到 12 ℃以上；降水量在 17 mm（威宁）～68 mm（锦屏），日照时数在 34 h（务川）～90 h（威宁）。气温、降水量空间分布见图 4.6。

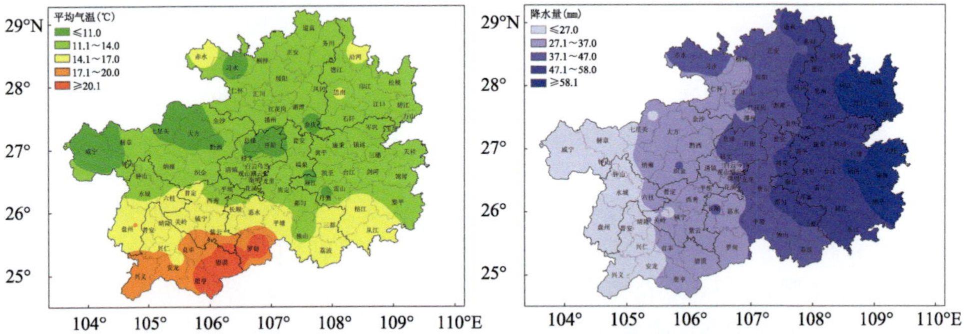

图 4.6　贵州清明节气平均气温及降水量分布图

清明“桐始华，田鼠化为鴽，虹始见”，有“清明谷雨两相连，浸种耕田莫迟疑”“懵懵懂懂，清明下种”之说。清明节气是水稻适宜播种期，应选择冷尾暖头播种，加强管理，防止烧苗，培育壮秧。大部分地区适宜栽种玉米，中西部及高海拔地区继续播种马铃薯。各地要做好烤烟苗床管理。

4.6　谷雨

谷雨节气，全省各地平均气温度在 13 ℃（威宁）～22 ℃（望谟、册亨、罗甸），大部县（市、区）平均气温上升到 15 ℃以上。降水量在 28 mm（威宁）～82 mm（松桃），日照时数在 41 h（荔波）～92 h（盘县）。气温、降水量空间分布见图 4.7。

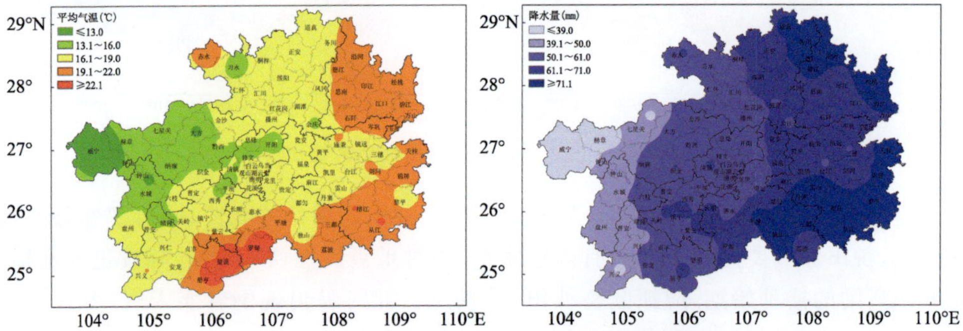

图 4.7　贵州谷雨节气平均气温及降水量分布图

谷雨是春天的最后一个节气，谷雨后，气温回升很快，天气转暖，有“清明断雪，谷雨断霜”的说法。谷雨后雨量开始明显增多，部分地区开始出现暴雨等灾害性天气。“谷雨”意即“雨水生五谷”。“谷雨前后，种瓜种豆”，此时农业生产已进入繁忙时期，要抓住时机，精耕细作，注意天气变化，抢种抢栽，不误农时。抓紧播种大豆、花生等；油菜进入绿熟期；小麦进入乳熟期；热量条件较好的南部地区抓紧水稻播种，有“懵懵懂懂，谷雨泡种”的说法；全省烤烟进入移栽集中期。

4.7　立夏

立夏节气，全省各地平均气温在 14 ℃(威宁)～24 ℃(望谟、册亨、罗甸)，大部分县(市、区)平均气温在 16 ℃以上；降水量在 39 mm(威宁)～100 mm(长顺)，日照时数在 45 h(荔波)～90 h(兴义)。气温、降水量空间分布见图 4.8。

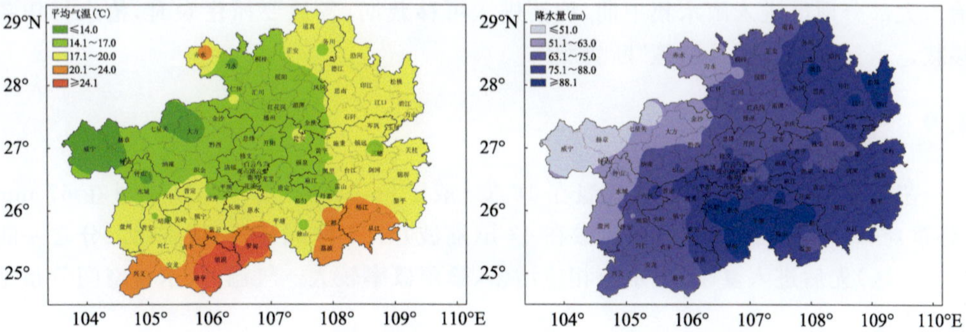

图 4.8　贵州立夏节气平均气温及降水量分布图

在天文学上，立夏表示即将告别春天，迎来炎热的夏季，但在气候上，连续 5 d 的日平均气温稳定大于 22 ℃才表示夏季的开始。立夏时，在贵州全省约有十分之一的县(市、区)进入夏季。该节气暖湿气流活跃，多雷雨天气，近地层升温快，万物生长旺盛，农事活动十分繁忙，油菜进入收获盛期，九成熟时须抢晴收获；春播作物进入快速生长期，要注意做好中耕除草、施肥、打药等田间管理；须完成烤烟移栽；开始移栽红薯。

4.8　小满

小满节气，全省各地平均气温在 15 ℃(威宁)～24 ℃(罗甸)，全省大部分县(市、区)平均气温在 16 ℃以上；降水量在 54 mm(赫章)～134 mm(晴隆)，日照时数在 46 h(绥阳)～72 h(兴义)。全省约三分之一的县(市、区)进入夏季。气温、降水量空间分布见图 4.9。

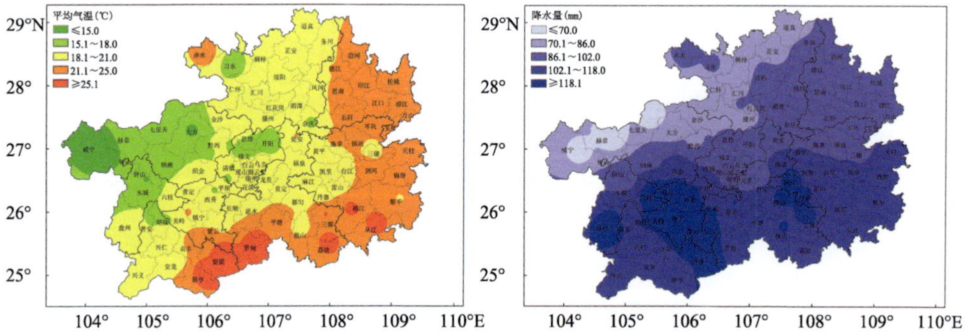

图 4.9 贵州小满节气平均气温及降水量分布图

小满时油菜进入收获尾声;麦子开始成熟,应及时收获已经成熟的小麦。春种作物正值生长的旺盛期,春播马铃薯进入开花期,应加强田间管理和晚疫病监测和防治。大部分地区进入雨水集中期,秧苗进入可移栽期,各地要抓住农时,抢水打田备移栽。水稻移栽前要及时施"断奶肥"。

4.9 芒种

芒种节气,全省各地平均气温在 16 ℃(威宁)～26 ℃(罗甸),降水量在 67 mm(赫章)～168 mm(晴隆),日照时数在 43 h(荔波)～68 h(兴义)。全省约二分之一的县(市、区)先后进入夏季,雨水也相应增多,暴雨概率较大。气温、降水量空间分布见图 4.10。

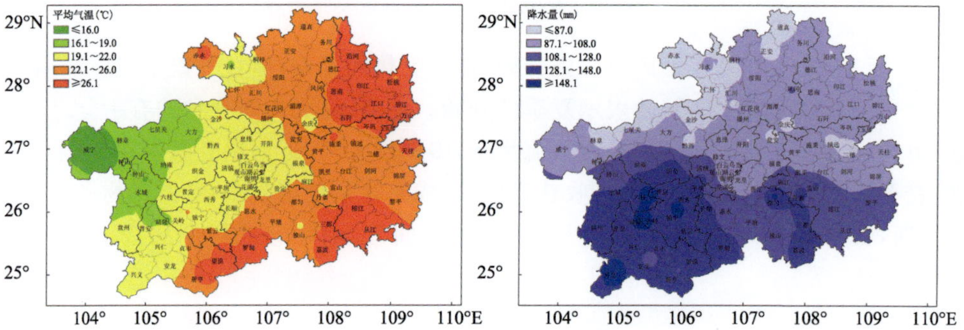

图 4.10 贵州芒种节气平均气温及降水量分布图

根据地理条件不同有"芒种忙忙栽,夏至谷怀胎"和"芒种栽秧正当时,夏至栽秧不为迟"两种说法,都说明芒种节气是水稻栽插、晚玉米播种、红薯移栽的大忙节气。烤烟进入团棵至旺长期,应加强烤烟、马铃薯的田间管理和病虫害防治。高海拔区温度低、水冷,水稻分蘖慢、少,宜栽密一些;低海拔区温度高、水热,水稻分蘖快,宜栽稀一些。

4.10　夏至

夏至节气，全省各地平均气温在 17 ℃(威宁)～28 ℃(铜仁)；降水量在 87 mm(施秉)～189 mm(六枝)；日照时数在 48 h(平坝)～73 h(从江)。气温、降水量空间分布见图 4.11。

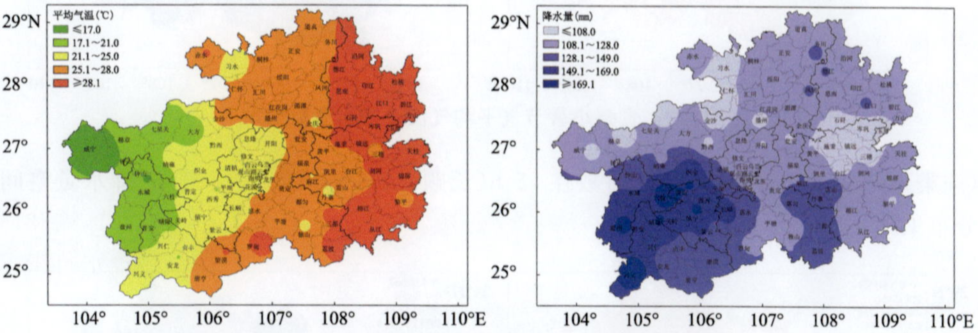

图 4.11　贵州夏至节气平均气温及降水量分布图

夏至这天虽然白昼最长，太阳高度角最高，但不是一年中天气最热的时候。夏至节气，全省 80%以上的县(市)进入了夏季，雨水集中，多暴雨大暴雨天气过程。夏至以后，午后至傍晚很容易形成雷阵雨，出现“东边日出西边雨”的特殊天气现象。对水稻而言，夏至栽种季节已晚，影响产量，因干旱影响秧苗不能栽插的稻田，要进行改种。夏至后要及时中耕，有利保墒；此时温度高、湿度大，易发生病虫害，要加强病虫害防治。

4.11　小暑

小暑节气，全省各地平均气温在 18 ℃(威宁)～29 ℃(铜仁)；降水量在 65 mm(三穗、台江)～155 mm(六枝)；日照时数在 57 h(长顺)～86 h(从江)。气温、降水量空间分布见图 4.12。

小暑“温风至”，此时大地不再有凉风，炎热之感渐渐袭来，全省进入盛夏节气。农谚云：“天旱防备雨涝，雨涝防备天旱。伏天热得狠，丰收才有准。”秋收作物进入生长旺盛期，水稻开始进入分蘖期，玉米进入开花吐丝期。烤烟开始打顶抹芽，需正确使用抑芽剂。要做好田间病虫害防治。

4.12　大暑

大暑节气，全省各地平均气温在 18 ℃(威宁)～30 ℃(沿河)；降水量在 52 mm

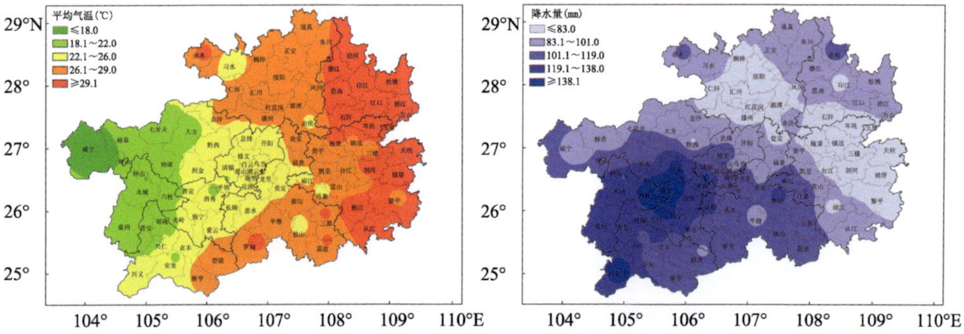

图 4.12　贵州小暑节气平均气温及降水量分布图

(施秉)～130 mm(六枝);日照时数在 75 h(长顺)～110 h(赤水)。气温、降水量空间分布见图 4.13。

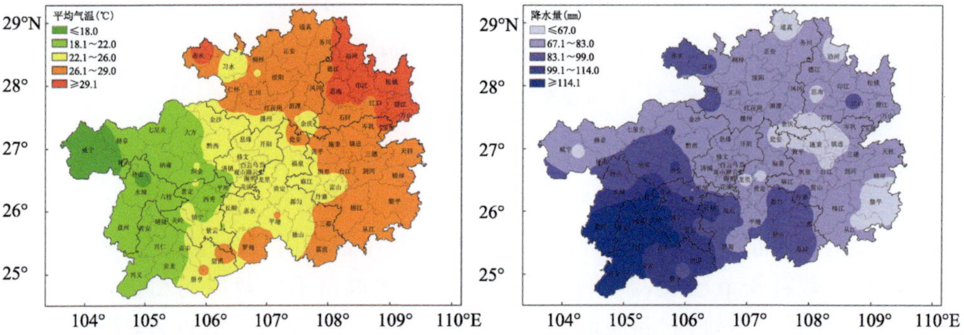

图 4.13　贵州大暑节气平均气温及降水量分布图

全省各地一年中这段时间的气温最高,大暑后局地对流强,降雨范围小,有“夏雨隔田坎”和“6 月黄金雨”的说法。大暑正值秋收作物生长盛期,水稻处于拔节孕穗期,要重施拔节肥;玉米处于灌浆期,农谚云,“玉米齐胸穗打苞,正需大水和肥料,抓紧重施攻穗肥,秆壮叶茂产量高”,要抓住农时,重施玉米穗肥;烤烟进入旺长—成熟采烤期,春播马铃薯进入成熟期。该时期省之北部、东部容易出现伏旱,也要做好作物病虫害防治。

4.13　立秋

立秋节气,全省各地平均气温大部分在 19 ℃(威宁)～31 ℃(沿河);降水量在 52 mm(施秉)～118 mm(晴隆);日照时数在 72 h(威宁)～96 h(从江)。气温、降水量空间分布见图 4.14。

“秋”字由“禾”与“火”字组成,是禾谷成熟的意思。到了立秋,梧桐树开始落叶,

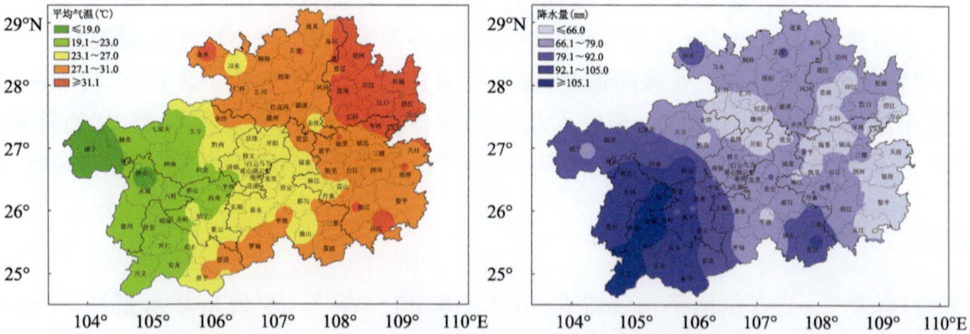

图 4.14　贵州立秋节气平均气温及降水量分布图

因此有“落叶知秋”的成语。立秋时全省多数地区还没有入秋，仍然处于炎热之中，素有“秋老虎”的说法，白天温度依然偏高，早、晚稍凉。各种农作物旺盛生长，处于需水关键期，水稻抽穗、薯块快速膨大，此时若受旱会给农作物造成严重损失。因而有“立秋三场雨，秋稻变成米”“立秋雨淋淋，遍地是黄金”的谚语。水稻、红薯等作物田间管理不能放松，抽穗始期灌浅水，灌浆期稻田以湿润为主。做好稻瘟病、褐飞虱等病虫害的防治。抓住晴好天气，及时收获马铃薯。

4.14　处暑

处暑节气，全省各地平均气温在 16 ℃(威宁)～26 ℃(沿河)；降水量在 38 mm(施秉)～96 mm(普安)；日照时数在 65 h(威宁)～88 h(册亨)。气温、降水量空间分布见图 4.15。

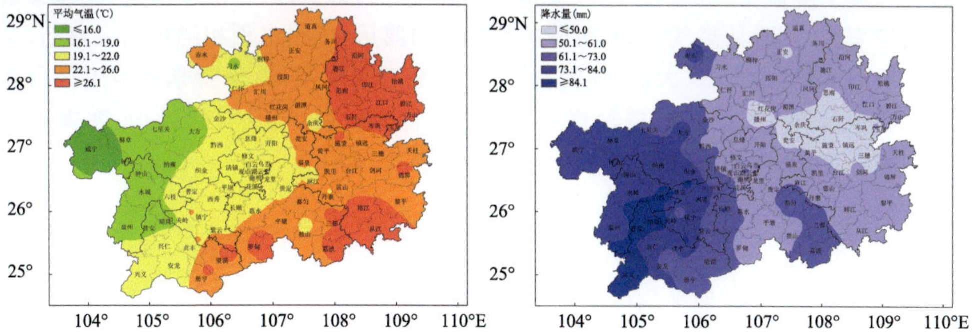

图 4.15　贵州处暑节气平均气温及降水量分布图

处暑，即为“出暑”，是炎热离开的意思。气温这时已逐渐下降，贵州有三分之一的县(市、区)夏季结束，西伯利亚来的冷空气侵入南方的机会开始增多，日平均气温有时会低于 20 ℃。在北方冷空气影响下，秋高气爽可能就此开始。有些年份受副热带高压的控制，常出现“秋老虎”，受副热带高压外围影响时，会出现连阴雨天气。

“处暑十日忙割谷”“处暑满地黄，家家修凛仓”。此时水稻处于乳熟期，需加强田间管理，预防褐飞虱、稻曲病，做好水稻收割准备。继续及时收获马铃薯。“处暑栽，白露上，再晚跟不上”“处暑栽白菜，有利没有害”。处暑过后，秋耕秋种工作即将开始。

4.15 白露

白露节气，全省各地平均气温在 15 ℃(威宁)～25 ℃(罗甸)；降水量在 35 mm(榕江)～81 mm(兴义)；日照时数在 57 h(威宁)～78 h(册亨)。气温、降水量空间分布见图 4.16。

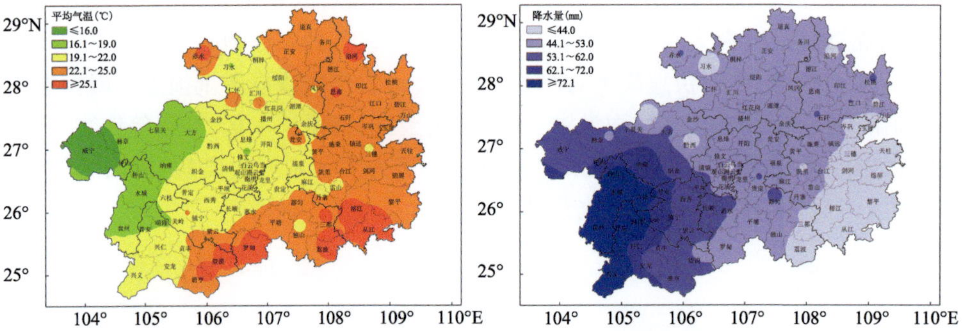

图 4.16 贵州白露节气平均气温及降水量分布图

白露是秋天的第三个节气，冷空气将分批南下，常用“白露秋风夜，一夜凉一夜”来形容气温下降速度加快的情形。贵州近三分之二的县(市、区)夏季结束，气象要素年际间变率大，有时秋高气爽，有时阴雨绵绵。白露后，贵州水稻相继进入成熟期，要及时抢收早水稻、晚玉米、大豆、马铃薯等；上部烟叶采收烘烤，保持烟地卫生。白露后有些秋种蔬菜可陆续开始播种育苗，农谚有“白露种高山，秋分种半山，寒露种平川”“白露种葱，寒露种蒜。萝卜白菜葱，多用大粪攻”。

4.16 秋分

秋分节气，全省各地平均气温在 13 ℃(威宁)～22 ℃(罗甸)；降水量在 34 mm(从江)～79 mm(兴义)；日照时数在 40 h(务川)～62 h(从江)。气温、降水量空间分布见图 4.17。

“一场秋雨一场寒”，秋分标志着贵州结束夏季进入秋季。秋分以后，贵州暴雨和大雨的机会非常小，但降水的日数却在增多。农谚云：“秋分秋雨天渐凉，稻黄果香秋

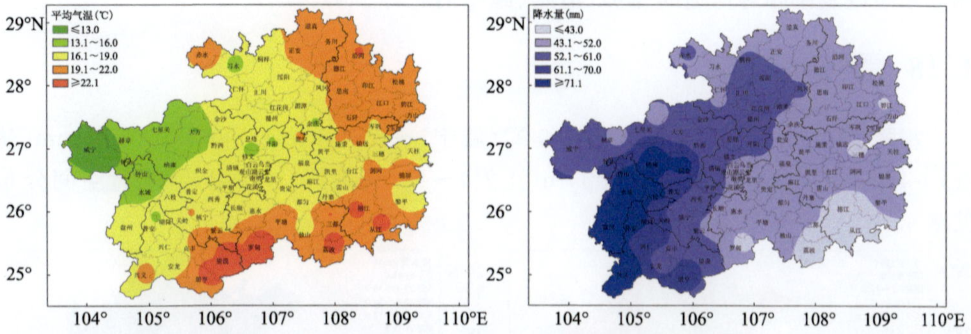

图 4.17　贵州秋分节气平均气温及降水量分布图

收忙。”秋分是收获稻谷和水果的节气，同时也要抓紧整地、施基肥和秋种，如油菜育苗移栽；秋马铃薯中耕、追肥、培土；清理烟秆、打扫烟地卫生。农谚有“秋分前十天不早，秋分后十天不晚”“适时早播老经验，适时晚播也增产，看种看地又看天，适时二字要把关”，由此可见，秋耕秋种时间长，适时播种是关键。

4.17　寒露

寒露节气，全省各地平均气温在 12 ℃(威宁)～21 ℃(罗甸)；降水在 21 mm(赫章)～56 mm(德江)；日照时数在 26 h(习水)～52 h(从江)。气温、降水量空间分布见图 4.18。

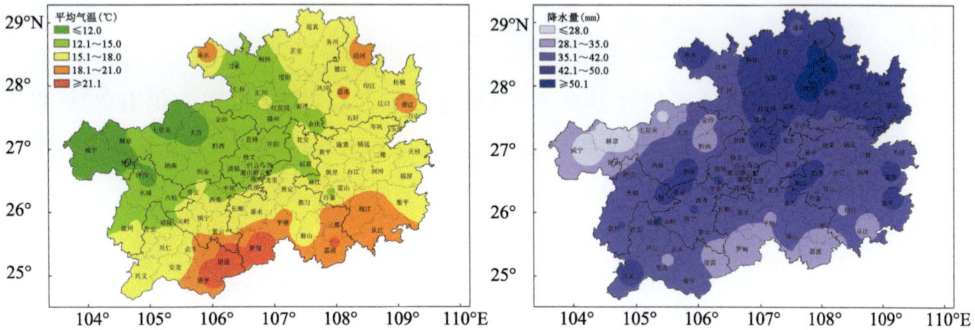

图 4.18　贵州寒露节气平均气温及降水量分布图

寒露节气，表示秋季节气的正式开始。秋意渐浓，气温继续下降，贵州内大部日平均气温仍然维持在 15 ℃以上，少有暴雨大暴雨天气。寒露后是油菜、冬小麦开始播种的农忙节气，也是冬春棚菜地力培育和育苗的有利时期。应加强田间管理，培育地力，更新和维修大棚，进行冬春棚菜管理及病虫害防治等工作。李、梨、桃、杨梅、枇杷等果园以及茶园等应适时修剪、清园、施冬前肥等。

4.18　霜降

霜降节气，全省各地平均气温在 9 ℃(威宁)～16 ℃(罗甸)；降水量在 16 mm(赫章)～49 mm(万山)；日照时数在 34 h(正安)～63 h(盘县)。气温、降水量空间分布见图 4.19。

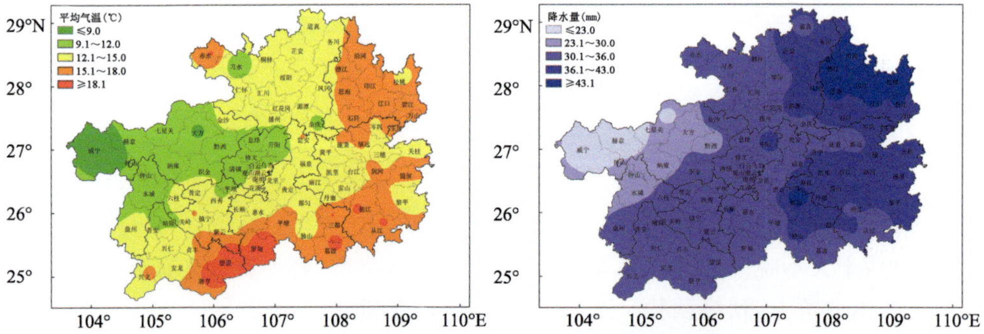

图 4.19　贵州霜降节气平均气温及降水量分布图

霜降节气含有天气渐冷、初霜出现的意思，是秋季的最后一个节气，标志着冬天开始。贵州省内除威宁进入冬季外，其余地区平均气温在 10 ℃以上。“寒露种菜，霜降种麦”，做好小麦播种、油菜移栽等工作，为来年夏收作物的丰收打好基础。同时，抓紧收获红薯并做好储藏。

4.19　立冬

立冬节气，全省各地平均气温在 8 ℃(威宁)～17 ℃(望谟)，省内仍有 80%以上县(市、区)平均气温保持在 12 ℃以上；降水量在 7 mm(赫章)～32 mm(万山)；日照时数在 29 h(正安)～64 h(威宁)。气温、降水量空间分布见图 4.20。

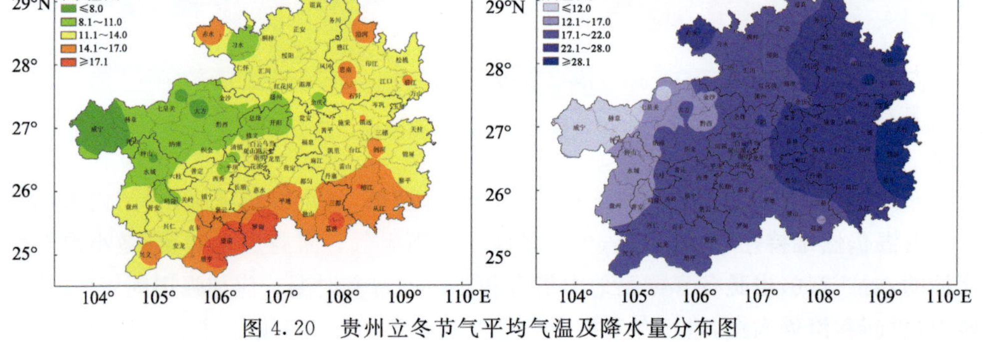

图 4.20　贵州立冬节气平均气温及降水量分布图

天文学上把“立冬”作为冬季的开始，按照气候学指标，贵州要推迟 20 d 左右才入冬，除威宁、大方外，其余各地处于深秋节气。立冬节气正是秋收冬种的大好时机，各地要抓好冬种、冬修水利、冬季积肥工作。充分利用晴好天气，搞好谷物晒、晾，保证入库质量。“立冬种麦正当时”，要抓紧完成小麦等越冬作物的播种，力求做到带蘖越冬，防止年内拔节。直播油菜要及时匀苗、定苗、补苗。

4.20　小雪

小雪节气，全省各地平均气温在 5 ℃(威宁)～13 ℃(罗甸、册亨)，贵州 50%以上县(市、区)真正进入了冬季；降水量在 5 mm(赫章、威宁)～20 mm(赤水)；日照时数在 20 h(正安)～62 h(威宁)。气温、降水量空间分布见图 4.21。

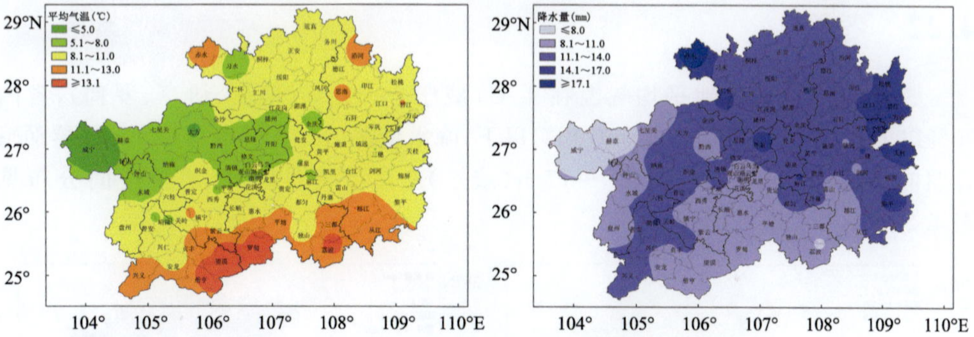

图 4.21　贵州小雪节气平均气温及降水量分布图

小雪节气已呈初冬景象，但在贵州降雪的机会不多，在地势较高地区有积雪。农谚云，“瑞雪兆丰年，霜重见晴天”，表示小雪节气降雪有利于农业生产。晴天天气条件下霜比较重。小雪节气要做好牛、羊等牲畜草料的加工储藏，保证牲畜有足够的越冬饲料。

4.21　大雪

大雪节气，全省各地平均气温在 2 ℃(威宁)～11 ℃(望谟、罗甸)，省内 90%以上县(市、区)平均气温降到 10 ℃以下；降水量在 2 mm(赫章)～22 mm(玉屏、黎平、天柱)；日照时数在 17 h(正安)～61 h(威宁)。气温、降水量空间分布见图 4.22。

大雪节气代表已真正进入冬季，贵州易出现冻雨。大雪节气小麦、油菜处于缓慢生长期，要注意施好肥、清沟排水，为安全越冬和来春生长打好基础。计划种烟地块要深翻炕冬，消灭病虫源。

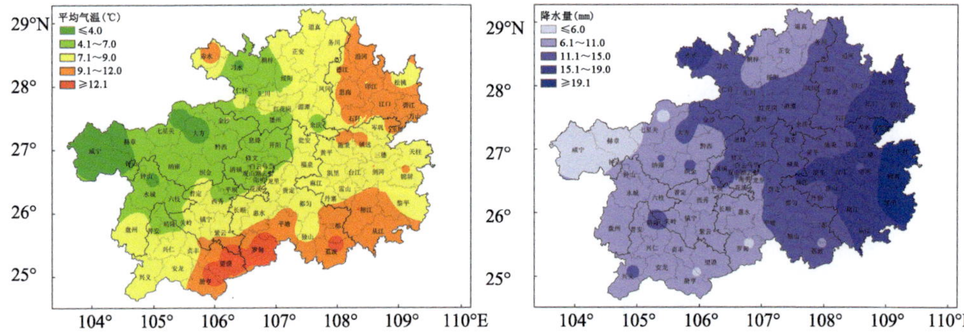

图 4.22　贵州大雪节气平均气温及降水量分布图

4.22　冬至

冬至节气，全省各地平均气温在 4 ℃(威宁)～12 ℃(望谟、册亨、罗甸)，省内 90%以上县(市、区)平均气温降至 8 ℃以下；降水量在 4 mm(赫章)～24 mm(黎平)；日照时数在 19 h(正安、赤水)～77 h(威宁)。该节气气温、降水量空间分布见图 4.23。

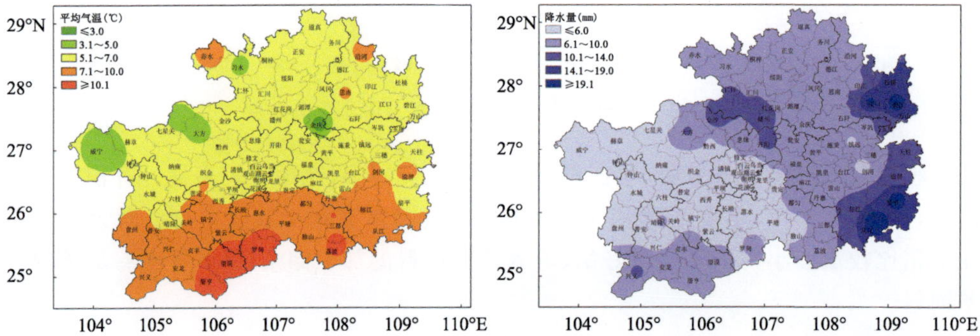

图 4.23　贵州冬至节气平均气温及降水量分布图

冬至节气要注意做好果树修剪、防冻和防病虫害工作；做好畜禽防寒保暖，确保安全越冬。同时可利用冬闲进行冬修水利。

4.23　小寒

小寒节气，全省各地平均气温在 4 ℃(万山)～11 ℃(望谟、罗甸)，省内近 40%的县(市、区)平均气温已降至 5 ℃以下，加之冻雨出现，使人感觉“透骨冷”；降水量在 3 mm(赫章)～30 mm(黎平)；日照时数在 11 h(凤冈)～68 h(威宁)。气温、降水量空间分布见图 4.24。

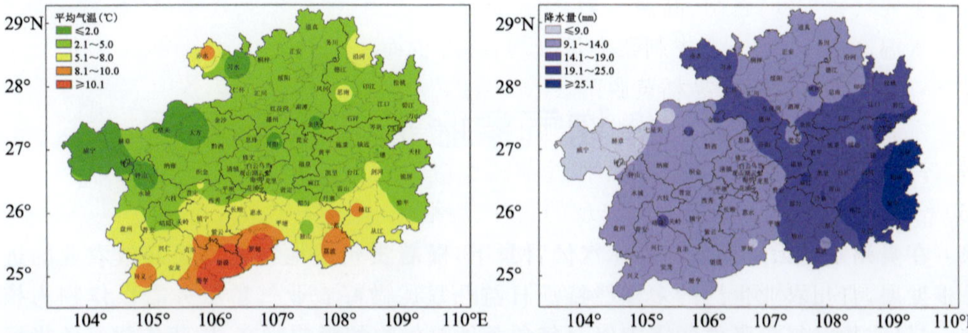

图 4.24　贵州小寒节气平均气温及降水量分布图

小寒节气标志着一年中最寒冷的日子到来了。注意防寒保暖，精心喂养耕畜和家禽。结合冬季积肥，清除杂草，消灭病虫源。继续做好果园冬季清园、整形修剪、防冻以及防病虫害等工作。中、小拱棚的西瓜、西葫芦、黄瓜等育苗，可在冬暖棚或阳畦内的营养钵或方块中进行。此外，由于阴雨、雾天气较多，棚内湿度大，易诱发作物的灰霉病、疫病、霜霉病、白粉病等，可施用烟雾剂或粉尘剂防治。

4.24　大寒

大寒节气，全省各地平均气温在 2 ℃(大方)～12 ℃(望谟、册亨、罗甸)；降水量在 4 mm(赫章)～25 mm(黎平)；日照时数在 15 h(绥阳)～68 h(威宁)。气温、降水量空间分布见图 4.25。

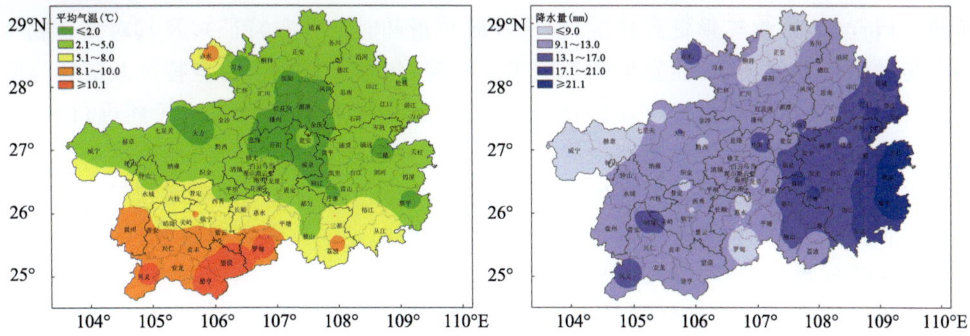

图 4.25　贵州大寒节气平均气温及降水量分布图

“小寒大寒，冷成一团”。继续做好果园抗寒、防冻抗雪害工作，确保安全过冬。大寒节气，可适时播种春马铃薯。

第5章　作物气象服务内容与流程

在贵州复杂山地环境和立体气候背景下，随着贵州山地特色现代高效农业的进一步发展，贵州农业生产的多样性特征日益凸显。做好农业气象服务需以作物为核心，加强作物对气象条件的需求以及气象条件对作物的影响研究，构建作物气象指标体系，完善作物气象分析技术，应用关键农业气象要素监测和预报资料，定量化分析评价气象条件对作物需求的满足程度，以及气象条件对作物生长和产量形成的影响，进而促进气象信息在农业生产规划布局、生产管理、产品销售等各环节中的应用。因此，从农业生产过程来讲，作物气象服务主要包括产前决策咨询服务、产中管理气象服务和产后销售气象服务等内容。

5.1　产前决策咨询服务

产前决策咨询服务，重点针对作物或特色农业产业发展前的决策部署，面向当地政府和农业决策部门及农业企业、专业合作社等新型农业经营主体，以决策咨询报告或论证报告等方式提供决策咨询服务。服务内容主要包括作物引种气候可行性论证及品种选择建议、作物引扩种气候精细化区划、种植制度调整时间布局分析论证等。

作物引种气候可行性论证，重点针对某地种植某种作物或发展某种特色农业产业前，分析当地农业气候资源状况（包括资源总量和时空分布特征），及其对该作物生长所需的满足程度，和可能发生的气象灾害风险（包括灾害发生时空特征及灾害风险区划）及其对作物生长的影响，进而综合分析论证该地种植该作物的气候可行性；或通过气候相似性分析，分析当地全年或部分时段的气候，与作物原产地或优质产区气候的相似性，从而确定引种的气候可行性。同时，通过对当地气候资源和气象灾害的分析，结合作物不同品种对气候条件的需求和关键时期的气象灾害影响，筛选出适宜当地种植的作物种类或品种，为当地政府和农业决策部门农业结构调整提供参考。

作物引扩种气候精细化区划，通过作物生长发育及产量、品质形成对气象条件的需求，以及气象条件对作物的影响，筛选出适宜或限制作物生长发育或产量、品质形成的关键气象指标；针对关键气象指标，构建区划模型，明确不同关键指标间的互相作用及组合关系，确定适宜、次适宜和不适宜等等级指标；针对关键气象要素，基于地理信息系统（GIS），通过空间插值或模拟计算，建立气象要素的空间精细化数据集；

基于 GIS，应用关键气象要素指标和区划模型，开展精细化推算，输出精细化气候区划图，划分适宜区、次适宜区和不适宜区等。编制区划报告，展示区划关键过程、关键指标模型等，并针对区划结果进行分区描述，为作物扩种提供参考。

种植制度调整分析论证，重点针对农业气候资源和农业气象灾害的时间特征进行分析，结合作物生长发育对气象条件的需求，找出作物适宜的种植时段。通过分析时间格局，确定合适的种植制度，实现资源的优化利用和降低灾害风险。例如反季节蔬菜的种植，就是在传统种植季节基础上，结合当地气候资源，（在常规种植季节之外）找出适宜的种植时段，优化利用气候资源，进而提高其市场价值。

做好产前决策咨询服务工作，一方面，需要加强对当地气候资源和气象灾害的分析，了解资源总量和灾害发生时间变化特点；另一方面，需要加强与地方政府、农业种植部门以及新型农业经营主体的沟通，及时开展分析论证和决策咨询服务。此外，需要加强对气候论证工作的宣传和普及，提高社会气象意识，让决策者或农业生产者形成发展产业前需要开展分析论证的意识，让气象分析论证工作做在产业发展前面。

5.2　产中管理气象服务

产中管理气象服务历来是农业气象服务的工作重点，主要依据农业生产与气象条件的关系，及时把农业气象专业服务信息，以多种方式（专题服务材料、手机短信、互联网（网站、QQ、微信、APP）、电子显示屏和气象信息大喇叭等多种信息发布终端）传递给农业生产者，促进农业生产实现趋利避害，做到看天管理。产中管理气象服务主要包括农业气象监测、农业气象评价和农业气象预报等内容。

5.2.1　农业气象监测

主要包括农业气象条件和农业生产状况的监测。

农业气象条件监测包括农业环境要素（气象要素和土壤墒情等）的统计分析和农业气象灾害监测（灾害等级、持续时间、区域分布等）；农业生产状况监测包括农业生产进度、作物种植面积、作物发育期及长势、病虫害、农田实景等监测。农业环境要素的统计分析主要基于各类农业气象观测网络的观测资料。农业气象灾害监测，需确定灾害的关键致灾要素及临界指标，构建灾害判别模型和表征灾害强度的模型。农业生产状况的监测，一方面，基于农业气象观测站资料和农田实景观测站资料；另一方面，面向政府部门和社会化渠道收集各类农情灾情调查和统计数据，此外还可对卫星遥感资料进行解译应用。

5.2.2　农业气象预报

主要包括作物关键发育期预报、农业气象灾害预报预警、农用天气预报、产量及品质预报。农业气象预报重点针对未来农业气象条件进行预报，促进农业生产由“靠天吃饭"向"看天管理"转变,进而实现趋利避害,提高劳动生产效率。

作物关键发育期预报需分析研究作物进入该发育期所需的关键指标。例如花期预报,不同作物花期受气象条件影响不同。例如,油菜等越冬生长的作物,开花期预报重点考虑活动积温或某界限温度以上的有效积温;果树等越冬休眠的作物,首先温度需回升至一定程度以打破休眠,当温度再回升到某个范围,并持续一定程度后即逐步开花;而诸如桂花等秋季开花的作物,则是当温度降至一定程度后,温度再回升时即开花。因此,需要结合气象观测资料和作物生育期观测资料,进行对比分析,找出量化指标,建立预报模型,并结合定量化的气象要素预报,实现关键发育期预报。

农业气象灾害预报预警,主要是在灾害监测关键指标和判别模型的基础上,基于未来天气预报的定量化应用,实现农业气象灾害的预报,根据灾害发生强度和区域,开展灾害预警服务。

农用天气预报是针对农业生产对天气条件的需要而编发专业预报,主要包括未来天气形势的解读以及农事活动的适宜等级判别。其中,未来天气形势的解读是将与农业生产密切相关的天气预报信息,包括未来温度情况(极端最高气温、极端最低气温、平均气温范围)、未来天气状况、天气过程分析(降温过程、升温过程、强降雨过程、转折性天气)、农业气象灾害等信息,更加清晰地告诉农业生产者。主要农事活动适宜等级判别,重点是结合农事活动过程对气象条件的需求,构建判别模型,判别未来逐日农事活动适宜、较适宜或不适宜等等级,进而能够了解未来适宜开展或不适宜开展的农事活动及其相应时段,以提高农用天气预报服务的针对性和指导性。适宜播栽期预报,重点结合作物播种移栽等生长阶段对天气条件,特别是对温度和土壤墒情条件的需求,结合未来天气预报的定量化应用,从而确定适宜播栽期。农事活动适宜气象等级和适宜播栽期预报,主要应用于关键农事季节的气象服务当中。此外,针对特定作物的特定需求,也可开展针对性的农用天气预报服务。

产量及品质预报是针对前期气象条件对农业生产需求的满足程度,以及气象条件影响等分析的基础上,结合未来天气气候趋势,开展作物的产量和品质预报。其中,产量预报包括趋势预报和定量预报。趋势预报主要预报产量的增减趋势及幅度,定量预报需构建定量化的预报模型,实现定量滚动预报。品质预报需在分析研究农产品品质形成对气象条件的需求,以及气象条件对其品质优劣的影响等基础上,构建定量化的评价模型,在客观评价前期气象条件对农产品品质形成的影响基础上,结合未来天气气候趋势,开展品质预报。

农业气象预报是气象部门发挥预知未来天气之优势的重要体现,也是农业生产对于气象服务最大的需求。做好农业气象预报工作,需要加强相关技术方法的定量化研究,同时需密切关注未来天气趋势,了解农业生产过程,分析未来气象条件对农业生产的影响,并及时将重要的天气预报预警信息以及专业的农业气象预报服务信息发布出去。

5.2.3 农业气象评价

主要是分析评价气象条件对农业生产需求的满足程度及其影响，包括作物气象条件适宜度评价、灾害影响评估、病虫害发生发展气象等级评价等。

作物气象条件适宜度评价，是评价气象条件对作物生长需求的满足程度，包括光、温、水等单要素的评价和气象条件的综合评价。需要结合作物生长适宜气象指标，构建定量化的评价模型，在逐日滚动评价基础上，实现不同发育时段或生育期的评价。

不同时期的灾害发生程度对作物生长及产量形成的影响也不同。灾害影响评估重点是针对灾害发生程度等级、在历史上的排位、对作物的影响等方面进行评估，从而全面了解灾害的发生发展过程及其影响，为抗灾救灾决策提供参考。

病虫害的发生发展与气象条件密切相关。开展病虫害发生发展气象等级评价是在研究病虫害发生发展与气象条件关系基础上，构建诱发病虫害暴发的关键气象条件评价模型，及时对病虫害暴发的气象风险进行监测和预警，为病虫害防控提供参考。

5.3 产后销售气象服务

产后销售气象服务针对农产品销售环节，为达到农产品特别是特色农产品畅销目的，通过气候品质认证，挖掘农产品气候品质价值。此外，可针对农产品存储、运输等环节对气象条件的需求开展针对性服务。

农产品品质的形成与气象条件密切相关。不同地域或不同年份气候条件的差异，会导致农产品品质的差异。现有的农产品“三品一标”(无公害农产品、绿色食品、有机农产品、农产品地理标志)认证，都忽略了气候条件对农产品品质形成的影响。农产品气候品质认证工作，是对“三品一标”认证的有效补充，是对特色优质农产品价值和贵州山地气候资源优势的挖掘。开展农产品品质认证工作，需深入研究农产品品质形成与气象条件的关系，构建气象条件品质评价模型和指标体系，客观评价气象条件对农产品品质的影响，明确农产品气候品质优劣等级。

5.4 作物气象服务流程

农业气象服务旨在将气象监测预报评估等信息解读给服务对象，为服务对象更好地应用气象信息来指导生产实践提供参考和依据，从而使农业生产规划布局更加科学合理，农业生产管理更加精准高效，农产品更加增值畅销。因此，农业气象服务信息具有鲜明的针对性。

开展作物气象服务，更加需要针对作物生长发育全过程，分析气象条件对作物需求的满足程度，以及气象条件对作物的影响，结合监测预报信息和农业生产管理，制作出具有针对性的服务产品，使农业生产能够更好地利用和适应气象条件，从而生产出更加优质高产的农产品。因此，做好作物气象服务，需要注重服务内容的针对性，使服务产品更加紧密结合作物实际，更加符合生产对气象服务的需求。

作物气象服务流程可以分为“前期研究、基础工作、资料收集、综合分析、产品制作、开展服务”等环节（图 5.1）。

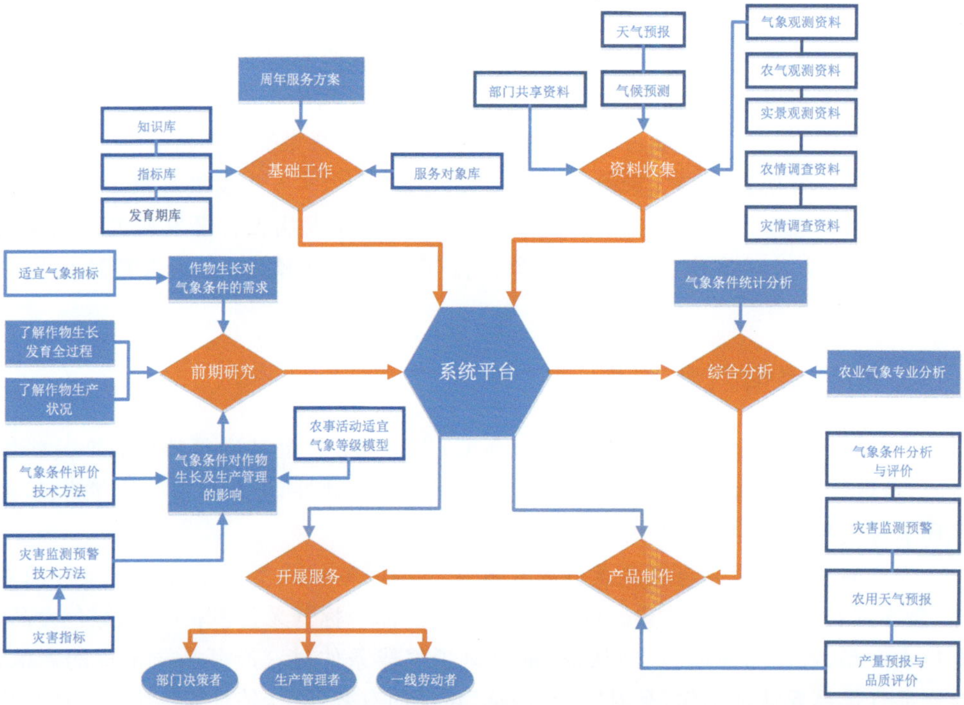

图 5.1　作物气象服务流程图

其中，需要通过前期研究，深入了解作物生长发育全过程，了解作物主要发育期及不同时期的生长发育特征；了解作物不同生育期对气象条件的需求，研究得出作物不同时期的适宜气象指标；了解不同灾害等级对作物的影响，研究确定作物气象条件评价技术方法，确定灾害指标以及灾害监测预报预警技术方法等。同时，需要了解作物生产状况，包括周年生产过程、产业发展概况（规模、布局）、产业规划概况、市场销售等。有了对作物和农业生产的全面了解，才能密切结合生产需要，制作出针对性的符合实际的服务产品。

在前期研究的基础上，需要做好周年服务方案制订及系统平台开发等基础工作。其中，周年服务方案，需要明确不同时期的服务及关注重点，为作物气象服务提供指导；同时需要搭建作物知识库、指标库、发育期库，以及服务对象数据库等，通过系统平台开发，有序管理和应用相关基础数据信息，以及应用相关专业技术方法，为服务产品制作和实时开展服务提供支撑。建立服务对象数据库时，需要分类梳理不同类型的服务对象，明确其对气象服务的需求，明确服务方式及服务内容等。

在服务过程中，基于多种资料的收集，在系统平台的支撑下，通过综合分析，制作相关服务产品。

其中，资料收集包括天气预报及气候预测结果、气象观测资料、农业气象观测资料、农情灾情调查资料，以及部门共享资料等。各类资料进入系统平台，实现有序管理和分析处理。

通过系统平台，实现对气象条件的统计分析以及与作物密切相关的气象监测预报评价等专业分析，进而制作出气象条件分析与影响评价、灾害监测预警、农用天气预报、作物产量预报及品质评价等服务产品。

制作完成服务产品后，通过服务平台，分别针对政府和部门的决策者，农业企业、专业合作社等生产管理者，以及直接从事生产的一线劳动者等，以服务对象相适应的方式开展针对性的服务，从而促进农业气象服务信息及时精准地传递给服务对象，促进农业生产者更加科学合理地利用气象信息，实现趋利避害，提高劳动生产效率。

第6章　粮油作物气象服务技术

6.1　水稻

6.1.1　概况

水稻是草本稻属的一种，也是稻属中作为粮食作物的最主要最悠久的一种。按稻谷类型，水稻可以分为籼稻和粳稻、早稻和中晚稻、糯稻和非糯稻。目前，贵州大部地区种植的水稻是一季中稻。贵州水稻播种总面积为60多万公顷，除大灾年外，产量基本上维持在400万t以上，占全年粮食总产量的30%以上，几乎占秋粮总产量的50%，为贵州重要的粮食作物之一。图6.1是贵州全省各县(市、区)水稻种植面积空间分布图，由此图可知，全省水稻主要种植在东部、北部及东南部地区，其中，遵义县、黎平县、松桃县、湄潭县、西秀区、思南县、习水县、绥阳县等县(市、区)水稻种植面积在1.0万 hm^2 以上；西部地区种植面积较少，特别是西北部地区。种植品种有籼稻和粳稻系列，主要以籼稻系列为主，其中，海拔1200 m以下为籼稻；海拔1200～1400 m的区域为籼稻、粳稻混作区；海拔大于1400 m的区域多为粳稻。贵州籼稻分布的地域最广，约占全省总面积的75%以上，主要分布在东部、南部和北部地势比较低、热量条件比较好、夏季气温比较高的地区。粳稻分布的范围比较小，主要分布在西北部地势高、热量条件比较差，夏季气温比较低的地区。在贵阳、安顺以及六盘水等市的部分地区有一个籼、粳稻混作区。

水稻是喜温作物。生物学零度粳稻为10 ℃、籼稻为12 ℃。凡日平均气温大于10 ℃的天数在110 d以上、大于18 ℃的天数在50 d以上的地区都可种植水稻。贵州水稻气候呈明显立体分布。据研究表明，贵州适宜栽培水稻的气候区主要分布在省之中部的安顺市、贵阳市、黔西南州、遵义市大部分地区，此气候区内热量充足、水分适宜，水稻安全齐穗期长、生育期内气象灾害较少，产量较高且稳产。次适宜区主要分布在省之东部，该区域热量条件充足，夏季光照条件好，但夏季常受夏伏旱影响，出现频率在60%以上，若东部地区能改善农田水利设施，保障充足的灌溉水源，由于夏季充足的光照资源反而能获得高产。不适宜气候区主要分布在省之西北边缘的高海拔地区，春季回暖晚，夏季气温偏低，水稻安全生长期最短，秋风危害最严重。

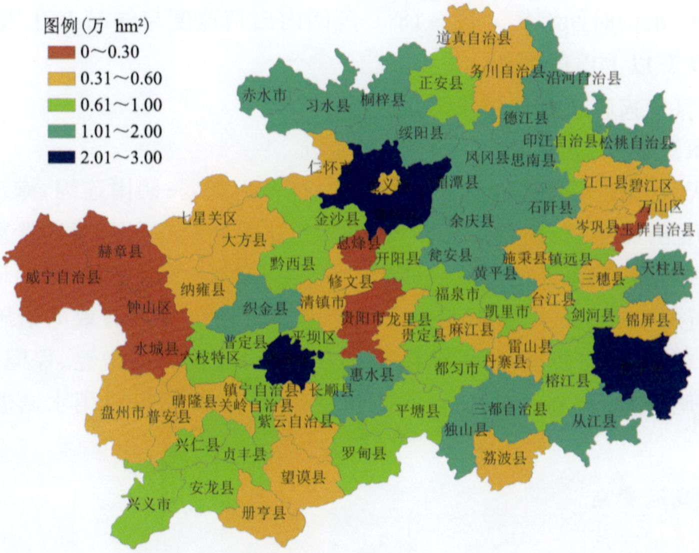

图 6.1　贵州各县(市、区)水稻种植面积空间分布图

6.1.2　气象服务技术指南

6.1.2.1　播种育苗期

(1)主要农事活动

时间:3 月下旬—5 月上旬。

播种育苗期包括播种出苗期和苗期。播种出苗期指播种到芽鞘中生出第一片不完全叶的阶段,贵州一季稻可在 4 月 5 日左右播种,过迟不利于一季稻的营养生长。低热河谷地区应在 3 月底 4 月初播种。苗期指出苗至移栽阶段,移栽期的界定在生产上以 5 叶期为最佳时期。

主要农事活动:①播种。可采取水育秧或者旱育秧方式。水育秧即水播水育,秧田经常保持浅水层。旱育秧即旱播旱育,秧畦保持湿润,不见水层。播种后如天气预报要下大雨时,应放水入畦,使畦面有 3～5 cm 水层,保护谷芽不被雨点冲击成小堆或陷入泥中或漂流畦外,影响谷芽扎根,雨过后应立即把水排走。②施肥。在一叶一心和二叶一心期施"断奶肥",可每次亩施 3～4 kg 尿素,在三叶期前后亩施 4～5 kg 尿素促蘖肥;移栽前 5 d 施"送嫁肥"。

(2)农业气象指标

在自然条件下,以日平均气温稳定通过 10 ℃的初日作为早播中稻的播种界限;薄膜保温旱育秧,当日平均气温稳定通过 8.0 ℃时即可播种。

水稻种子发芽出苗的最低气温，籼稻为 12 ℃，粳稻为 10 ℃。随着气温的升高，发芽速度加快，出苗时间缩短。12～18 ℃范围内出苗速度与气温上升几乎呈线性关系；气温在 20 ℃以上出苗健壮。

(3)主要气象灾害及防御对策

主要气象灾害：倒春寒。

倒春寒天气条件下秧苗的生活能力降低，抗逆力削弱；阴雨连绵，淹水缺氧，既消耗养分，又产生有毒物质，使秧苗受害，加之日照不足，秧苗纤弱，烂秧严重。

主要防御对策：掌握天气气候规律，利用“冷尾暖头”及时播种，或因地制宜，保温覆盖育秧。近年生产上推广温室无土育秧和薄膜育秧也是很有效的措施。此外，用土面增温剂、糠灰、绿肥等覆盖，调节秧田小气候，均有较好的增温、保温效果。看天排灌，合理水肥管理，调节土温，这样既能抑制病菌生长，又可以用水调温，起到保温防寒作用。

6.1.2.2 移栽返青期

(1)主要农事活动

时间：5 月中旬—6 月中旬。

移栽后叶色转青，心叶重新展开或出现新叶(上午叶尖有水珠出现)，用手将植株轻轻上提，有阻力，说明根已扎入泥中。

主要农事活动：①施肥。返青后立即施分蘖肥，施肥后，田间要保有水层，不能排水，自然落干后灌水；雨天及上午露水未干时不要施肥，以免叶片粘上化肥，烧坏稻苗。②通风(降温排湿)、炼苗(移栽前，适应外界环境)。③水层控制。水稻移栽时，根部受损，吸水能力差，移栽后要灌深水，以 4～5 cm 为宜，寸水返青。

(2)农业气象指标

移栽期最适气温：25～30 ℃，最低气温：13～15 ℃，最高气温：35℃。栽插时浅水，一般保持水层 1～2 cm，有利于促进早分蘖。返青时水层适当加深，以 4～5 cm 为宜。

(3)主要气象灾害及防御对策

主要气象灾害：干旱。

每年的 5 月中旬到 6 月中旬，是贵州水稻的主要移栽期，此时若降水不足，影响水稻栽插。一般指连续 2 旬的累计降水量不足 100 mm 或其中 1 旬不足 80 mm，打田栽秧就会受到影响。水稻移栽后根部受伤，吸水力弱，缺水后则不能迅速返青，分蘖即会延迟，影响生长。

主要防御对策：有水源的要及时灌溉，无水源灌溉的要进行灾后补种。因旱没有移栽的稻田，要积极准备早熟玉米种或马铃薯种，待降雨后抢时间及时改种。

6.1.2.3　分蘖期

(1)主要农事活动

时间:6 月下旬—7 月上旬。

分蘖期田间管理的任务,应千方百计缩短返青期,促使禾苗早生快发,争取较多的前期低位分蘖,延长有效分蘖期,培育足够量的健壮大蘖,形成合理的群体,为实现高产打下基础。在生产上,有效分蘖期田间应保持浅水层。分蘖期水温高、光照好,有利于分蘖发生。灌深水和重晒田均会抑制分蘖。

主要农事活动:①施肥。移栽后 10 d,在分蘖始期,追施氮肥(分蘖肥)。②水分管理。浅水勤灌(2～4 cm 为宜),浅水灌溉,薄水促蘖;无效分蘖期适度排水晒田,水源方便的田块,分蘖数达到高产有效分蘖数的 80%时,排水晒田,控制无效分蘖。③防治病虫害。

(2)农业气象指标

分蘖期的适宜气温为 25～30 ℃;最低气温为 15～16 ℃,最低水温为 16～17 ℃;最高气温为 38～40 ℃,最高水温为 40～42 ℃。

分蘖期需要充足的光照,经推算,发生分蘖的临界日辐射总量为 8.37 MJ/m^2。

(3)主要气象灾害及防御对策

主要气象灾害:阴雨寡照、干旱。

阴雨寡照。在气温低于 15 ℃时分蘖停止发生,如果低温时间过长,会导致稻苗萎缩死亡;气温低于 20 ℃时,分蘖的发生便受到显著的阻碍;光强低至自然光强的 5%时,分蘖停止发生。

干旱。连续 10 d 以上无有效降水,稻田脱水开裂。在分蘖初期至盛期表现为分蘖速度减慢、叶面积指数降低、叶色转淡,并对后续株高、抽穗及幼穗产生不利影响。分蘖初期至盛期,水稻能耐短期干旱,在干旱解除后,生理活动逐渐恢复正常,分蘖速度加快,有效分蘖期延长,穗数会与正常生长基本一致,只是穗型稍小,产量稍有降低。分蘖末期,干旱会导致叶色严重转淡,严重时导致植株停止发育,甚至死亡。分蘖末期遭遇干旱后,恢复正常生长较为困难,穗数、穗粒数均会减少,对产量影响较大。

主要防御对策:①在气温稳定在 15 ℃以上时插秧,并采取有效措施提高地温和水温,以促进分蘖发生。②若发生干旱,采取引水灌溉等措施补救。③降雨后组织抢时间补施分蘖肥。

6.1.2.4　拔节孕穗期

(1)主要农事活动

时间:7 月中旬至下旬。

茎基部茎节开始伸长，形成有显著茎秆的茎节为拔节，拔节高度距最高生根节长度为 1.5 cm。孕穗期为剑叶全部露出叶鞘。

这一时期田间管理目的是通过水肥管理促进枝梗和颖花分化，防止退化。适时适量施好穗肥，使水稻植株保持良好的氮素营养水平。做好灌溉管理，既要供给水稻植株充分生理需水，又要使土壤通透性良好，增强根系吸收水肥的能力。

主要农事活动：①适度晒田。此期是水稻一生中需水最多的时候，要浅水勤灌，保持薄水层。②巧施穗肥。施穗肥有利于提高水稻产量，一般亩施尿素 20 kg 左右。③灌好孕穗保胎水。④病虫防治。水稻抽穗前 3～5 d 喷农药预防稻曲病。

(2)农业气象指标

拔节的最适气温:25～30 ℃，最低气温:15 ℃，最高气温:40 ℃；穗发育的最适气温:25～32 ℃，最低气温:17～20 ℃，最高气温:36～40 ℃。

在田间条件下，光照越充足，对穗分化发育越有利。

(3)主要气象灾害及防御对策

主要气象灾害:干旱、洪涝。

干旱。干旱降低了花粉粒育性，导致花粉粒在花药中积累的位置和数量上发生异常并可能引起高度败育。导致穗长缩短，穗粒数减少，空秕粒数增多。缺水也会降低光合能力，影响有机物质的合成和运输，影响枝梗和颖花的发育，造成颖花的退化和不孕。

洪涝。孕穗期受淹 2 d 以上，会出现畸形穗花。

主要防御对策:①干旱。可采取生物化学措施防御干旱的不利影响，如喷抗旱剂提高水稻抗旱能力，引水灌溉等。②洪涝。预报有大雨以上量级的降雨时要提前打开排水沟，确保多余的雨水及时排走。

6.1.2.5　抽穗扬花期

(1)主要农事活动

时间:8 月上旬至中旬。

穗子顶端从剑叶叶鞘中露出，有的稻穗从叶鞘旁呈弯曲状露出，稻穗抽出后当天或 1～2 d 即开花。

水稻抽穗扬花期对水分较为敏感，为防止影响开花受精和籽粒发育，要根据苗情，适当延长保水时间。

主要农事活动:水分管理。

(2)农业气象指标

水稻抽穗速度与气温有密切关系，气温高，出穗快而齐。水稻扬花的最适宜气温为 25～30 ℃，气温过高或过低对抽穗开花都不利。

扬花授粉的最适空气相对湿度为 70%～80%，宜保持适当水层。浅水有利于提高株间气温，降低湿度，扬花速度快，授粉良好。

晴暖微风的天气对扬花最为有利，授粉好，结实率高。

(3)主要气象灾害及防御对策

主要气象灾害：伏旱、秋风。

伏旱。如遇上伏旱，使稻穗抽出受到抑制，天气干燥加上高温，花粉寿命缩短，活力降低，甚至干燥死亡，最终形成空壳，减产严重甚至绝收。

秋风。低温使水稻的生殖器官的生理机制受到破坏，造成颖花不育，空壳很多而减产。

主要防御对策：①干旱。采用“FA 旱地龙”抗旱节水技术，实施拌种、浸种、蘸根和喷施，能有效提高农作物的抗旱能力；生物化学防抗，喷抗旱剂提高水稻的抗旱能力；引水灌溉。②秋风。掌握秋风出现的规律和安全齐穗期，合理搭配品种。秋风的出现有一定的规律，要根据秋风出现的时间选择品种，择期播栽，使其在秋风出现之前安全齐穗，避免秋风危害；注意应用秋风预报，合理安排生产，根据秋风长期预报制定生产计划，秋风早的年份可多种些早熟品种，秋风晚的年份可多种些晚熟品种；采取相应的农业措施，改善农田小气候，如秋风来临时，可采取灌水、喷水、喷施根外肥料等措施，以减轻低温的危害。

6.1.2.6　灌浆成熟期

(1)主要农事活动

时间：8 月下旬—9 月中旬。

水稻扬花后 3～5 d 即开始灌浆。灌浆后籽粒内容物呈白色乳浆状，淀粉不断积累，干、鲜重持续增加。在乳熟始期，鲜重迅速增加；在乳熟中期，鲜重达最大，米粒逐渐变硬变白，背部仍为绿色。该期手压穗中部有硬物感觉，持续时间为 7～10 d。

保持抽穗后功能叶片具有高光合效率与根的活力，是灌浆饱满的关键。

主要农事活动：①水分管理。干湿交替，以湿为主。②喷药。水稻始穗和齐穗时均应预防穗颈瘟，抢晴喷农药。③施肥。水稻齐穗后施粒肥可提高结实率和千粒重，一般采用叶面喷施，亩施尿素 100 g 加磷酸二氢钾 150 g 兑水 50 kg。④排水。收获前 7～10 d 排水以利于收获。

(2)农业气象指标

最适气温：22～23 ℃，最低气温：18 ℃，最高气温：35 ℃。灌浆期最适气温粳稻为 21 ℃左右，籼稻以 22 ℃左右为好。灌浆期间昼夜温差愈大愈有利于增加粒重。

日照与粒重呈正相关，光照充足，有利于提高群体光合量，促进灌浆结实。

(3)主要气象灾害及防御对策

主要气象灾害：干旱。

干旱会使植株光合作用速率及其体内同化物的生产、运转和积累受到影响，并且由于能耗加大，会加速叶片的老化及根系的早衰，导致千粒重降低，严重时还会导致植株干枯死亡。

主要防御对策：采用生物化学措施防抗干旱，如喷抗旱剂提高水稻抗旱能力。引水灌溉。

6.1.3 主要病虫害及防治

近几年在贵州省水稻种植区主要有"两迁"害虫（稻飞虱、稻纵卷叶螟）、稻秆潜蝇、稻瘟病、稻曲病、纹枯病等病虫害的发生和危害。

6.1.3.1 稻飞虱

稻飞虱趋光性强，且喜趋嫩绿。

白背飞虱能在 15～30 ℃下正常生存，发育的最适气温为 22～28 ℃，要求田间相对湿为度 80%～90%。初夏多雨、盛夏长期干旱，易引起大发生。褐飞虱喜温湿，生长与繁殖的气温范围为 20～30 ℃，最适气温为 26～28 ℃，相对湿度在 80%以上。"盛夏不热、晚秋不凉、夏秋多雨"天气年份，十分有利于褐飞虱的大量繁殖和大发生。

防治措施：褐飞虱治前控后，白背飞虱（下代可以成灾）要狠治当代。①选育和利用抗虫品种；②加强肥水管理，适时适量施肥和适时露田，避免多施或偏施氮肥及长期浸水；③安装频振式杀虫灯诱杀；④保护和利用天敌；⑤采用金龟子绿僵菌、醚菊酯、烯啶虫胺、吡蚜酮等药剂进行适时防治。

6.1.3.2 稻纵卷叶螟

当气温 22～28 ℃，空气相对湿度高于 80%时有利于成虫卵巢发育、交配、产卵和卵的孵化及初孵幼虫的存活。为此，6—9 月雨日多，湿度大，利其发生，若田间灌水过深，分蘖末期没有及时撤水晒田，施氮肥偏晚或过多，引起水稻徒长，危害重。

防治措施：以农业防治为基础，合理使用农药，协调化学防治与保护利用天敌的矛盾，将幼虫的危害控制在最低程度。①农业防治。采用"集团当家，组合轮换"的用种策略，因地制宜选择适宜的抗性品种（组合），品种（组合）定期轮换，保持品种抗性，减轻病虫害的发生。选择合理播期，错开感病虫生育期；选择合理茬口、轮作倒茬，避开桥梁田和越冬场所；合理密植，配方施肥，增强抗逆性，减轻病虫害的发生危害程度。②物理防治。安装频振式杀虫灯诱杀。③生物防治，保护利用天敌（主要天敌：青蛙、稻螟赤眼蜂、绒茧蜂等）如：通过采取放养赤眼蜂、稻田养鱼、性诱剂诱杀成虫等措施来控制田间虫害种群达到防治目的。④化学防治。抓住幼虫在叶尖处吐丝卷叶、叶缘局部卷起 2 cm 左右虫苞的 2 龄幼虫高峰期进行防治，也就是说，3 龄前是防治适期。应掌握在成虫高峰期后 10～20 d，即幼虫 2～3 龄盛期，或百丛有新束叶苞 15 个以上时，进行施药防治一次，间隔 7～8 d，又补喷一次，选用长效药剂与短效药剂相结合的方法通过连续两次用药才能取到较好的防治效果。防治策略应狠抓穗期，不放松分蘖期，及时防治严重代，用药要准确。药剂优先选用苏云金杆菌、甘蓝夜蛾核型多角体病毒、球孢白僵菌、短稳杆菌、金龟子绿僵菌等微生物农药，化学药剂可选用氯虫苯甲酰胺、四氯虫酰胺、茚虫威等。

6.1.3.3　稻秆潜蝇

冬暖夏凉的气候适其发生，日平均气温在 35 ℃以上，幼虫发育受阻。多露、阳光不足、环境潮湿、田水气温低则危害重。

防治措施：①冬春季铲除田边、沟边、山坡边的杂草，以消灭越冬虫源。②改善耕作制度。单季稻、双季稻混栽山区尽量不种单季稻，可抑制发生量。③排水晒田可减轻危害。④药剂防治。采用狠治一代，挑治二代，巧治秧田的策略。喷施 50%杀螟松乳油，每亩 50 mL，兑水 50 kg 连续喷 2 次，隔 5 d 喷第 2 次。防治幼虫用 50%杀螟松乳油，每亩用药 100 mL，兑水 50 kg。对带卵块的秧田，可用 50%杀螟松乳油 300 倍液或 36%克螨蝇乳油 1000 倍液浸秧根。

6.1.3.4　稻瘟病

当气温在 20～30 ℃，田间空气相对湿度在 90%以上，稻株体表保持一层水膜达 6～10 h 的情况下，分生孢子最易萌发侵入。阴雨连绵，日照不足或时晴时雨，或早晚有云雾或结露条件，病情扩展迅速。

防治措施：应以选育抗病品种为基础，抓好以肥水管理为主的丰产防病措施，尽可能消灭初侵染来源，并在发病期间及时辅以药剂防治。①选育和利用抗病品种。培育出具有不同抗性基因的品种进行搭配、轮换种植，防止品种或抗病基因单一化，以稳定病菌的生理小种组成，延长品种的使用年限和防止稻瘟病暴发流行。②加强肥水管理。合理施肥管水，注意氮、磷、钾肥配合施用，有机肥与化肥配合施用，适当施用含硅酸的肥料(如草木灰、矿渣、窖灰钾肥等)，施足基肥，早施追肥，中后期看苗、看天、看田巧施肥。避免偏施或后期施用过多的氮肥。进行合理排灌，满足水稻各生育期的需要，使水稻生长健壮，同时注意适时适度晒田。③处理病稻草，减少越冬菌源。④药剂防治。在叶瘟发生初期应及早施药控制发病中心，并对周围稻株或稻田施药保护。一般可隔 3～5 d 施用一次，共施 1～2 次。施药重点应放在预防危害性大的穗颈瘟上，与破口抽穗初期及齐穗期各施药一次。每亩每次喷药液 60～75 kg。常用的药剂有采用枯草芽孢杆菌、多抗霉素、春雷霉素、井冈·蜡芽菌、申嗪霉素等生物农药或三环唑、丙硫唑等化学药剂。

6.2 玉米

6.2.1 概况

玉米是贵州主要秋收粮食作物之一，按照玉米对积温的要求可分为早熟、中熟、晚熟等 3 类品种，这 3 类玉米目前在贵州均有种植。

贵州是西南山地玉米主产区之一，从低海拔的铜仁地区到 2000 m 以上的高海拔地区均有大面积的种植，主要分布在山区和半山区的黔中、黔西北、黔西南和西部高山地区。全省常年种植面积在 83 万 hm^2，年平均产量约 445 万 t。近年来，国家实行农业供给侧结构性改革，2015 年，贵州成为国家玉米调减的区域之一，经过两年的调减，2016 年的玉米种植面积比 2014 年减少了 70.7 万亩，减幅为 6%。根据农业农村部的部署，贵州玉米种植面积将保持在 700 万亩左右，同时贵州发展高效青储饲料玉米，据统计，贵州 2016 年青储玉米面积 42 万亩，比 2015 年增加了 75%，但占全省玉米面积的比重不到 4%，其市场需求与发展空间巨大。

玉米是喜温作物，全生育期要求较高的气温。不同玉米品种对积温的要求也不相同，对日平均气温≥10 ℃积温的要求，早熟品种是 2000～2200 ℃・d、中熟品种是 2300～2600 ℃・d、晚熟品种是 2500～2800 ℃・d。

玉米的植株高，叶面积大，需水量也较多，生长期间最适降水量为 410～640 mm，干旱会影响玉米的产量和品质。苗期是玉米一生中最抗旱的时期，需水量较少，占全生育期的 18%～19%；抽雄前后 15 d 是玉米的水分临界期，需水量较多，占全生育期的 37%～38%；开花至乳熟期需水最多，占全生育期的 43%～44%。

玉米是短日照喜光的植物，在 8～12 h 条件下可促进生长发育，12～14 h 光照有抑制作用。

世界玉米产区多数集中在 7 月等温线为 21～27 ℃，全年无霜期为 120～180 d 的范围内。贵州大部分地区的云量均在 8 成左右，日照百分率在 25%～35%，年日照时数为 1200～1600 h，4—9 月集中了全年 70%以上的日照和太阳辐射。贵州最热的 7 月平均气温在 22 ℃以上，10 ℃初终日间日数达 220～300 d，日平均气温≥0 ℃积温为 4000～6000 ℃・d；大部分地区年降水量在 1100～1300 mm，4—9 月集中了全年 75%以上的降水量。因此，贵州各地气候条件均能满足玉米生产的需求，较为适宜种植玉米。

影响贵州玉米生产的主要气象灾害是春旱和伏旱。春旱主要影响黔西南州、六盘水市、毕节市、安顺市等地玉米播种和出苗；伏旱主要影响省之北部、东部及中部等地玉米的抽雄吐丝。

6.2.2　气象服务技术指南

6.2.2.1　播种出苗期

(1)主要农事活动

时间:3 月上旬至中旬。

此时期需要足够的水分条件促进种子发芽,以苗齐、苗壮为栽培目标。

主要农事活动:翻犁、平整土地。选择良种,浸种催芽,种子包衣,防病虫害等。①根据当地热量资源条件选种。当地的热量和生长期要符合品种完全成熟的需要。热量充足,就尽量选择生长期长的品种,否则会导致玉米不能充分成熟。②根据当地生产管理条件选种。在生产管理水平较高、耕作精细、土壤肥沃的地区,可选择产量潜力大、增产潜力大的品种,反之,应选择稳定性好、适应性强的品种。③根据前茬种植选种。玉米的增产增收与前茬种植的作物有很大关系,若前茬种植的是大豆,土壤肥力则较好,应选择高产品种;若前茬种植的是玉米且生长良好、丰产,可继续选种这一品种;若前茬种植的作物生育期较长,则应选择早熟型玉米品种。另外,同一品种不能在同一块地上连续种植 3～4 年,否则会出现品种退化现象。④深翻耕层。玉米是深根系作物,深耕是玉米增产的重要措施之一,深耕可以加厚耕层,增强蓄水保墒能力,促进土壤微生物活动,加速有机质降解,从而有利于玉米根系发育和提高产量。⑤施肥。玉米是深根系作物,为防止玉米后期早衰,施肥方法采取基肥和追肥相结合。磷、钾肥、硫酸锌和 50%～60% 的氮作为基施,其余的氮在大喇叭口期 10～12 片展开叶时追施。

(2)农业气象指标

最适气温为 25～28 ℃,最高气温为 30 ℃,最低气温为 10 ℃;土壤相对湿度以 70%～90% 为宜。

(3)主要气象灾害及防御对策

主要气象灾害:低温、连阴雨、干旱。

最低气温低于 10 ℃或土壤相对湿度小于 70%,出苗缓慢,易受虫鼠害,造成缺窝少苗;最低气温低于 10 ℃且土壤相对湿度大于 90%,连续阴雨大于 5 d 时,玉米种子容易霉变。

主要防御对策:采用地膜覆盖,提高地温,加快出苗速度;采用种子包衣播种技术;集中育苗,光、温、水、肥等要素容易调控,病虫害及鼠害也容易防治。

6.2.2.2　三叶期

(1)主要农事活动

时间:3 月下旬—4 月上旬。

第三片叶展开即为三叶期。

主要农事活动：查苗、定苗等。一般出苗后即查苗，在同行或相邻行就近留双株以备及早补苗；幼苗长到3～4片可见叶时，分次间苗，去除杂劣苗留双株。

(2)农业气象指标

最适气温为18～23 ℃，最高气温为30 ℃，最低气温为10 ℃；土壤相对湿度以70%～80%为宜。

(3)主要气象灾害及防御对策

主要气象灾害：低温。

最低气温低于10 ℃，玉米苗停止生长，持续5 d以上，容易形成僵苗，甚至死苗。

主要防御对策：集中温室育苗，待苗五叶时移栽大田。

6.2.2.3　五叶—七叶期

(1)主要农事活动

时间：4月中旬至下旬。

从第四叶叶鞘中露出第五叶到从第六叶叶鞘中露出第七叶。

主要农事活动：定苗。幼苗长到5～6片可见叶时，一次完成定苗。定苗原则为：去除弱苗、病苗、虫苗，留匀苗，提高群体整齐度。个别缺株的可就近留双株。春玉米中耕宜早，有利于升温。夏玉米，早中耕有利于保墒。苗期中耕2～3次，定苗前第1次中耕宜浅，以3.0～4.5 cm为佳，避免伤根压苗，拔节前第2次中耕。

(2)农业气象指标

最适气温为18～23 ℃，最高气温为30 ℃，最低气温为17 ℃。土壤相对湿度以70%～80%为宜。

(3)主要气象灾害及防御对策

主要气象灾害：低温、干旱。

持续5 d以上最低气温低于17 ℃，土壤相对湿度小于60%均不利于生长。

主要防御对策：根据当地气候特点，合理安排播种时间。

6.2.2.4　拔节期

(1)主要农事活动

时间：5月上旬至中旬。

玉米基部节间由扁平变圆，近地面用手可摸到圆而硬的茎节，节间长度约为3.0 cm，此时雄穗开始分化。

玉米拔节后，节间迅速伸长、叶片扩大，根系快速扩张，雌穗和雄穗分化形成，是营养生长与生殖生长的共生期，也是对水肥需求量最大、最敏感的时期。

主要农事活动：施肥。结合中耕除草，追施攻秆肥(又叫拔节肥)，能够促使中上部叶片增大，延长下部叶片的光合时期。这次追肥占总追肥量的20%～30%，可亩施尿素 10～15 kg，碳铵 30～40 kg，过磷酸钙 20～35 kg，氯化钾 10～15 kg，硫酸锌 2 kg。宽窄行播种的田块追肥要追在窄行中间，追近不追远。拔节前第 2 次中耕，苗旁浅，行间深。

(2)农业气象指标

最适气温为 25～28 ℃，最高气温为 30 ℃，最低气温为 17 ℃。土壤相对湿度以 70%～80%为宜。

(3)主要气象灾害及防御对策

主要气象灾害：低温、干旱。

持续 5 d 以上最低气温低于 17 ℃，土壤相对湿度小于 60%均不利于生长。

主要防御对策：当土壤相对湿度降到 60%左右时应及时灌溉，最优灌溉上限为土壤相对湿度 80%。

6.2.2.5　大喇叭口期

(1)主要农事活动

时间：5 月下旬—6 月中旬。

此时玉米第 11～12 片叶展开，上部几片大叶突出，形似大喇叭，雄穗进入小花分化时期。

主要农事活动：水分管理。大喇叭口期以后进入需水临界始期，不能缺水，防"卡脖子旱"，要达到地表见湿不见干，满足玉米在大喇叭口、抽雄、开花、灌浆时对水分的需求。

(2)农业气象指标

最适气温为 25～28 ℃，最高气温为 30 ℃，最低气温为 17 ℃；土壤相对湿度以 70%～80%为宜。

(3)主要气象灾害及防御对策

主要气象灾害：低温、干旱。

持续 5 d 以上最低气温低于 17 ℃，土壤相对湿度小于 60%均不利于生长。

主要防御对策：当土壤相对湿度降到 60%左右时应及时灌溉，最优灌溉上限为土壤相对湿度 80%。

6.2.2.6　抽雄吐丝、开花期

(1)主要农事活动

时间：6 月下旬—7 月上旬。

该时期是玉米一生中积累能量、孕育种子的时期。抽雄期为雄穗的顶部小穗从叶鞘中露出；开花期为雄穗中上部花药露出，散出花粉；吐丝期为植株雌穗苞叶中露出花丝。

主要农事活动：去雄和人工授粉。去雄应在雄穗刚抽出时还未散粉时进行，有利于去掉雄穗顶端优势，调节养分，促使雌穗发育好。人工授粉是减少秃尖缺粒的有效措施，开花授粉遇到天气不良时，进行人工授粉增产效果更明显。还要注意间隔去雄和辅助授粉，严禁削顶和打叶。

(2)农业气象指标

最适气温为 25～28 ℃，最高气温为 32 ℃，最低气温为 18 ℃。土壤相对湿度以 70%～80%为宜。

(3)主要气象灾害及防御对策

主要气象灾害：低温、干旱。

持续 5 d 以上气温低于 18 ℃，土壤相对湿度小于 60%均不利于生长。

主要防御对策：当土壤相对湿度降到 60%左右时应及时灌溉，最优灌溉上限为土壤相对湿度 80%。

6.2.2.7 灌浆乳熟期

(1)主要农事活动

时间：7 月中旬—8 月上旬。

雌穗的花丝变成暗棕色或褐色，外层苞叶颜色变浅仍呈绿色，籽粒形状已达到正常大小，果穗中下部的籽粒充满较浓的白色乳即为乳熟期。

主要农事活动：病虫害防治。

(2)农业气象指标

最适气温为 22～24 ℃，最高气温为 33 ℃，最低气温为 16 ℃；土壤相对湿度以 70%～80%为宜。

(3)主要气象灾害及防御对策

主要气象灾害：干旱。

土壤相对湿度持续小于 60%均不利于生长。

主要防御对策：当土壤相对湿度降到 60%左右时应及时灌溉，最优灌溉上限为土壤相对湿度 80%。

6.2.2.8 成熟收获期

(1)主要农事活动

时间：8 月中旬—9 月下旬。

80%以上植株外层苞叶变黄，花丝干枯，籽粒硬化，呈现该品种固有的颜色，且不易被指甲切开即为成熟期。

主要农事活动：适时收获。玉米苞叶开始变黄并没有真正完全成熟。此时千粒重仍在以每天 3.5 g 的速度增加，相当于每亩每天增加 5 kg 产量。玉米吐丝后 40～

45 d苞叶变黄就收获，会造成每亩 50～75 kg 的产量损失，克服苞叶发黄即收获的老习惯，尽量推迟收获期，在玉米籽粒乳线消失，即苞叶发黄后 7～10 d 开始收获，减少千粒重下降，促使玉米增产。玉米推迟收获是一项简便易行的增产增效措施，而且便于机械收获和秸秆粉碎还田。

(2)农业气象指标

最适气温为 20～24 ℃，最高气温为 33 ℃，最低气温为 16 ℃；土壤相对湿度以 70%～80%为宜。

(3)主要气象灾害及防御对策

主要气象灾害：连阴雨。

出现日雨量≥0.1 mm，持续时间达 5 d 或以上的时段(其中从第 6 d 起，允许有间隔 1 d 无降水量)为一次秋季连阴雨过程。

主要防御对策：抢晴收获，及时晾晒。

6.2.3 主要病虫害及防治

近些年贵州玉米的主要病虫害：玉米大斑病、小斑病、纹枯病、玉米螟、黏虫等。

6.2.3.1 玉米大斑病

玉米孕穗、出穗期间氮肥不足发病较重。低洼地、密度过大、连作地易发病。

防治措施：以推广种植抗病品种为主、栽培防病措施为辅的综合防治。①选育和利用抗(耐)病良种。②改进栽培管理措施。适时早播；合理的密度及种植方式，玉米与中矮秆作物间作套种，如豆科、花生等，有利于改善田间通风透光条件，降低田间湿度；加强水肥管理，在施足基肥的基础上，注意追肥，特别是拔节和抽穗期追肥更为重要，注意灌溉和排水，避免过旱过湿；实行大面积轮作和处理病残体，发病地应实行一年轮作，重病地实行秋翻，使病残体埋入地下 10 cm 以下；把玉米秸秆作为燃料尽早用完，带有病残体的堆肥应充分腐熟，但最好不施于玉米田中。③药剂防治。以 40%多菌灵悬浮剂 800～1000 倍液或 70%甲基硫菌灵可湿性粉剂 1000～1200 倍液，每亩 50 g；或 20%施宝灵悬剂 1000 倍液，每亩 40～50 mL。喷雾，重点喷植株的中、下部，7～10 d 后喷第 2 次，连续 2～3 次。

6.2.3.2 玉米小斑病

玉米小斑病病菌主要以菌丝在病残体内越冬，成为翌年发病初侵染源。在种植感病品种并存在一定数量的菌源条件下，小斑病发生轻重主要决定于气温、湿度、雨量和雨日。当日平均气温达 25 ℃以上的月份最适其流行，这时只要雨水多，湿度大，小斑病就严重。低洼地、过于密植荫蔽地、连作田发病较重。

防治措施：应采取以抗病良种为主的综合防治措施。①选育和利用抗病品种。②减少田间菌源。实行两年以上轮作，及时翻耕，清除病株残体，搞好田间卫生。

③加强栽培管理。增施有机肥，合理密度，加强通风透光，实行间套作；适期早播，缩短玉米感病期；摘除底叶，减少田间菌源，改善田间小气候。④药剂防治。与大斑病同。

6.2.3.3 玉米纹枯病

玉米纹枯病病菌主要以遗落田间的菌核越冬，玉米田土壤表层和浅土层菌核是玉米纹枯病的主要初侵染源。连作地、播种过密、施氮过多、田间湿度大，易发病。温湿度对该病的发生程度影响很大。一般气温低于 20 ℃或高于 30 ℃、少雨不利于发病。病害发生期内，雨日多、雨量大、湿度高，病情发展快。6 月下旬雨日越多、湿度越高，病株率越高；7 月上旬雨日多、湿度大，严重度上升。

防治措施：应采取减少菌源，选用抗病品种，加强栽培管理辅以药剂防治的综合防治措施。①减少菌源。与非寄主植物轮作；及时清除遗留田间的病残体，并深翻；发病初期剥除下部病叶鞘。②选育和利用抗病品种。③栽培管理。合理施用氮肥、避免偏施氮肥，但也要防止后期脱肥早衰；增施磷、钾肥，可提高植株的抗病力；合理密植，注意排灌水。④药剂防治。从孕穗期开始，初见病株时，应及时喷药保护，或在抽雄期施药，隔 7～10 d 后喷第 2 次。喷药时主要向植株的中、下部，尤其玉米基部喷施。可用药剂为 5%井冈霉素 3000 mL、50%多菌灵可湿性粉剂或 50%甲基硫菌灵可湿性粉剂 700～800 倍液等。

6.2.3.4 玉米螟

玉米螟幼虫绝大多数在玉米秆和穗轴中越冬。日平均气温在 25～26 ℃，空气相对湿度 90%左右，对产卵、孵化及幼虫成活极为有利，暴雨可增加初孵幼虫的死亡率。

防治措施：①物理防治。玉米螟幼虫绝大多数在玉米秆和穗轴中越冬，在春季越冬幼虫化蛹，因此羽化前把玉米秆、穗轴处理完毕，并清除其他越冬寄主，可消灭玉米螟越冬虫源。②化学防治。用阿维菌素 6000 倍液、甲维盐 2000 倍液等化学制剂稀释液喷洒。③生物防治。可用微生物农药杀螟杆菌、白僵菌等防治。④选用抗虫品种。

6.2.3.5 玉米黏虫

黏虫适于温暖高湿的条件，各虫态适宜的气温在 10～25 ℃，适宜的空气相对湿度在 85%以上，成虫产卵的适宜气温为 15～30 ℃，空气相对湿度为 90%左右。湿度直接影响初孵幼虫存活率的高低。因此，玉米黏虫灾害一般在降水过程多、土壤及空气湿度大的气象条件下发生。

防治措施：①生物诱杀成虫。利用成虫产卵前需补充营养，用糖醋酒液（糖：酒：醋：水＝3：1：4：2，调匀即可。夜晚诱杀）配合加入少量杀虫剂进行生物诱杀。80～100 m 喷洒一行。②物理诱杀成虫。在玉米田插谷草把或稻草把(粗 10 cm),草把下端与地面保持 0.5 m 的距离,谷草把上洒糖醋液诱蛾产卵,每亩 60～100 个,每 5 d 更换新草把,把换下的草把集中烧毁。此外,也可用糖醋盆(置于距地面 1 m 左右的田间)、黑光灯等诱杀成虫,压低虫口。③保护和利用黏虫的天敌。④药剂防治。防治时期以幼虫 3 龄前为佳,用阿维菌素 6000 倍液、甲维盐 2000 倍液加少量洗衣粉喷洒。

6.3 小麦

6.3.1 概况

小麦是三大谷物之一,是小麦系植物的统称,单子叶植物,是在世界各地广泛种植的禾本科植物,也是贵州主要粮食作物之一,在贵州全省均有种植。2016 年,全省种植小麦 22 万 hm^2,总产 44.77 万 t。种植面积居前三位的为黔西南州、毕节市、黔南州,分别种植 6.58、6.41、3.10 万 hm^2,产量分别为 12.53、10.49、4.75 万 t。种植面积后三位的市州为黔东南州、贵阳市、安顺市,分别种植 0.34、0.38、0.89 万 hm^2,产量分别为 0.82、0.93、1.57 万 t。

贵州大学王博等(2009)研究了七个不同小麦品种在九个不同试点的品质变化,对贵州小麦进行生态区划,主要分为高海拔少雨小麦区、中海拔雨适中筋小麦区、低海拔多雨弱筋小麦区、苗岭以南高温小麦区四个大区。

高海拔少雨小麦区:位于大娄山西南,云南高原向贵州高原过渡的斜坡部位。本区地势较高,地势西高东低,海拔 1500～2400 m。

中海拔雨适中筋小麦区:包括安顺、都匀、务川、德江、平塘、万山、晴隆、普安、平坝、麻江、黔西、清镇、六枝、贵阳、丹寨、安龙、普定、遵义县、镇宁、息烽等县(市)。

低海拔多雨弱筋小麦区:大部分地区海拔在 800 m 以下,相对高差一般在 200～500 m,以低山丘陵、河谷盆地为主。

苗岭以南高温小麦区:包括黔南州、黔东南州、黔西南州东南部的边缘地区,本区小麦生育期内降水与光照资源对小麦生长有利,但是由于气温过高使小麦生育期严重缩短,因而产量不高、品质不好,不适宜小麦的种植。

6.3.2 气象服务技术指南

6.3.2.1 播种出苗期

(1)主要农事活动

时间:10 月中旬—11 月上旬。

从芽鞘中露出第一片绿色的小叶,长约 2.0 cm,条播竖看显行即为出苗。

主要农事活动:播种、施肥、整地、灌溉等。①小麦播种时,可将少量化肥作种肥,以保证小麦出苗后能及时吸收到养分，对增加小麦冬前分蘖和次生根的生长均有良好作用。②灌溉。干旱易形成小麦胎里旱，需注意水分调节，遇有干旱及时灌溉。

(2)农业气象指标

日平均气温为 14～16 ℃，5～8 d 可出苗，出苗期适宜条件为：日平均气温为 12～16 ℃，耕作层土壤湿润，土壤相对湿度在 60%～70%。日照时数为 50～90 h。

(3)主要气象灾害及防御对策

主要气象灾害：低温阴雨、干旱。

候平均气温低于 10 ℃时播种，影响分蘖；候平均气温低于 14 ℃对出苗不利，导致幼苗弱；土壤相对湿度大于 85%，易出现烂种，小于 55%，不利于种子膨胀发芽及出苗；连阴雨天气容易造成烂种，诱发病虫害。

主要防御对策：①注意麦播期的降水量和气温趋势预报，适时下种。②注意水分调节，遇干旱及时灌溉，以滴灌、喷灌为宜。③遇连阴雨及早清沟排水，对未开沟的麦田及时开挖田内三沟，对已开沟但配套不完善的麦田及时疏通，做到沟渠相通，确保排水通畅，及时中耕松土，提高地温，促进分蘖成穗，减少病虫害发生。

6.3.2.2 三叶期

(1)主要农事活动

时间：11 月中旬至下旬。

田间 50%以上的麦苗，主茎节从第二叶叶鞘中露出第三叶，叶长为第二片叶的一半，为三叶期。

主要农事活动：水肥管理。小麦的三叶期即生产上所称“断奶期”，是由异养过渡到自养的重要转折点；小麦三叶期压青苗，起到控主茎、促分蘖，控地上、促根系的作用。小麦三叶期以后，所需营养主要从土壤中吸取，若养分供应不足，特别是氮肥不足，则分蘖受阻，严重时不分蘖，影响高产群体的培育；出现苗植株矮小，茎秆细弱，叶窄而短，叶色发黄，次生根少而细，无分蘖时，要立即追肥。

(2)农业气象指标

小麦三叶期适宜日平均气温为 13～16 ℃。出苗期无明显干旱，耕作层土壤湿润，土壤相对湿度在 60%～70%。无低温阴雨寡照天气，适宜日照时数为 40～80 h。冬前积温适宜，550～650 ℃ · d 可形成壮苗。

(3)主要气象灾害及防御对策

主要气象灾害：干旱、低温寡照。

土壤相对湿度低于 50%，易形成缺苗断垄，影响小麦生长发育。日平均气温低于 5 ℃对幼苗生长不利，导致幼苗弱。此外，气温偏高易形成旺长。

主要防御对策：①注意水分调节，严格控水除湿。②遇干旱科学调控肥水，因地因苗制宜。受旱麦田要做到应浇尽浇，浇后及时划锄。

6.3.2.3　分蘖期

(1)主要农事活动

时间:12 月上旬—翌年 1 月中旬。

全田有 50%以上的麦苗,第一分蘖露出叶鞘 1 cm 左右时,记为分蘖期。

主要农事活动:浇水和追肥。①秋季干旱需浇分蘖水,浇分蘖水增产效果明显,冬前壮苗标准为 2～4 个分蘖。②苗期追肥(简称"苗肥"),一般是在分蘖初期,每公顷追施碳酸氢铵 75～150 kg 或尿素 45～75 kg 或少量的人粪尿,促进苗匀苗壮,增加冬前分蘖,特别是基本苗不足或晚播麦更需苗期追肥。③丘陵旱薄地和养分分解慢的泥田、湿田等低产土壤,早施苗肥效果好,基肥和种肥充足的麦田也可不追苗肥。

(2)农业气象指标

小麦分蘖期适宜日平均气温为 13～18 ℃,土壤相对湿度 60%～80%,适宜日照时数为 90～200 h,光照充足有利于分蘖和糖分积累。

(3)主要气象灾害及防御对策

主要气象灾害:低温、干旱、连阴雨。

土壤相对湿度低于 60%,影响分蘖。阴雨连绵,光照不足,不利于分蘖。

主要防御对策:①在麦田内及时开挖田内三沟,对已开沟但配套不完善的麦田及时疏通,做到沟渠相通,确保排水通畅。及时中耕松土,提高地温,促进分蘖成穗,减少病虫害发生。②遇干旱应浇分蘖水,追施苗肥,促进苗匀苗壮,增加分蘖。

6.3.2.4　拔节孕穗期

(1)主要农事活动

时间:1 月下旬—2 月下旬,遵循东南早、西北迟的规律。

全田 50%以上植株茎部第一节露出地面 1.5～2 cm 时,为拔节期;全田 50%以上植株分蘖旗叶叶片全部抽出叶鞘,旗叶叶鞘包着的幼穗明显膨大为孕穗期。

拔节孕穗期水肥供应充足能保花增粒,积累营养物质,防止叶片早衰和提高灌浆强度。主要农事活动:追肥、浇水、防治病虫害等。①拔节期肥水对穗数、穗粒数和千粒重 3 个产量构成因素的形成都有影响,因此,除了前期肥水过多,群体过大过旺的以外,都应该施用拔节肥水。拔节期进行春季首次施肥浇水的,全部追肥可以一次追施。②孕穗期应据叶色和墒情科学灌溉,孕穗肥需视苗情而施。③重点防治条锈病、纹枯病、吸浆虫、麦蜘蛛、白粉病、赤霉病。

(2)农业气象指标

日平均气温稳定在 8～16 ℃,其中,孕穗期以 12～16 ℃为宜;适宜日照时数为 40～110 h,土壤相对湿度以 75%～85%为宜。

(3)主要气象灾害及防御对策

主要气象灾害：低温阴雨、干旱。

连阴雨持续 6 d 以上，光照不足，小麦茎秆细弱，旺长，易发生病虫害，后期易倒伏。土壤相对湿度小于 50%，小穗结实率降低。

主要防御对策：①根据苗情适时进行灌溉追肥，有条件的应在麦田追施农家肥以提高地温，力促小麦成大穗；及时中耕松土，提高地温，促进分蘖成穗，减少病虫害发生。②科学运筹肥水，因地因苗制宜。受旱麦田要做到应浇尽浇；对于没有水浇条件的旱地麦田，应在早春镇压并划锄保墒。③及早清沟排水。④注意病虫害发生流行，及时做好防治工作。

6.3.2.5 抽穗开花期

(1)主要农事活动

时间：3 月上旬至下旬。

全田 50%麦穗(不包括芒)由叶鞘中露出 1/2 时，为抽穗期；50%麦穗中上部小花的内外颖张开、花药散粉时，为开花期。

主要农事活动：追肥、灌溉、喷药。①抽穗后仍需要一定氮、磷、钾等，由于根系老化，吸收能力减弱，一般根外追肥。叶面喷肥，可防止早衰。②小麦抽穗期主要是保根、护叶、延长叶片功能、防止早衰、提高粒重，预防旱、涝、风、病虫、倒伏等。③遇连阴雨，注意疏通“三沟”，排水降湿，做到雨过田间无积水，保证小麦正常生长。④小麦开花后 15 d，应适当控制浇水，避免小麦头沉遇风倒伏，防止氮素淋溶，影响籽粒光泽度、角质率和加工品质。小麦开花期结合浇水追施速效氮肥(亩追尿素 3～5 kg)，对于增加穗粒数，提高千粒重效果明显。

(2)农业气象指标

适宜日平均气温为 13～20 ℃，最高气温小于 30 ℃，最低气温为 9～10 ℃。土壤相对湿度以 70%～80%为宜。适宜日照时数为 60～100 h。

(3)主要气象灾害及防御对策

主要气象灾害：低温阴雨、雷雨大风、干旱。

气温低于 9 ℃，影响抽穗。连阴雨大于 4 d，光照不足，延迟开花，病虫害发生流行。大到暴雨影响小麦授粉，遇雷雨大风小麦易倒伏，影响后期结实。土壤相对湿度小于 50%，干旱严重影响抽穗。

主要防御对策：①及早清沟排水。②要科学运筹肥水，因地因苗制宜。③注意防病防虫，防止小麦倒伏(倒伏一般发生在抽穗后，倒伏愈早，减产愈重)。

6.3.2.6 灌浆乳熟期

(1)主要农事活动

时间：4 月上旬至下旬。

籽粒开始沉积淀粉、胚乳呈炼乳状，在开花后 10 d 左右，灌浆开始；穗子中部籽粒达到正常大小，呈黄绿色，内含物充满乳状浆液即为乳熟期。

灌浆乳熟期是增产的关键时期，要做好施肥、浇水、喷药等农事活动，促进产量形成。主要农事活动：①灌浆后期适当控制浇水，“地皮见湿不见干”，连续浇好抽穗开花水、灌浆水、麦黄水，其中，灌浆水的增产效果最显著，灌浆水忌大水漫灌，叶色黑绿的麦田适当提早停水，防贪青晚熟，防倒伏。②灌浆乳熟期是多种病虫危害高峰期，也是防治关键期，重点是穗蚜、白粉病、锈病。百穗蚜量达 800 头以上时要及时防治，并混配杀菌剂和叶面肥进行，达到一喷综防目的，用药后 7～10 d 如白粉病、锈病病茎率达 30%以上，应第 2 次喷施防病药物和叶面肥。乳熟期物质合成与转化过程活跃，需充足的营养物质，需要及时施肥、浇水、喷药，促进灌浆，从而提高产量。

(2)农业气象指标

最适宜日平均气温为 18～22 ℃，15～18 ℃灌浆缓慢，随气温升高灌浆强度增大，日平均气温达 25 ℃后增大幅度不明显。土壤相对湿度以 60%～80%为宜。无连阴雨，无高温干旱，气温低于 30 ℃；风力小于 3 级；无暴雨冰雹天气，降水量小于 30 mm。

(3)主要气象灾害及防御对策

主要气象灾害：高温、连阴雨、雷雨大风、干旱。

日平均气温 25 ℃以上灌浆受阻，日最高气温达 30 ℃灌浆基本停止，日平均气温高于 32 ℃粒增重基本是负值。连阴雨日数大于 5 d，灌浆缓慢，易感染病虫害。降水量大于30 mm，并伴有大风、冰雹等，造成倒伏掉穗、落粒而严重减产。

主要防御对策：①及早清沟排水，确保排水通畅。及时中耕松土，喷洒农药，减少病虫害发生。②有条件的地方应灌麦黄水，浇后及时划锄，对小麦籽粒干物质积累有利。

6.3.2.7　成熟收获期

(1)主要农事活动

时间：5 月上旬至下旬。小麦胚乳呈蜡状，籽粒开始变硬时为成熟期，此时为最适收获期。接着籽粒很快变硬，为完熟期。

主要农事活动：收获。

(2)农业气象指标

适宜气象条件：晴好天气，无连阴雨。

(3)主要气象灾害及防御对策

主要气象灾害：高温、连阴雨和雷雨大风。

日平均气温大于 32 ℃，缺水，造成高温逼熟产量低。连阴雨日数大于 3 d，成熟的小麦易出芽、烂麦。

主要防御对策:合理安排麦收生产,并抓住天时,抢收抢打。

6.3.3 主要病虫害及防治

条锈病、白粉病和蚜虫是贵州小麦常见的病虫害,对小麦产量影响较大。

6.3.3.1 小麦条锈病

毕节市、六盘水市、遵义市、黔西南州、黔南州、安顺市、贵阳市和铜仁市等地发生较重,流行盛期为3—5月,此时雨水多、结露时间长,有利于病菌繁殖、侵染和蔓延。

防治措施:采取以抗锈品种为主、药剂防治和栽培防病为辅的综合防治措施。①选用抗病品种并合理布局。②栽培防治。调节播期,在不误农时、有利小麦生育丰产的前提下,避免过早播种,可减轻秋苗发病。消灭自生麦苗,自生麦苗是条锈病菌的重要越夏寄主,消灭自生麦苗,可以大量减少越夏菌源。合理施肥,增施磷、钾肥,避免偏施氮肥,可提高品种的抗病性。③药剂防治。药剂防治应以控制秋苗菌源和春季流行为重点。采用粉锈宁拌种或早期对幼苗喷药(每公顷60～120 g纯药,普治或与挑治相结合)。

6.3.3.2 小麦白粉病

贵州西南部、西部及中部麦区发生危害重于其他麦区,流行盛期在抽穗至灌浆乳熟期。该病发生适温为15～20 ℃,日平均气温低于10 ℃则发病缓慢。在适温范围内,空气相对湿度大于70%有可能造成病害流行。因此,凡雾大露重、早春气温上升快的地区,此病往往发生严重。

防治措施:采取以选育抗病良种为主、辅以药剂和栽培防病技术的综合防治措施。①选育和合理利用抗病良种。但注意抗病品种的合理利用,避免抗病品种大面积单一化(实质是抗病基因单一化)种植。②加强栽培管理防病。合理密植和灌溉,防止田间湿度过高,注意氮、磷、钾肥合理配合,不偏施氮肥,提高小麦抗病力。麦收后及时翻耕灭茬,结合除草,可减少越夏菌源。③药剂防治。每亩用25%粉锈宁可湿性粉剂50 g加水100 kg,在早春喷洒一次即可基本控制病害,并可兼治锈病。在秋苗发病较多的地区,可以用25%粉锈宁可湿性粉剂按种子重量0.12%拌种,控制秋苗病情,减少越冬菌量,减轻发病。

6.3.3.3 小麦蚜虫

麦蚜一年发生20～30代。

防治措施:①选用抗虫良种。②栽培防虫。冬麦适当晚播;实行冬灌,机耕深翻,减少麦蚜越冬量;配方施肥,雨后及时排水,提高植物抗病力。③保护和利用天敌。主要天敌有瓢虫、食蚜蝇、草蛉、蜘蛛、蚜茧蜂、蚜霉菌等。④药剂防治。每亩用3%啶虫脒乳油60 mL,或20%吡虫啉可溶性液剂15 mL,或10%吡虫啉可湿性粉剂25～30 g兑水30 kg喷雾,严重时上述药剂选择两种混合喷雾,药效更好。于上午露水干后或下午 4 点以后均匀喷雾。

6.4　马铃薯

6.4.1　概况

马铃薯营养丰富，用途广泛，经济价值高。尤其维生素 C 含量较其他粮食作物高。马铃薯是贵州特别是贵州中西部农业的支柱农业产业，其中黔西北乌蒙山区的威宁、毕节、纳雍等县(市)更是具有独特的优势和潜力。马铃薯在贵州全省主要粮食作物中仅次于水稻、玉米，居第三位。2016 年贵州马铃薯种植面积达 73.171 万 hm^2，鲜薯产量 1166.75 万 t，平均产量为每亩 1063 kg，马铃薯种植面积和总产量均位居全国第 2 位。根据贵州省农委 2017 年 8 月发布的《关于做好 2017 年度贵州省马铃薯产业发展项目的通知》，到 2020 年，贵州马铃薯种植面积将达到 80 万 hm^2，鲜薯产量增加到 1600 万 t 以上，建设种薯生产基地 6.67 万 hm^2，实现综合产值 350 亿元。

马铃薯是中国五大主食之一，是全球第三大重要的粮食作物，仅次于小麦和玉米。马铃薯属茄科茄属，一年生草本植物，别称土豆、地蛋、洋芋等。贵州气候条件接近马铃薯原产地，马铃薯栽种经过多年的人工选择，已有早、中、晚熟期不同的品种类型，在多种气候条件下可以种植。

水分是马铃薯产量形成的基础。整个生育期间，土壤相对湿度保持在 60%～80%。幼苗期需水量不大，占全生育期总需水量的 10%～15%，土壤相对湿度保持在 65%左右为宜；块茎形成期需水量占全生育期总需水量的 30%左右，土壤相对湿度保持在 70%～75%为宜；块茎增长期需水量最大，也是马铃薯需水临界期，土壤相对湿度保持在 75%～80%为宜；淀粉积累期需水量减少，占全生育期总需水量的 10%左右，土壤相对湿度保持在 60%～65%即可。

马铃薯生长发育需要较冷凉的气候条件。马铃薯在发芽期所需的水分和营养，都由种薯供给，这时的温度是关键。种薯在土温 5～8 ℃的条件下即可萌发生长，最适土温为 15～20 ℃。茎叶生长的适宜气温是15～25 ℃，超过 39 ℃停止生长。适于块茎生长和开花的气温为 16～22 ℃。夜间最适于块茎形成的气温为 10～13 ℃(土温 16～18 ℃)，气温高于 20 ℃时则形成缓慢。

马铃薯是喜光作物，在长日照条件下，植株生长较快。栽培的马铃薯品种基本上都是长日照类型。若生育期间长期光照不足或在荫蔽缺光的地方，茎叶容易徒长，延迟块茎形成，削弱植株抗病能力，对产量影响很大。在长日照条件下，茎叶、花果及匍匐茎生长很快，而短日照有利于块茎形成和膨大。

根据贵州马铃薯的生态和生产特点，将贵州马铃薯种植区划分为春播一熟区，春、秋播两熟区，以及冬播区(杨昌达 等，2008)。

春播一熟区：包括黔西北威宁、赫章、水城、盘州、纳雍、毕节、大方等县(市)。该区气候凉爽，适宜马铃薯生长期长，昼夜温差大，有利于马铃薯块根充实膨大，病虫害较轻，是马铃薯的最适宜区。但该区春旱较重，早霜早、晚霜迟。

春、秋播两熟区：主要包括黔西、兴义、兴仁、安龙、镇宁、长顺、紫云、道真、务川、正安、遵义、湄潭、德江、印江、铜仁、石阡、贵阳、惠水、福泉、剑河、台江、雷山、凯里、天柱等县(市)。该区生态类型复杂，气候变化大，病虫害重，春薯常遭遇初春旱、春雨，应注意抗旱防渍。特别要注意马铃薯晚疫病、早疫病、轮枝黄萎病、立枯丝核菌病、青枯病和马铃薯块茎蛾、黄蚂蚁、地老虎等病虫害的防治。秋薯易遭秋旱，要采取抗旱播种，争取季节，避早霜。

冬播区：主要包括罗甸、册亨、望谟、荔波、榕江、从江、黎平、赤水、仁怀等县(市)，该区地区分散、海拔低、年平均气温高、年日照时数较少。

6.4.2　气象服务技术指南

6.4.2.1　播种出苗期

(1)主要农事活动

时间：2月下旬—3月中旬。

播种至出苗。此期是马铃薯进行主茎第一段的生长，同时也是茎轴与叶片分化生长，以及主茎轴顶端花芽及下方两侧枝的分化期。

主要农事活动：①地块的整理。选择土层深厚、土壤疏松肥沃的沙质土或黄壤为宜，深耕，打碎土块，平整土地，去掉杂物。②规范化种植。要按 1.1～1.2 m 开厢，宽窄行种植，窄行双行起垄，双沟种植，有利于通风和雨水的排出。③适时播种。春播马铃薯，一般在晚霜前 1 个月左右，外界气温稳定在 5 ℃以上即可播种，以不受晚霜危害为原则，尽量适时早播。④选用良种。宜选用高产、优质，抗病性强，适宜当地种植的品种。⑤种薯的处理。为防止种薯带菌传染，在播前进行消毒。⑥平衡施肥。亩施有机肥 2500～3000 kg，尿素 10 kg，磷肥 50 kg，硫酸钾 15 kg，充分混合后，种植时进行窝施为宜。全部作底肥施用。⑦最好选用 20～25 g 的小整薯播种，若种薯过大应切块种植，切块大小掌握在 20～25 g，并做好切口消毒。播种量在每亩 175 kg 左右，播种深度以 10～15 cm 为宜。适宜的播种深度可防止冻伤或晒伤薯块，也可增加结薯层次。⑧田间管理。适时进行一次中耕培土，中耕培土在去除田间杂草的同时，可加厚土层，增加块茎生长的土壤范围；同时追肥，亩施尿素 10 kg，硫酸钾 15 kg。

(2)农业气象指标

块茎在气温达到 5 ℃时即可发芽；出苗适宜气温为 10～28 ℃，适宜日照时数为 50～200 h、适宜土壤相对湿度为 70%左右。

(3)主要气象灾害及防御对策

主要气象灾害：干旱。

主要防御对策：若遇到干旱灾害，就应适时进行灌溉，保障马铃薯播种和出苗。

6.4.2.2　苗期

(1)主要农事活动

时间：3 月下旬—4 月中旬。

从出苗到第 6 叶(早熟品种)或第 8 叶(中晚熟品种)展平，幼苗期为 15～18 d，侧生枝叶开始发生，进入“块茎”过程。

主要农事活动：浇水、除草、施肥。马铃薯出苗后，适时适量浇水，加强苗期管理，减少春旱对幼苗生长的影响。

(2)农业气象指标

幼苗生长发育的适宜气温为 10～20 ℃，适宜日照时数为 80～200 h，适宜土壤相对湿度为 65%左右。

(3)主要气象灾害及防御对策

主要气象灾害：干旱、倒春寒。

持续 7 d 日降水量小于 0.1 mm 即受害；持续 3 d 及以上日平均气温≤10 ℃即受害。

主要防御对策：①修筑山塘水库、蓄水池、小水窖等设施，干旱时可以进行人为调节。②加强人工增雨工作，充分开发空中云水资源，增强防旱抗旱的保苗生长工作。③适度灌水，追施速效氮肥。④对已出土的马铃薯叶面喷防冻剂，提高抗逆性。⑤增施速效叶面肥，对已出土的马铃薯叶面喷施 0.3%～0.5%磷酸二氢钾叶面肥。

6.4.2.3　分枝期

(1)主要农事活动

时间：4 月下旬—5 月上旬。

基部叶腋间生出侧芽，长约 1.0 cm。

主要农事活动：疏枝、开沟排水、中耕培土、施肥。需适量浇水、施肥，增强枝条生长发育，保证正常现蕾。

(2)农业气象指标

适宜气温为 15～22 ℃，适宜日照时数为 50～130 h，适宜土壤相对湿度为 70%～75%。

(3)主要气象灾害及防御对策

主要气象灾害：低温、干旱。

持续 5 d 日平均气温低于 10 ℃不利于生长，持续 5 d 无明显降水即受害。

主要防御对策：①及时灌溉。②加强人工增雨工作，充分开发空中云水资源，增强防旱抗旱，促进枝条生长发育。

6.4.2.4 现蕾期

(1)主要农事活动

时间:5 月中旬至下旬。

早熟品种第一花序开花,晚熟品种第二花序开花。

主要农事活动:疏蕾、疏枝、开沟排水、中耕培土、施肥。①适量疏蕾或疏枝,去除病枝、弱枝,增强通风透光,减少病害,防治病虫害。②暴雨过后,及时开沟排水。③中耕培土,合理施肥。第 1 次每亩施尿素 10 kg、硫酸钾 15 kg;第 2 次每亩可施人粪尿约 1250 kg,增强马铃薯的抗病能力,也有利于减轻病情。

(2)农业气象指标

现蕾期适宜气温为 13～21 ℃,适宜日照时数为 60～180 h,适宜土壤相对湿度为 75%～80%。

(3)主要气象灾害及防御对策

主要气象灾害:低温阴雨。

持续 5 d 日平均气温低于 13 ℃、日降水量≥0.1 mm 即受害。

主要防御对策:①根据天气预报,在低温阴雨来临前,可在田间采取培土等措施,减轻低温阴雨危害。②天气回暖后,如下部叶片受冻较轻,及时去掉上部冻死枝叶,每亩叶面喷施 0.2%～0.5%的磷酸二氢钾 60～80 kg,增强光合作用,延缓叶片衰老,尽量减少产量损失。

6.4.2.5 开花期

(1)主要农事活动

时间:6 月上旬—7 月上旬。

开花期为 30 d 左右,根系继续扩大,块茎膨大到鸽蛋大小,开花期的 10 多天膨大最快,50%左右的产量在这段形成。

主要农事活动:打花、施肥、防病虫害。①打花或疏枝。马铃薯的分枝性较强,生长过旺和密度过大会影响地下块茎发育,应及时进行疏枝,去除病枝、弱枝,增强通风透光,减少病害。②加强田间管理。在 6 月上旬进行一次中耕培土,并合理施肥,第 1 次每亩施尿素 10 kg、硫酸钾 15 kg;第 2 次每亩可施人粪尿 1250 kg 左右,增强马铃薯的抗病能力,也有利于减轻病情。③防治病虫害。

(2)农业气象指标

开花期适宜气温为 13～24 ℃、适宜日照时数为 80～200 h、适宜土壤相对湿度为 75%～80%。

(3)主要气象灾害及防御对策

主要气象灾害:干旱、暴雨、冰雹、阴雨寡照。

主要防御对策：①干旱少雨，适时适量浇水。②暴雨天气发生之后，及时开沟排水，防渍害，保证马铃薯块茎生长发育。③布局人工防雹炮站，适时消雹。

6.4.2.6　成熟收获期

(1)主要农事活动

时间：7 月中旬—9 月中旬。

开花结束后，茎叶发展日益减少，基部叶片开始转黄枯落，地上部分的养分向块茎输送，块茎迅速膨大，此期间大概 2 个月，马铃薯基本成熟，可收获。

主要农事活动：开沟排水、浇水。薯块膨大后，要及时采收。

(2)农业气象指标

成熟期适宜气温为 14～25 ℃、适宜日照时数为 100～250 h、适宜土壤相对湿度为 40%～70%。

(3)主要气象灾害及防御对策

主要气象灾害：暴雨和干旱。

持续 7 d 日降水量小于 0.1 mm 即受干旱危害。

防御对策：①暴雨天气发生之后，及时开沟排水，防渍害。②干旱严重时，适时适量浇水，保障马铃薯块茎生长发育。

6.4.3　主要病虫害及防治

马铃薯的主要病害为马铃薯晚疫病。

晚疫病是一种典型的流行病，气象条件与发病和流行有极为密切的关系，当条件适于发病时，病害可迅速暴发。晚疫病发生要求高湿凉爽的气候，一般白天气温不超过 24 ℃，夜间不低于 10 ℃，天气阴雨连绵或多雾、露，空气相对湿度高，最有利于晚疫病的流行。反之，若雨水少，空气相对湿度低，气温低于 10 ℃或高于 30 ℃，病害发生轻。田间病害流行也多从开花期开始。地势低洼、排水不良或偏施氮肥造成植株徒长的田块，均有利于晚疫病的发生发展。

防治措施：应以种植抗病品种和品种合理搭配为基础，以选用无病种薯和及时喷药保护为辅。①选育和推广抗病品种及品种合理搭配，利用抗病品种是控制晚疫病的重要措施。②建立无病种薯田，选用无病种薯。③药剂防治。用 58%甲霜灵锰锌 500 倍液在大田中心病株发生时进行叶面喷施，或用 70%安泰生可湿性粉剂每亩 150 g 兑水 40 kg，或银法利悬浮剂每亩 70～80 mL 兑水 40 kg，进行叶面喷雾，间隔 10～15 d 再喷一次即可。④栽培防治。播种前精选种薯，淘汰带菌块茎；选土质疏松、排水良好的田块栽植；防止连作，防止与番茄连作或邻近种植；在流行年份，提前割蔓，两周后再收取薯块，可以避免薯块与病株接触，减轻薯块带菌率。

6.5 高粱

6.5.1 概况

高粱属禾本科高粱属植物，是我国栽培的最古老的作物之一，具有喜温、喜短日照、抗旱、耐瘠、耐涝、耐盐碱和适应性强等特性，有“沙漠中的骆驼”之称。高粱是酿造白酒的最佳原料，随着贵州茅台酿造产业的发展，酒用有机高粱种植产业也得到快速发展。用于酿造茅台美酒的高粱是经长期选择和多年人工选育而成的优质酿酒原料，其皮薄、含淀粉多、粗纤维厚、颗粒饱满，非常适合糊化发酵，出酒率和酒质都远远超过粳高粱，因此，贵州本地高粱是酿造茅台美酒不可替代的原料。

目前，贵州酒用高粱种植基地主要集中在遵义市，形成以仁怀市及其周边的遵义市播州区、习水县、桐梓县和毕节市的金沙县为重点，遵义市绥阳县、正安县、道真县、务川县、汇川区等县(区)为辅的酒用高粱生产基地，其他市(州)种植酒用高粱少，且大多是零星分布，不成规模。2005 年以来，遵义市酒用高粱种植面积不断增加，从 2005 年的 1.7 万 hm^2 增加到 2015 年的 6 万 hm^2，产量从 2005 年的 4 万 t 增长到 2015 年的近 21 万 t，高粱产业产值达到 12 亿元以上，效益突出。

高粱原产热带，是喜温作物，其生育期间所需的温度比玉米高，并有一定的耐高温特性，全生育期适宜气温为 20～30 ℃。高粱是 C_4 作物，全生育期都需要充足的光照。高粱属于短日照作物，任何品种在短日照处理下都能加速发育。

高粱抗旱、抗涝、耐盐碱、耐瘠薄。根系发达，根细胞具有较高的渗透压，从土壤中吸收水分能力强。

当日平均气温稳定达到 8～12 ℃时，适宜高粱播种育苗；当 10 日滑动平均气温达到 15 ℃时，适宜高粱最早移栽；成熟期适宜平均气温是 22～24 ℃(郑明强，2006)。播种到移栽阶段需要日平均气温≥0 ℃积温 360～600 ℃·d；移栽到拔节为 800～1000 ℃·d；拔节到成熟为 1800 ℃·d；播种到成熟为 3200～3300 ℃·d；移栽到成熟为 2700～2900 ℃·d。全生育期降水量大于 650 mm 且孕穗到乳熟期降水量大于 450 mm 有利于高粱高产。从播种后累计到成熟期的总日照时数在 560 h 以上有利于高粱产量形成。

根据高粱生长发育对气象条件的基本要求，对贵州高粱进行气候适宜性区划(图 6.2)。除贵州西北部不适宜种植高粱外，大部地区均适宜种植。

适宜区：主要分布在北部、中部和东部地区。热量条件、日照时数均满足高粱正常生长成熟，除大旱年份外，正常年份降水量能满足高粱生长的需求。

次适宜区：主要分布在西南部的册亨、望谟、罗甸，东南部的三都、从江、榕江、荔波，以及北部局地海拔低于 600 m，尤其是海拔在 400 m 左右的低热河谷地区，夏季气温过高，高温日数多，不利于高粱高产。

不适宜区：主要包括威宁、赫章、毕节、大方、纳雍、水城、遵义市北部（习水、桐梓、绥阳、道真）小部分高海拔地区和雷山县、普定县的部分高海拔地区，这些地区由于热量条件不够，不适宜种植高粱，温度达不到高粱正常开花成熟的要求。

种植高粱海拔的最高上限为 1517 m（盘州市）～1600 m（普安县）。由于高粱开花期喜高温，在 35～37 ℃高温下，只要降水量充足仍然可以正常结实，所以全省不存在高粱种植的海拔高度下限，但海拔过低气温偏高，不利于高粱高产。

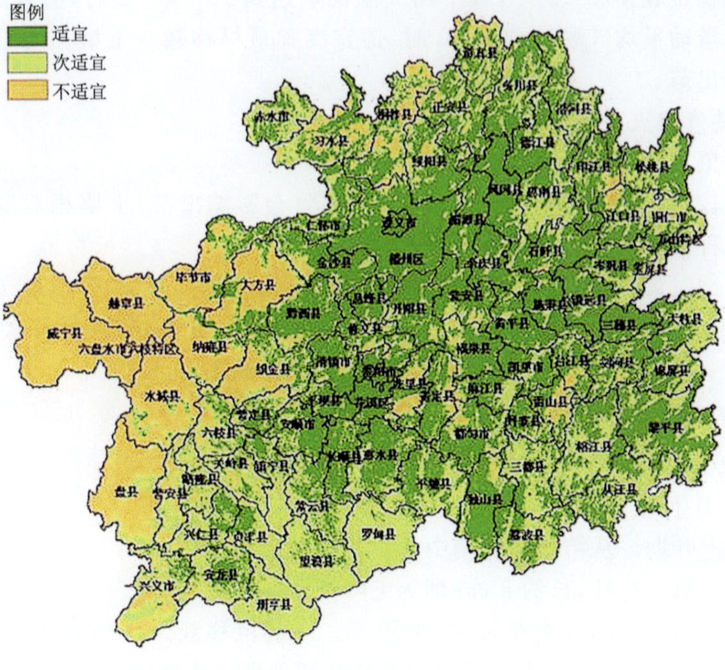

图 6.2　贵州高粱气候适宜性区划图

6.5.2　气象服务技术指南

6.5.2.1　播种育苗期

（1）主要农事活动

时间：3 月下旬—4 月中旬。

播种出苗期到三叶期，从芽鞘中露出第 1 片叶，长约 2 cm 即为出苗；从第 2 叶叶鞘中露出第 3 片叶，长约 2 cm 即为三叶期。

主要农事活动：翻犁、培土、播种、定苗等。高粱播种方式分为育苗移栽和传统的直播。①育苗移栽。育苗技术主要有撒播育苗、营养球（块）育苗和漂盘育苗。撒播育苗苗床翻犁后整细，除去杂草和石块，培肥苗床，开沟做厢，将种子均匀撒于厢面上，浇上清粪水，然后撒上预备好的细土盖种，厚约 0.5 cm，再平铺农膜有利保水，出苗后要及时拱膜，以利保温保湿。营养球（块）育苗在制作营养球时，用适量清粪水将沤制好的营养土拌湿，用手轻捏成直径 5～7 cm 的营养球整齐排放在苗床内。漂盘育苗具有育苗快、苗壮苗齐的特点，但成本相对高。②直播。春季高粱直播时间一般在 4 月上中旬，夏播一般在夏收后及时抢墒播种。

(2)农业气象指标

当地温稳定在 10～12 ℃，日平均气温稳定达到 10～20 ℃时，适宜高粱播种育苗；当 10 日滑动平均气温达到 15 ℃时，适宜高粱最早移栽。土壤相对湿度 60%～80%有利于出苗。

(3)主要气象灾害及防御对策

主要气象灾害：低温阴雨。

播后遇较长时间的阴雨或气温低于 10 ℃将会影响出苗；土壤相对湿度在 90%以上时易烂种。

主要防御对策：①在苗床上加盖塑料薄膜，出苗后棚内气温高于 30 ℃时揭膜降温，气温低于 15 ℃时要盖膜保温。②当厢面失水（床体发白）时进行补水，在下午厢面温度降至 20 ℃左右或早上浇水较好，不能在中午高温时浇水。

6.5.2.2 苗期

(1)主要农事活动

时间：4 月下旬—6 月上旬。

四叶—七叶期。从第 3 叶叶鞘中露出第 4 片叶，长约 2 cm 即为四叶期；从第 6 叶叶鞘中露出第 7 片叶，长约 2 cm 即为七叶期。

主要农事活动：移栽、查苗补苗、施肥等。①起苗移栽。撒播育苗的，当苗长至 6～8 片叶时方可起苗移栽，营养球（块）育苗和漂盘育苗 4 叶时即可起苗移栽。移栽方式有常规移栽和地膜覆盖移栽。常规移栽一般是打窝移栽，窝要尽量深，以便集中深施底肥。移栽时一定要用土隔肥，否则会烧苗。②查苗补苗。高粱移栽返青成活后，要及时查苗补苗，保证基本苗。③除草追肥。移栽成活后，要及时查苗补苗，并用清粪水追施活棵肥；移栽 40 d 左右，结合中耕除草用清粪水追施一次。

(2)农业气象指标

高粱苗期适宜气温为 18～25 ℃，适宜土壤相对湿度为 70%～80%，日照充足利于苗期生长。

(3)主要气象灾害及防御对策

主要气象灾害：连阴雨和干旱。

土壤相对湿度过大，连续 5 d 以上高于 80%，尤其是高于 90%时，不利于蹲苗，土壤相对湿度低于60%时生长将受到抑制。

主要防御对策:①遇连阴雨,及早清沟排水,确保排水通畅。②遇有干旱及时灌溉,浇水时以喷灌为宜。

6.5.2.3 拔节孕穗期

(1)主要农事活动

时间:6月中旬—7月上旬。

基本节间由扁平变圆,近地面用手可摸到圆而硬的茎节,节间长度约为3 cm,此时雄穗开始分化。

主要农事活动:中耕除草、培土施肥。要及时防除杂草,减少病虫原基数,发现病株及时拔除,并深埋烧毁。

(2)农业气象指标

适宜气温为20～28 ℃,土壤相对湿度保持在70%～80%为宜,日照时数以180～200 h为宜。

(3)主要灾害及防御措施

主要气象灾害:高温、干旱、暴雨。

日平均气温低于17 ℃或高于35 ℃时对颖花的发育不利。遇高温干旱不利于颖花开裂,里面的花药不能达到正常大小、出现干瘪。

主要防御对策:补水灌溉;有较强降水天气过程时,要防局地洪涝灾害,及时开沟排除田间积水。

6.5.2.4 抽穗开花期

(1)主要农事活动

时间:7月中旬—8月上旬。

从剑叶叶鞘中或从叶鞘侧部露出穗的小穗即为抽穗;穗顶部有花药露出,并散出花粉即为开花期。

主要农事活动:中耕除草、培土施肥、防治病虫害。高粱抽穗至成熟期是形成高粱籽粒产量的关键期,田间管理的主要任务是保根养叶、防止早衰,以增加粒重。

(2)农业气象指标

高粱抽穗期以10日滑动平均气温24 ℃左右为最适宜,穗抽出后,在温度适宜的情况下(日平均气温高于20 ℃)1～2 d顶部开始开花,经4～5 d外部花开完,再过2～3 d内部花开完。高粱开花期喜高温,适宜气温25～30 ℃,可高到35～37 ℃,只要降水量充足仍然可以正常结实,但结实率有所降低。期间适宜土壤相对湿度为75%～85%。

(3)主要气象灾害及防御对策

主要气象灾害：干旱、连阴雨。

开花期日平均气温降至 20 ℃以下并持续 3～5 d 以上，高粱不能正常开花授粉结实或成熟不良。高粱抽穗开花期如遇连续阴雨，对开花不利，易感染病害。土壤相对湿度小于 60%将出现卡脖旱。

主要防御对策：遇干旱时要及时灌溉补水；连阴雨天气及时清沟排水。

6.5.2.5　灌浆成熟期

(1)主要农事活动

时间：8 月中旬—9 月下旬。

酒用高粱适宜收获期为蜡熟末期，此时籽粒饱满，干物质已停止积累，品质最好。

主要农事活动：适时收获。高粱成熟度不一致，分两次采收，第一次 80%～85%的穗子达成熟时，收割一次，余下的 20%待穗子进一步成熟后全部收获。

(2)农业气象指标

高粱灌浆初期对温度较敏感，灌浆前期 18 d 内，日平均气温高于 23 ℃灌浆速度快。成熟期适宜的日平均气温为 22～24 ℃，成熟后期日平均气温稳定在 18 ℃以上基本能保证高粱成熟。土壤相对湿度以 65%左右为宜。

(3)主要气象灾害及防御对策

主要气象灾害：低温阴雨。

若日平均气温低于 20 ℃，灌浆速度减慢，影响籽粒大小的增长。日平均气温低于 20 ℃持续 3 d 以上，对前期灌浆就有影响。土壤相对湿度低于 60%时易发生干旱，影响高粱产量。

主要防御对策：①高海拔地区应适时早播早栽，使灌浆成熟期提前，避开低温冷害的不利影响。②阴雨大风引起倒伏时，当高粱成熟度达到 80%时应及时抢晴收晒。③合理灌溉保证稳产高产。④若脱粒后遇长时间阴雨，可用烘干机进行烘干，保证质量。

6.5.3　主要病虫害及防治

对贵州高粱危害较重的病虫害有高粱丝黑穗病、高粱散黑穗病和小地老虎等。

6.5.3.1　高粱丝黑穗病

高粱丝黑穗病发病程度与土壤含菌量直接相关，因此，连作地发病重，连作年限越长，发病越重。播种时土温低，幼苗出土慢，病菌侵染时间长，发病率高；相反，发病率低。播种后覆土过厚，幼苗出土慢，延长病菌侵染时间，发病重。

防治措施：应采用选用抗病良种结合种子处理及其他栽培措施的综合防治措施。①选育和利用抗病良种。②种子处理。用种子量 0.5%的 15%粉锈宁可湿性粉剂，0.8%的 50%敌克松可湿性粉剂，0.2%的 50%福美双可湿性粉剂，或用种子量

0.3%的 12.5%烯唑醇(速保利)可湿性粉剂进行药剂拌种。③栽培措施。大面积轮作,与大豆、玉米等作物大面积轮作,三年轮作就可以控制病害的危害,即使一年轮作,也可以减轻发病。施用粪肥及种肥,粪肥充分腐熟后施用,尿素作种肥可减少病株率。其他农业措施,如避免过早播种及播种过深。

6.5.3.2　高粱散黑穗病

高粱散黑穗病病菌以种子传播为主,借冬孢子附着种子表面来传播。散落土内的冬孢子,只能存活一年,且存活率较低,所以土壤内的冬孢子不是主要的初侵染源。土温较低时,高粱出土较慢,发病较重。

防治措施:结合丝黑穗病的防治,进行种子处理。

6.5.3.3　小地老虎

小地老虎成虫昼伏夜出,傍晚至前半夜活动最盛,具有远距离迁飞习性。成虫对黑光灯及糖醋酒液等趋性较强。幼虫夜间危害,白天栖在幼苗附近土表下面,有假死性。高温对小地老虎的发育与繁殖不利,因而夏季发生量较少,存活季节多出现在春季以及秋季,也可称为秋老虎。凡地势低湿、雨量充沛的湿润地方,发生较多。

防治措施:①物理防治。糖醋酒液诱杀成虫,调匀后在成虫发生期设置;利用黑光灯诱杀成虫;诱捕幼虫,用泡桐叶或莴苣叶等小地老虎幼虫爱吃的植物诱捕幼虫,于每日清晨到田间捕捉;对高龄幼虫也可在清晨到田间检查,如果发现有断苗,拨开附近的土块进行捕杀,坚持 10～15 d。②保护和利用天敌。天敌有知更鸟、鸦雀、蟾蜍、鼬鼠、步行虫、寄生蝇、寄生蜂及细菌、真菌等。③药剂防治。

6.6　油菜

6.6.1　概况

贵州是中国油菜种植大省,2008—2012 年的数据显示贵州油菜平均种植面积和总产量分别居全国油菜种植省份的第 6 位和第 7 位。2013 年贵州油菜种植面积突破 50 万 hm^2,达 50.67 万 hm^2。2014 年,贵州油菜总产量为 86.69 万 t,占全国油菜籽总产量的 6.77%,居全国第 6 位。单产为 1662 kg/hm^2,居全国第 18 位。

油菜是贵州第四大农作物和最大的油料作物,在全省经济和农业产业中占有重要地位,发展贵州油菜产业对贵州“三农”发展具有重要意义。

贵州油菜分布不均匀,单产水平参差不齐。2008—2012 年,油菜种植主要分布在遵义市、黔南州、铜仁市、安顺市、毕节市和黔东南州。遵义市油菜在全省种植面积、单产和总产均位列第一,面积和总产分别占全省的 27.14%和 33.30%。图 6.3 是 2017 年贵州各地油菜种植面积及总产量分布图,从图中可以看出,2017 年遵义市油菜种植面积及总产量最大,其次为毕节市、铜仁市、黔南州。

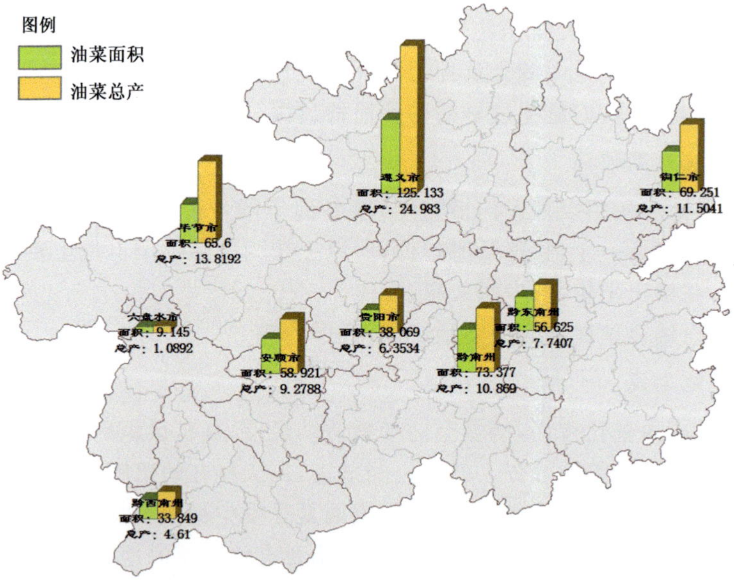

图 6.3　2017 年贵州各市州油菜种植面积及总产分布图

油菜是中国主要油料作物和蜜源作物之一。油菜种类因划分角度不同而不同。根据播种时间可将油菜分为冬油菜和春油菜两种，贵州油菜是秋播夏收的冬油菜。根据植物学形态特征和农艺性状，可将油菜分为白菜型油菜、甘蓝型油菜、芥菜型油菜三种类型，贵州栽种的油菜以白菜型油菜、甘蓝型油菜为主。根据油菜的栽培方式，可分为育苗移栽和免耕直播两种，贵州栽种的油菜以免耕直播为主。

油菜是长日照、喜冷凉、耐阴湿、抗寒力较强的作物。以气温为主要指标，以降水为辅助指标，将贵州油菜划分为最适宜、适宜、次适宜、不适宜 4 个农业气候区（吴俊铭，1984）。

最适宜气候区：主要分布在贵州北部和东北部，包括铜仁亚区和遵义亚区两个气候亚区，是贵州油菜生产气候条件最优越的地区。此区油菜生长季内光、温、水配合较好，越冬期几乎无冻害，抽薹开花期低温冻害也较轻。油菜生长季内降水量满足油菜生长需要，为油菜稳产高产的地区。

适宜气候区：主要分布在贵州中部和东部，分为黔东亚区（包括铜仁市南部边缘、黔东南州中部及其以北以西、黔南州北部）和黔中亚区（包括安顺市、贵阳市以及黔西、织金、六枝东部）两个气候亚区。黔东亚区海拔较低，多为 400～800 m，是贵州油菜生长季内降水最多的区域，易由于连阴雨导致病虫害和涝渍灾害；而黔中亚区海拔多为 800～1400 m，有不同程度的低温灾害。

次适宜气候区：主要分布在贵州南部边缘地区，包括黔南亚区和兴义亚区两个气候亚区。该区纬度低，气温较高，油菜生长季短，加之春旱较严重导致油菜产量较低。黔南亚区主要包括罗甸、望谟、册亨、荔波、三都、从江、镇宁、紫云、独山、黎平等南部区域，该区海拔较低，多为 200～900 m，冬季气温较高，不利于油菜春化过程，因此宜选择种植春性油菜品种。兴义亚区包括黔西南州除册亨、望谟的区域，关岭西南部和盘县大部，海拔较高，多为 900～1500 m，该区光照资源好，但冬春旱严重且海拔 1300 m以上地区凝冻天气较多，对油菜生长不利。

不适宜气候区：主要分布在贵州西部，海拔多在 1400～2000 m。该区热量条件较差，油菜冻害较重。开春后油菜花期气温较低，对开花结荚有一定影响。海拔 1600 m 以上地区，热量条件不能满足油菜生长和产量的形成。该区光能资源丰富，但是气温低，降水少，冬春干旱频发，不适宜种植油菜。

6.6.2　气象服务技术指南

油菜主要的生育期包括播种出苗期、苗期、现蕾抽薹期、开花结荚期、成熟期 5 个时期，由于油菜类型及品种不同，各发育期时间有一定的差异。

6.6.2.1　播种出苗期

(1)主要农事活动

时间：9 月下旬—10 月中旬。

油菜播种后，种子吸收相当于自身重量 60%以上的水分，一般 1 周左右出苗。油菜种子发芽时，首先是胚根突破种皮深入土壤，随后下胚轴向上伸长，将子叶及胚芽顶出地面。当两片子叶出土展开，由淡黄转绿，即为出苗。

主要农事活动：①适期播种。油菜对播期的反应比较敏感，播期过早或过晚都会影响油菜的正常生长发育。播期过早则幼苗处在高温的时间过长，春性或半冬性品种容易早薹早花，若遇低温，将受冻减产；播期过晚，冬前营养生长时间缩短，没有充分的时间长叶、长根，以致苗小叶少，不能形成壮苗，获得高产的可能性也很小。因此，不违农时、适期播种是保证油菜稳产增收的一项重要措施。②及时灌溉。油菜播种后若缺水，要及时浇水，以沟灌或喷灌为宜，忌大水漫灌。③施肥。苗床要施足底肥，一般采用粪肥作为面肥施入；早追苗肥，一般用农家肥加尿素兑水浇施。④喷药。苗期主要防治根腐病和蚜虫、菜青虫等。播前整地时每亩用油渣(或豆渣、花生渣、煮半熟晾干的谷子)1.5～2.0 kg，加水吸胀，拌甲敌粉 200～250 g。

(2)农业气象指标

种子发芽最适气温为 25 ℃，一般当日平均气温为 16～20 ℃时，播后 3～5 d 即可出苗；12 ℃左右时需 7～8 d 出苗；8 ℃左右需 10 d 以上出苗；日平均气温降至5 ℃

以下，虽可萌动，但根、芽生长速度极为缓慢，需 20 多天才能出苗。

(3)主要气象灾害及防御对策

主要气象灾害：连阴雨、干旱。

如果播种后遇大雨，造成土壤水分过多、土壤板结，会使土壤中氧气不足，即使气温适宜也不能萌发。

主要防御对策：①油菜播种后若遇干旱，要及时浇水。②土壤过湿，应及时清沟理墒。

6.6.2.2　苗期

(1)主要农事活动

时间：10 月下旬—12 月下旬。

油菜从出苗到现蕾抽薹之前的阶段称为苗期。

主要农事活动：①间苗、定苗。间苗、定苗是确定每亩密度，决定田间群体大小的手段，是培育壮苗的重要环节。②适时移栽。育苗移栽的要在苗龄 30～40 d，叶片 5～7片，苗高 25 cm 时及时移栽。边起苗、边移栽，不栽隔夜苗。阴天移栽易于成活。③追肥、施肥、浇水。间苗定苗后及时施一次提苗肥；移栽前一周施送嫁肥；大田施足底肥；移栽前一天浇透水便于取苗，防伤根；速效氮肥如尿素、碳铵等，不可直接与根系接触，防烧苗；活苗后，追施速效氮。④查苗补苗。移栽油菜 7 d 后，如发现死苗或缺株，立即用事先留好的预备苗带土补栽。⑤中耕、除草和培土。中耕是为了给油菜根系生长发育创造良好的土壤环境。油菜移栽或直播定苗后应及时中耕除草，尤其是移栽和晚播油菜田更要搞好中耕松土和除草工作。中耕除草的时间和次数，应根据田间的生长状况、气候、土壤及杂草滋生等情况而定。⑥喷药。苗期主要防治根腐病和蚜虫、菜青虫等。发现根腐病，要及时拔除病苗，再补苗。⑦施肥。直播油菜因冬前营养生长弱，容易出现早薹早花现象，要在晴天及时摘除，并追施速效氮(尿素)；重施腊肥(开盘肥)，以农家有机肥(如猪、鸡等粪肥)为主。

(2)农业气象指标

适宜农业气象指标：日最低气温在 0 ℃以上；日平均气温为 0～15 ℃；土壤相对湿度在 70%以上；充足的日照条件。

(3)主要气象灾害及防御对策

主要气象灾害：连阴雨、干旱、低温冻害。

土壤相对湿度在 60%以下时受旱，不利于油菜形成壮苗；土壤相对湿度在 90%以上，墒情过湿，不利于根系生长。日最低气温降至－5 ℃以下，油菜易受冻。

主要防御对策：①若遇干旱，要及时浇水，以沟灌或喷灌为宜，忌大水漫灌。②冻害严重时要覆盖稻草，铺盖在畦面的株行间。③土壤过湿，应及时清沟理墒和中耕培土。

6.6.2.3　现蕾抽薹期

(1)主要农事活动

时间:1 月上旬—2 月下旬。

从现蕾到初花阶段称为现蕾抽薹期,又称蕾薹期,历时 30～45 d。现蕾指主茎顶端出现一丛花蕾,仍为 1～2 片小叶遮盖,仅稍蕾出一小部分。抽薹的特征是主茎顶端花蕾明显出现,茎秆长度达 10 cm 左右。油菜品种间差异较大,冬性较强的油菜现蕾抽薹在 2 月中下旬,而春性较强的品种则现蕾抽薹较早。

蕾薹期是油菜营养生长和生殖生长双旺时期,营养生长仍占优势,需从土壤中吸收大量的水和无机养分,是对水和各种养分吸收利用最迅速、最迫切的时期。在此生育阶段,要实现油菜春发稳长,达到根强、秆壮、枝多,为高产奠定基础。

主要农事活动:①看苗追肥。看苗施好蕾薹肥,施肥的方针是"前促、中控、后补"。早施、酌施薹肥,适时施硼肥。薹肥在抽薹前或刚开始抽薹时施用。蕾薹期是油菜一生中吸收肥料最多的时期。②水分管理。及时清沟理渠,降低地下水位和土壤相对湿度,促进根系健康生长,预防春雨造成的油菜渍害,天旱时要及时浇水。③病虫害防治。重点防止蚜虫和菌核病。药肥混施,既治蚜虫,又补硼肥。开春后气温上升,蚜虫繁衍加快,应及时喷药控制蚜虫基数,防治病毒病危害。同时,底肥或苗期未施硼,或土壤严重缺硼的田块,应叶面喷施硼肥。具体操作时可药肥混喷,亩用 50%抗蚜威可湿性粉剂 2000 倍液 50～60 kg,加 100～150 g 硼砂或 30～50 g 富乐硼等高效硼肥喷施。④中耕培土。清除杂草,增强植株抗倒伏能力。旺田摘除老黄脚叶,增加田间通风透光能力,减轻病害发生。少数未封行的长势差的田块要结合追施蕾薹肥进行一次中耕除草培土,减轻杂草危害,增强植株抗倒力。

(2)农业气象指标

日平均气温稳定在 5 ℃以上时现蕾,在 10 ℃以上时抽薹。以土壤相对湿度在 80%左右为宜;要求光照充足。

(3)主要气象灾害及防御对策

主要气象灾害:低温、干旱。

若温度低于 0 ℃时,易裂薹和死蕾。蕾薹期土壤水分不足,主茎变短,叶片变小,幼蕾脱落,产量不高。

主要防御对策:注意合理施肥,防止氮肥过多,形成旺苗徒长;增施磷钾肥,撒草木灰等抗冻。蕾薹严重受冻时,可选晴天气温较高时,用利刀割除冻薹,割薹后迅速追施速效肥料,促进分枝抽生;干旱发生时要及时浇水,以沟灌或喷灌为宜,忌大水漫灌。

6.6.2.4　开花结荚期

(1)主要农事活动

时间:3 月上旬—4 月上旬。

从初花到终花期,称开花结荚期,包括开花期和角果发育期。时间在 25～40 d。开花期以生殖生长为主,光合作用器官以叶片为主转变为以角果、果皮为主。一般早熟品种开花早、花期长,晚熟品种开花迟,花期比较短。

主要农事活动:①喷施花肥。施花肥宜早不宜迟,从初花期开始,用浓度 1%尿素+0.5%磷酸二氢钾+0.2%硼肥混合液进行叶面追肥,每亩每次喷 50 kg,每隔 5～7 d 喷一次,连喷 2～3 次。②病虫害防治。要注意防治菌核病、霜霉病和蚜虫等病虫危害。油菜初花期防治油菜菌核病,当叶病株率达到 10%以上,茎病株率在 1%以下时开始喷药,每亩每次用 40%的菌核净 200 g 加水 50 kg 喷洒在植株中下部叶片上,若在喷药后 24 h 内下雨,应重新施药,一般防治 1～2 次。

(2)农业气象指标

开花期最适气温为 16～25 ℃,最低气温为 12 ℃,最高气温为 30 ℃;以空气相对湿度在 70%～80%、土壤相对湿度在 85%左右为宜,要求光照充足。

(3)主要气象灾害及防御对策

主要气象灾害:倒春寒、连阴雨、干旱。

气温在 10 ℃以下,开花数量显著减少,5 ℃以下不开花,易导致花器脱落,产生分段结果现象。

主要防御对策:①倒春寒,导致落花,幼蕾发黄,分段结荚。防御措施:注意合理施肥,防止氮肥过多,增施磷钾肥;②连阴雨。防御措施:加强田间管理,合理施肥和排灌,以防渍湿危害。③若遇干旱,要及时浇水,以沟灌或喷灌为宜,忌大水漫灌。

6.6.2.5　成熟期

(1)主要农事活动

时间:4 月中旬—5 月中旬。

从终花到收获阶段,称为成熟期。一般需 25～35 d,成熟过程的生理活动包括角果体积的增大、种子的发育和油分及其他营养物质的积累。具体又可分为绿熟期、黄熟期和完熟期。

主要农事活动:①修剪。摘除病叶、黄叶、残叶,减少病虫源,增强油菜群体结构的通透性,可减轻茎秆发病率。②喷施叶面肥。及时补充营养,以增强光合作用,提高千粒重和含油率。全面开展“三喷一防”工作,即喷 0.2%磷酸二氢钾、0.2%硼砂、2%尿素和 1500 倍 40%乐果混合液,保荚增粒杀灭蚜虫。③防治病虫害。菜青虫和蚜虫可用 10%吡虫啉可湿性粉剂 1500 倍液喷雾防治。油菜菌核病可用 50%多菌灵

100 g 喷雾防治。④补施粒肥防早衰。结合病虫害防治采取叶面喷肥的措施，及时补充营养，能延长无柄叶、角果皮和茎秆的功能期，有显著的增粒壮籽的作用。一般每亩每次用磷酸二氢钾 150 g 和适量硼肥，加水 75 kg 均匀喷雾 1～2 次。⑤收获。终花后 30 d 左右，当全株三分之二角果呈黄绿色，主轴基部角果呈枇杷色，种皮呈黑褐色时，为适宜收获期。即"八成熟，十成收"。⑥晾晒。由于菜籽有后熟作用，收获后要堆垛后熟。堆垛后要注意防水防渍防霉变。摊晒脱粒：堆垛 2～3 d，抢晴天撤垛摊晒、脱粒，晒干扬净后及时入库。

(2)农业气象指标

日平均气温以 15～20 ℃为宜；昼夜温差大，有利于干物质和油分累积；油菜角果发育期土壤相对湿度一般以 60％为宜；要求光照充足。

(3)主要气象灾害及防御对策

主要气象灾害：暴雨、湿渍害和冰雹。

土壤相对湿度在 90％以上，使油菜植株贪青，延迟成熟。严重渍水则导致根系早衰、产量降低和引起病害，不利于收晒等农事活动的开展。

主要防御对策：①要抓好清沟、排水防渍工作。②已成熟的油菜抓紧收割、晒藏，做到成熟一块收一块。在连阴雨的情况下，不能很快晒干，为了防止菜籽发芽霉烂，应用密封保存的方法，可以避免损失。③各地要密切关注当地天气预报，积极做好冰雹灾害的防御工作。

6.6.3　主要病虫害及防治

油菜主要病虫害：油菜霜霉病、菌核病、蚜虫等。

6.6.3.1　油菜霜霉病

油菜霜霉病流行盛期在油菜盛花期至结荚期。该菌发育要求稍低的气温和较高的湿度。一般在气温稍低、昼暖夜凉、日夜温差较大和多雨高湿或雾大露重的条件下，最有利于此病的发生流行。

防治措施：以栽培防病和消灭菌源为主，同时也要适当施用药剂防治。①选用抗病的丰产良种。适宜选用对该病抗性较强的甘蓝型油菜。②完善栽培措施。有条件的地区最好实行水旱轮作，避免连作效应；精选种子，药剂消毒；适期播种，合理密植；搞好水肥管理，清沟排渍，增施腊肥，早施薹肥，氮、磷、钾肥配合施用，不偏施过施氮肥，并适时摘除老叶、黄叶和病叶等。③药剂防治。当油菜进入初花期，病叶率达 10％以上就应开始施药，一般 7～10 d 施 1 次，要连续施药 2～3 次，喷药后 24 h 内遇雨需补喷。每亩每次用 50％多菌灵可湿性粉剂 100 g 或 70％甲基托布津可湿性粉剂100 g兑水 50 kg 作常规喷雾。还可选用 25％瑞毒霉可湿性粉剂 300～600 倍液，或 50％退菌特可湿性粉剂 1000 倍液 7 d 喷一次，每亩喷施 50～60 kg。

6.6.3.2　油菜菌核病

连作地或施用未充分腐熟有机肥、播种过密或过早播种、偏施过施氮肥、地势低洼、排水不良、不翻耕培土地块易发病。

防治措施:采取以轮作等农业防治措施为重点的综合防治措施。①农业防治。水旱轮作的种植方式为主,如与水稻轮作,旱地应与禾本科作物轮作。选用抗病品种。种子处理,播种前筛去种子中的粗大菌核,然后用波美度为1.03°~1.10°的盐水或硫铵水(5 kg水加硫酸铵0.5~1.0 kg)选种,将下沉的种子用清水冲洗干净后播种。做好排灌工作。重施基肥,增施磷、钾肥,早施蕾薹肥。摘除病、黄、老叶,剔除病株,将病残体集中烧毁或进行高温堆肥。②药剂防治。在初花后进行,如果病叶株率达10%、病茎株率在1%左右就应该开始喷药,尽量喷于植株中下部,一般喷1~3次,每隔7~10 d喷一次。可选用40%菌核净可湿性粉剂1000~1500倍液或50%多菌灵可湿性粉剂300~500倍液喷施,每次每亩可喷洒药液80~100 kg。

6.6.3.3　油菜蚜虫

如果秋季和春季天气干旱,往往能引起蚜虫发生程度较重;反之,阴湿天气多,蚜虫的繁殖则受到抑制,发生危害则较轻。

防治措施:防治蚜虫的关键是早治、连续治、普治,油菜出苗就开始治蚜虫,将其他十字花科作物与油菜一起防治。①保护及利用天敌。保护及人工饲养、释放蚜茧蜂、草蛉、瓢虫、食蚜蝇以及蚜霉菌等,使天敌的数量保持在总蚜量的1%以上。②农业防治。选用抗虫良种,适时晚播。③物理防治。根据蚜虫对银灰色的负趋性和黄色的正趋性,采用覆盖银灰色塑料薄膜,以避蚜防病,采用黄板诱杀有翅蚜。④药剂防治。苗期有蚜株率达10%、虫口密度为1~2头/株;抽薹开花期有10%茎枝或花序有蚜虫,每枝有蚜3~5头时开始喷药,一般喷药2~4次。在病毒病严重发生区,应在出苗前后,有翅蚜迁飞前,着重对十字花科蔬菜上蚜虫普遍防治。用70%灭蚜松1000~1400倍液,10%二嗪农乳油1000倍液,50%辟蚜雾可湿性粉剂3000倍液每亩每次喷药液50~100 kg。

6.7　花生

6.7.1　概况

花生又名落花生,为蝶形花科落花生属一年生草本植物。贵州花生分布于海拔137~1800 m的区域,主产区在海拔800 m以下温暖和低热河谷地区。种植面积在6万hm^2以上,平均单产2100 kg/hm^2,大部分珍珠豆型花生,含油率在50%左右(李正强 等,2008)。自20世纪90年代开始到21世纪10年代共从66个县收集到花生地方资源278份(林茂 等,2012),说明花生在贵州分布比较广泛,品种也比较多。

贵州花生以铜仁珍珠豆型花生最为著名，其形态袖珍、稀有，较其他省（区、市）的大果榨油型花生相比具有低油脂、高蛋白、食味香脆可口等特点，其花生油和花生酱油曾获全国食品工业 10 年成就展“优秀新产品奖”和国家科委“优秀项目奖”，是铜仁十大特产之一。

贵州花生由于长期生长在寡日照的地理生态条件下，形成了丰富的耐阴种质资源（马天进 等，2013）。通过实施在幼年茶园、果园、药园间套作花生，既保证了茶叶、水果、药材收益，又额外增加了花生的经济效益。

花生是喜温作物，对温度要求很严格，一般来讲，早熟品种全生育期需要日平均气温≥15.0 ℃积温在 2900 ℃·d 以上，3000 ℃·d 以上能达到丰产，中熟品种全生育期日平均气温≥15.0 ℃积温要求在 3200 ℃·d 以上，晚熟品种全生育期日平均气温≥15.0 ℃积温要求在 3500 ℃·d 以上。花生比较耐旱，全生育期降水量以 500～1000 mm 较为适宜，降水量 300～400 mm 便可种植。多数产区水分对产量的影响主要是降雨分布不匀。

贵州 700～800 m 海拔地区能达到早熟品种丰产所需积温要求，600～700 m 海拔地区能达到中熟品种丰产所需积温要求，600 m 以下海拔地区能达到晚熟品种丰产所需积温要求。中早熟珍珠豆型中小粒花生品种适合贵州种植，考虑贵州春温不稳，气温稳定通过 15 ℃即可开始播种。具体播种时间依据海拔掌握：海拔 800 m 以下地区 4 月中旬可下种，河谷低洼地带 4 月上旬可下种。

6.7.2　气象服务技术指南

6.7.2.1　播种期

（1）主要农事活动

时间：4 月上旬至下旬。

主要农事活动：晒种（壳）和种仁药剂处理、翻耕、打窝播种。土地最少一年一轮作，播种前翻耕一次土壤，晒种 2～3 d，宜边剥边种，不宜剥得太早，且要求种仁饱满无霉变。

（2）农业气象指标

实践证明，花生 4 月中旬播种产量稳定偏高，农历上一般掌握在清明后和谷雨之间雨后天晴的日子播种。小型花生下种时要求最少连续 6～7 d 气温在 12 ℃以上，中型花生气温稳定通过 15 ℃即可开始播种。

（3）主要气象灾害及防御对策

主要气象灾害：低温、湿害。

主要防御对策：选择冷尾暖头的日子播种，事先开挖排水沟。

6.7.2.2 发芽出苗期

(1)主要农事活动

时间:5 月上旬至中旬。

从花生播种到 50%的幼苗出土,并展开第一片真叶,为发芽出苗期。春播花生出苗期长,可能需要 10～15 d,这一时期花生的生长特点以生根、分枝、长叶等营养生长为主。至出苗时,主根长 20 cm 左右,侧根 30 条左右,主茎有复叶 2 片。

主要农事活动:①花生种子发芽出苗后,应立即查苗,根据缺苗情况及时进行补种或补苗。②地膜种植的需进行破膜出苗工作;露天种植,则要防止发芽出苗期间大雨影响出苗。大雨过后如遇晴天晒干了表土,会形成封阻层,阻碍出苗,要人工破土。

(2)农业气象指标

适宜气温 15～35 ℃,土温在 15 ℃以上,土壤相对湿度以 60%～70%。

(3)主要气象灾害及防御对策

主要气象灾害:春旱、倒春寒。

春旱影响花生适期播种、正常出苗和幼苗生长,往往造成缺苗断垄。倒春寒影响种子出苗或发芽率低。

主要防御对策:浇水防旱;使用稻草、薄膜等覆盖防低温。

6.7.2.3 苗期

(1)主要农事活动

时间:5 月下旬—6 月上旬。

自 50%种子出苗到 50%植株第一朵花开放为苗期。苗期一般在 25～35 d。这一时期生长特点是营养生长为主,至始花时,主根长 30～40 cm,侧根 60 条左右,主茎有复叶 8 片,主茎高 10 cm 以下,5 叶时可见根瘤。

主要农事活动:①保证水肥充足,尤其是氮肥要充足,促进根瘤形成和花芽分化。但也不能施肥过多,以免枝叶生长过盛,导致结果不足。②清棵蹲苗。把幼苗周围的土扒开,使 2 片叶子露出地面,解放第一侧枝,发挥结果优势。③中耕除草。齐苗时,锄地中耕,雨后及时松土破板。④防虫。注意防治蚜虫、蜘蛛、螨类和地下害虫。

(2)农业气象指标

适宜气温 20～27 ℃,土温在 20 ℃以上,土壤相对湿度以 50%～70%。

(3)主要气象灾害及防御对策

主要气象灾害:低温寡照、冰雹。

低温寡照影响幼苗生长,冰雹使植株造成机械损伤。

主要防御对策:覆膜保温,加强水肥管理,促进壮苗形成。冰雹易发期,根据灾害预警信息,进行有效覆盖。

6.7.2.4　开花下针期

(1)主要农事活动

时间:6 月中旬至下旬。

自 50%植株开花到 50%植株出现鸡头状幼果为开花下针期,简称"花针期"。春播花生花针期在 25～35 d,这一时期生长特点是除营养体迅速生长外,植株大量开花、下针,花针期的开花数占开花总量的 30%～50%,并有相当多的果针入土发育成为幼果。

花针期要保证花生光照和肥水充足,避免烂苗和死苗,以保证果针入土。注意防治害虫。培土迎针,增施磷、钾、钙肥,提高固氮能力。

主要农事活动:①中耕培土迎果针入土。②看苗追肥。花生表现为早衰趋势时,叶面喷肥补充营养。③旱灌涝排。连续晴好天气喷灌可防止土壤板结,利于果针入土。

(2)农业气象指标

日平均气温 25～26 ℃最为适宜;田间空气湿度大则生长快;土壤疏松湿润,有利于果针入土。

(3)主要气象灾害及防御对策

主要气象灾害:干旱、雨涝。

花生具有"喜涝天不喜涝地""地干不扎针,地湿不鼓粒"的生理特点。花生开花下针期气温低于 22 ℃或高于 30 ℃时,开花数显著下降,而且开花不齐。如温度骤然降到 12 ℃左右,开花授粉将受到严重影响。空气相对湿度低于 50%时,严重影响成针率。土壤板结干旱,果针难以入土。

主要防御对策:①采用起畦种植,挖好排灌沟,做到雨过田间无积水、雨后畦沟干。②松土浇灌。

6.7.2.5　结荚期

(1)主要农事活动

时间:7 月上旬至下旬。

从 50%植株出现鸡头状幼果到 50%植株出现饱果为结荚期。结荚期一般 30 d 左右。这一时期生长特点是大批果针入土形成幼果或秕果,营养生长达到最盛期,所形成的荚果数占最后总数量的 70%～80%,果实亦开始显著增长,叶面积和干物质积累均达到一生中最高值,水肥消耗量达到最盛。

主要农事活动:注意防治病虫害;根外施肥防止早衰,促进荚果发育。

(2)农业气象指标

气温高、光照足、水分充足有利于生长。适宜的气温为 25～30 ℃;土壤相对湿度以 60%～70%为宜。

(3)主要气象灾害及防御对策

主要气象灾害：干旱、暴雨。

阶段性干旱造成土壤缺水，子房停止生长，形成秕果。暴雨特别是持续性降水容易造成土壤水分过多，导致土壤缺氧，根系早衰，空果、秕果、烂果增多。气温低于 20 ℃发育迟缓，低于 15 ℃发育停止。

主要防御对策：及时浇水；注意田间排水，做到雨过田间无积水。

6.7.2.6　饱果成熟期

(1)主要农事活动

时间：8 月上旬—9 月上旬。

从 50%植株出现饱果到大多数荚果饱满成熟为饱果成熟期。春播花生饱果成熟期在 40 d 左右。这一时期生长特点是营养生长日渐衰退，以生殖生长为主，荚果迅速增重，脂肪、蛋白质含量最终达到高峰。

主要农事活动：①叶面喷肥。花生进入饱果成熟期后，由于根系老化，吸收能力降低和根瘤固氮及供氮能力减弱，往往因脱肥引起早落叶，因此，要合理喷施叶面肥，延长生长。②喷杀菌剂。结合叶面喷肥，加入广谱性杀菌剂，可大大减轻危害，推迟落叶。③适时收获。当大部分叶片脱落、顶部叶片变黄、茎枝变黄枯软、大部分荚果成实饱满时，应抓紧收获。

(2)农业气象指标

气温 25～33 ℃，土温 25～30 ℃，晴朗温暖为宜；土壤相对湿度 50%～60%最适宜花生生长。

(3)主要气象灾害及防御对策

主要气象灾害：低温阴雨、高温干旱。

若遇到暴雨或者连阴雨天气，土壤积水多，容易造成涝灾，造成花生荚果成熟慢、秕果多；已成熟的荚果容易掉荚发芽，导致产量下降；秋风导致植株贪青、干物质积累少，也不利于果仁增重；壤质黏土最易受涝渍害。土温高于 40 ℃植株营养生长衰退过早、过快，不利于果仁增重。

主要防御对策：开沟排水起垄，及时收获，浇水降温。

6.7.3　主要病虫害及防治

花生常见病虫害有：青枯病、茎腐病、根腐病、叶斑病(褐斑病、黑斑病)、锈病、病毒病、蚜虫、蛴螬、地老虎、蝼蛄和蚂蚁等。

6.7.3.1　花生青枯病

从苗期到收获的整个生育期都可发生，多在开花前后，盛花期为发病盛期。该菌好气，喜高温，生长温度范围为 10～41 ℃，最适为 28～33 ℃。此菌不耐干燥、日晒和水浸。干燥情况下一般 4～5 d 即失去生活力，病株曝晒 2 d 或阴干 3 d 后病菌死亡，病菌在水浸条件下超过 60 h 就失去致病力。当旬平均气温在 20 ℃以上，土温在 22 ℃以上时，只要土壤湿润，就具备发病的环境条件，土温 25 ℃以上时病害就可能盛发，发病率随地温的升高而递增。

防治措施：该病是一个土传病害，宜采用合理轮作、加强管理以及选用较抗病品种为重点的综合防治措施。①合理轮作。最好实行水旱轮作。旱坡地，发病率 50%以上的实行 5～6 年轮作，发病率 10%～20%的实行 2～3 年轮作，当病田发病率还不到 10%时就应开始轮作。难以实行水旱轮作的，可在花生播前灌水浸泡 15 d 左右，并在放水前每亩撒施生石灰 50 kg，待排干后再整地播种，可减轻病害。②选用高产抗病良种。③注意田间卫生，发病时及早拔除病株并集中深埋或烧毁，收获后病株及残余物烧毁或施入水田作基肥；增施石灰、草木灰和磷肥作基肥。④药剂防治。可用 10%农用链霉素，浇于根部。

6.7.3.2　花生蚜虫

春季开始繁殖危害，当年春季干旱，发生就重。

防治措施：①农业防治。覆膜栽培花生，苗期具有明显的反光驱蚜作用，特别是使用银灰膜覆盖，可以有效减轻花生苗期蚜虫的发生与危害。②保护和利用天敌。利用蚜虫的天敌——瓢虫、食蚜蝇、寄生蜂、食蚜瘿蚊、蟹蛛、草蛉等防治蚜虫，在使用药剂防治蚜虫时应避免在天敌发育高峰期施用。③药剂防治。每亩用 3%啶虫脒乳油 60 mL，或 5%高效氯氟氰菊酯乳油 40 mL，或 20%吡虫啉可溶性液剂 15 mL，或 10%吡虫啉可湿性粉剂 25～30 g 兑水 30 kg 喷雾，严重时上述药剂选择两种混合喷雾，药效更好，以上午露水干后或 16 时以后均匀喷雾效果最佳。

6.8　油茶

6.8.1　概况

油茶因其种子可榨油（茶油）供食用而得名，又名茶子树、茶果树、茶油树、白花茶，为茶科山茶属常绿小乔木，是世界四大木本油料之一。广泛分布于长江流域及其以南 18 个省（区、市）的高山及丘陵地带，是我国主要的和特有的木本油料树种。

贵州是传统油茶种质资源区，也是全国重点油茶产区之一。按照贵州油茶发展规划，贵州油茶种植分布全省，油茶产业主要集中在天柱、黎平、锦屏、从江、榕江、岑巩、玉屏、松桃、铜仁、册亨、望谟 11 个县（市）。目前栽培品种除威宁为短柱茶、西南红山茶、小黄花茶等本地传统品种外，其他地区多为普通油茶及其选育无性系。从分布面积上看，全省油茶林地面积在 10 万亩以上的有 5 个县，以黔东南州天柱县 30 万亩为全省之冠。从垂直分布上看，贵州油茶大都分布在海拔 300～800 m，最低海拔 185 m(黔东南)，最高海拔 2000 m(黔西北)。

油茶喜温暖，怕寒冷，要求日平均气温≥10 ℃的积温为 4000～6500 ℃ · d，年平均气温在 14～20 ℃、最适年平均气温为 15～17 ℃，最冷月平均气温大于 0 ℃、最冷月最适平均气温为 5～8 ℃，最热月平均气温低于 31 ℃、最热月最适平均气温19～25 ℃，花期适宜气温为 8～20 ℃；平均表层土温 10～37 ℃。要求水分充足，年降水量在 1000～1400 mm，但花期连续降雨，影响授粉。

综合贵州土壤类型、气候环境和油茶栽培的特点及其生态适应性，贵州的油茶种植业发展可划分为黔东南、黔西南和铜仁等 3 个优先发展区域，黔中山原地区 1 个适宜栽培区，1 个次适宜栽培区，即黔北及黔东北山原山地的部分地区。而黔西北中山山地丘陵地区由于海拔高、积温少、降水量少，是油茶种植的不适宜地区(黄彩梅 等，2011)。

6.8.2 气象服务技术指南

6.8.2.1 叶芽萌动期

(1)主要农事活动

时间：2 月下旬—3 月上旬。

早春 2 月气温稳定通过 10 ℃，主干枝和侧枝末梢包裹紧实，扁而尖的冬眠芽开始膨大，逐渐变成瘦长色青的形态，即为叶芽萌动。油茶叶芽萌动标志着树体由休眠状态转为生长活跃状态，地上枝梢准备抽生新叶，越冬幼果苏醒，地下根系已恢复生长，大量分生新根。这一时期的林地土肥管理是关键。

主要农事活动：①修枝整形，剪除病虫枝、枯枝、弱枝、过密枝。②追肥，以利根系生长、新梢抽发。③改造林地准备大苗补植。

(2)农业气象指标

适宜日平均气温为 8～15 ℃，最适宜日平均气温为 10～15 ℃，日平均气温低于 8 ℃叶芽不膨大，日平均气温为高于 15 ℃叶芽萌发过多，展叶消耗养分，加重落果；平均表层土温>5 ℃，土壤相对湿度在 60%～80%，利于油茶根系恢复生机。

(3)主要气象灾害及防御对策

主要气象灾害：低温、干旱。

2—3 月出现空气温度突然下降，地表温度骤降到 0 ℃以下晚霜冻天气，容易导致萌动的叶芽冻伤，幼果脱落。冬春季出现干旱时，造成根系吸水困难，不利树势恢复。3 月出现倒春寒，易导致叶芽萌动受到抑制。

主要防御对策：①及时防治病虫害。②可采用夜间上风口熏烟御寒或冻前浇水。③采取灌溉、增施抗旱剂、树盘培土蓄水等方式。④可施肥或覆盖御寒。

6.8.2.2　春梢抽发期

(1)主要农事活动

时间:3 月中旬—5 月上旬。

叶芽破绽展叶后在其叶柄基部抽生出长 5～15 cm、粗 0.2～0.3 cm 的嫩枝即为新梢抽发,新梢伸长生长的同时新叶相继展开,并在顶端和叶腋形成新的顶芽和腋芽。油茶春梢 3 月中旬开始萌发,5 月上旬生长基本结束,生长最快的时段出现在萌发后的第 20～30 d,新梢抽生的始期有一个生理落果高峰,俗称"第一落果高峰期",此后越冬幼果开始膨大,4 月抽生旺期根系生长明显减缓。

主要农事活动:幼树整形、大苗补植、施促梢肥和喷药防病。

(2)农业气象指标

适宜日平均气温为 10～20 ℃,日平均气温为低于 15 ℃生长缓慢,春梢短小,日平均气温为高于 20 ℃长速过快,枝条纤长,不宜作为来年挂果母枝;幼果越冬后第一膨大期需降水 50 mm 左右,且分布均匀;日平均气温低于 15 ℃或高于 25 ℃,晴朗少雨,软腐病发病轻,不蔓延。

(3)主要气象灾害及防御对策

主要气象灾害:暴雨、冰雹大风。

日平均气温 10～25℃,空气相对湿度>90%,易致病虫害发生。低温阴雨导致新梢枝条纤长。连日暴雨引起渍涝,造成根系缺氧,使根系生理活动受到抑制,同时土壤过湿,林间湿度大,极易引发病虫害。春季频发的冰雹、大风天气,易导致树体机械性损伤,加重生理期落果。

主要防御对策:①及时排水控墒,修剪枝条。②雨后清沟排水,清理果园,加强土肥管理。③关注天气,雹前架设防雹网,雹后及时清园、追肥,做好伤口修护和保护。

6.8.2.3　花芽分化期

(1)主要农事活动

时间:5 月中旬—9 月下旬。

春梢生长停止后,油茶花芽体积显著增大,开始出现不同于叶芽的内部结构。分化初期花芽的生长点稍尖,外表形态与叶芽无明显区别,后期芽顶呈半球形,鳞片边缘有红色镶边,外形明显区别于叶芽。同一植株花芽的分化有先后,一般始于 5 月中旬,终于 9 月下旬,而分化盛期则在 6—7 月,期间夏梢同步生长,果实迅速膨胀。

主要农事活动:①修枝除萌,促结果母枝良好发育。②排水控墒,以防渍涝。③喷药防病虫和施促花芽肥。④采穗嫁接、弱树要嫁接换冠。

(2)农业气象指标

适宜日平均气温为 24～33 ℃,最适宜日平均气温为 27～33 ℃,日平均气温低于

24 ℃或高于 33 ℃分化率低;平均日日照时数 6 h 以上;夏梢生长期适宜日平均气温为 25～27 ℃;果实膨大期要求月降水量在 200 mm 左右,月降水量小于 150 mm 无法满足油茶树生长需求。

(3)主要气象灾害及防御对策

主要气象灾害:高温干旱、连阴雨、冰雹大风。

日平均气温在 25～30 ℃,雨后 5～8 d 利于炭疽病发生蔓延;高温干旱容易削弱树势;连日暴雨易引起渍涝,影响生长;冰雹、大风容易造成树体机械损伤。

主要防御对策:①树干刷白降温或灌水控温补偿土墒。②清沟排水,控制土墒,雨后及时清园,整地、疏枝扶正,防治病虫害。③关注天气,雹前架设防雹网,灾后清园,加强管护。

6.8.2.4 果实迅速膨大期

(1)主要农事活动

时间:3 月上旬—8 月中旬。

越冬幼果 3 月起至 8 月中旬,生长逐渐加快,主要是体积的增长,其中 7—8 月是油茶果实膨大的重要高峰期,这个时期的果实体积增加量约占果实总体积的 65%,表现为果实体积的迅速增长,也是第 2 次生理落果高峰时期。这一时期林地需水旺盛,有"七落金、八落银,十月开花要天晴"之说,若遇雨水过多、大雨、暴雨或久旱逢雨,易发生裂果、落果;如遇高温干旱,则会发生"七月干球、八月干油"的现象。

主要农事活动:除草壅土和抗旱保墒。

(2)农业气象指标

雨量充沛均匀为最好,适宜日平均气温为 25～30 ℃,日平均气温达到 30 ℃生长最快;果实发育期要求降水量在 200 mm 以上,最适宜降水量为 450～550 mm。

(3)主要气象灾害及防御对策

主要气象灾害:连阴雨、高温干旱。

日平均气温在 25～30 ℃,雨后 5～8 d 利于炭疽病发生蔓延;当出现气温＞35 ℃的高温干旱天气时,削弱树势,果实停止膨大,油脂转化率低。雨水过多、大雨、暴雨或久旱逢雨,引起大量裂果、落果。

主要防御对策:①树干刷白降温或覆草灌水控温。②清沟排水,控制土墒,雨后及时清园,整地、疏枝扶正,防治病虫害。

6.8.2.5 油脂转化积累期

(1)主要农事活动

时间:8 月下旬—10 月上旬。

8 月下旬—10 月上旬果熟前,油茶果实体积不再增加,转而进行油脂转化积累,表现为果皮颜色由青绿或青红色逐渐转变为青黄或黄红色，绒毛逐步脱落，呈现出成熟光泽。油茶果实油脂转化高峰集中在 8 月中下旬—9 月下旬，期间幼树夏梢生长趋于结束，秋梢开始抽生；根系生长持续活跃，进入全年第 2 次生长高峰。这一时期林地需及时追肥，补充养分，幼林以施氮肥为主，以利于营养生长，成林以施磷钾肥为主，以利于茶树保果，籽粒饱满。

主要农事活动：采前劈草、幼树摘蕾和施花肥。

（2）农业气象指标

油脂转化期适宜日平均气温为 16～23 ℃；适宜降水量在 110 mm 以上，最适宜降水量为 150～200 mm；35 ℃及以上高温日数少于 20 d。

（3）主要气象灾害及防御对策

主要气象灾害：高温干旱、大风。

气温高于 35 ℃，油脂转化率低；日平均气温低于 25 ℃，低温多雨，易发软腐病；日平均气温在 10～20 ℃，空气相对湿度大于 90%，易发烟煤病。高温干旱缺水，影响油脂转化，果实不饱满，含油量低。短时大风加重生理落果。

主要防御对策：①树干刷白降温、树体喷水降温或林地覆草灌水控温。②及时清园，疏枝扶正，做好伤口修护和保护，防治病虫害。

6.8.2.6　开花期

（1）主要农事活动

时间：9 月下旬—12 月上旬。

9 月下旬以后，果实成熟，同时花芽发育完成所需积温累积，花瓣随即展开，花蕾开始绽放，油茶进入花期，俗称“抱子怀胎”。油茶开花即可授粉，雌花授粉受精以后，花朵凋谢，子房膨大，新坐幼果在翌年的 9—11 月成熟采收。一株树，从试花、初花到完花，长达 40 d 以上，一般试花后 2～3 d 进入初花阶段，初花后 3～5 d，即可进入盛花期。油茶盛花期可持续半月之久，其出现时段与当年入秋时间直接有关，提前摘果可以促进花期提前。贵州大部地区油茶盛花期出现在 10 月下旬—11 月。

主要农事活动：幼树摘花，成树果实采收、处理和施越冬肥，以提高树体的抗寒能力，利于越冬。

（2）农业气象指标

适宜日平均气温 10～20 ℃，最适宜日平均气温为 14～18 ℃，日平均气温低于 10 ℃虫媒授粉率低；空气相对湿度 70%～85%，累积日照时数≥100 h，雨日数小于 13 d 对开花有利；花粉发芽的适宜气温为 14～20 ℃。

（3）主要气象灾害及防御对策

主要气象灾害：秋绵雨、高温干旱。

气温低于 8 ℃花粉囊开裂受抑制，气温高于 20 ℃花粉高温缺水、失活。日平均气温在 10～20 ℃，空气相对湿度大于 90%，易发烟煤病。秋绵雨天气影响授粉孕果，降低坐果率，导致减产；不利于晒果。高温干旱容易导致花粉失活，影响授粉孕果，造成减产。

主要防御对策：①林地覆草灌水控温控墒。②提前收晒成熟果实，树体叶面喷施激素肥，减少落花落果，抢晴开展人工授粉，保障授粉率。

6.8.2.7 休眠期

(1)主要农事活动

时间：12 月中旬—翌年 2 月中旬。12 月中旬以后，因气温过低，受精后开始膨大的子房逐渐停止增长；土温低于 5 ℃后，地下根系也基本停止生长，油茶树体进入越冬休眠状态。

主要农事活动：整地挖带施基肥和整形修剪。整形修剪一般在茶果采收后到春梢萌发前进行，及时清除枯枝、冻伤枝、病虫枝、折断枝等，遵循先剪下部、后剪中上部，先修冠内、后修冠外的原则，要求小空，内饱外满，左右不重，枝叶繁茂，通风透光，增大结果体积。

(2)农业气象指标

土温低于 5 ℃，月平均气温低于 8 ℃油茶树进入休眠期；油茶过冬适宜日平均气温为−3～8 ℃。

(3)主要气象灾害及防御对策

主要气象灾害：低温冻害。

冬季气温低于−3 ℃冻伤易幼林、新穗；月平均气温高于 8 ℃翌年易滋生病虫害。凝冻天气容易造成幼树冻伤枝干、枝条，引起“冻裂”(又称裂干)；成树冻伤叶芽、幼果，造成芽不萌发膨大，干枯易脱落；幼果发育迟缓、畸形，引发大量落果；冻伤根系，来年春梢生长缓慢，严重时抽出的新梢逐渐凋萎枯干。

主要防御对策：可采取培土施肥以壮树势，或覆草保温，同时做好林地清沟、灾后病枝修剪和林地管护。

6.8.3 主要病虫害及防治

贵州油茶常见病虫害有：烟煤病、炭疽病、软腐病、茶象甲、茶盾蝽(宽盾蝽、丽盾蝽)、茶梢蛾、蓝翅天牛、茶蚕等。

6.8.3.1 烟煤病

油茶烟煤病又称油茶煤污病。此病害病菌以蚜虫、蚧类、粉虱等害虫的分泌物为营养进行生长繁殖，营附生存，覆盖在叶片、果实、枝梢表面，引起黑色、暗褐色的霉层，颇似烟煤。高温多湿、通风不良，有利于发病。

防治措施：①种植不要过密，及时修枝，使林内通风透光，以降低湿度，既有利于开花坐果，又可减轻发病程度。②在发病初期，烟煤仅出现在个别或局部枝叶上，可及早除去这些带病枝叶并加以烧毁，以免扩散蔓延。③该病发生与分泌蜜露的昆虫关系密切，喷药防治蚜虫、蚧壳虫、粉虱等是减少发病的主要措施。适期喷 1.8%阿维菌素乳油 4000 倍液。防治蚧壳虫还可用 10～20 倍松脂合剂、石油乳剂等。④对于寄生菌引起的烟煤病，可喷用代森铵 500～800 倍液，或灭菌丹 400 倍液；夏季喷 0.5°～1°Bé 的石硫合剂，冬季喷 3°～5°Bé 的石硫合剂，对烟煤病有良好灭杀效果。

6.8.3.2　炭疽病

病害终年都可发生。果实炭疽病一般发生于 5 月初，8—9 月为发病盛期，并引起严重的落果现象，而且可以延续到霜降前后。始发病气温为 18～20 ℃，最适气温 27～29 ℃。夏秋降水量大，空气湿度高，病害蔓延迅速。

防治措施：①选育抗病良种。选育抗病良种是防治油茶炭疽病的根本措施。②栽培防病。冬、春季节，剪除病枝、病叶、枯梢、病蕾及病果。对于林内的老病株，应挖除补植，以免病菌扩散蔓延。此外，在果病初期，及时摘除病果，可减少病菌的重复侵染。③药剂防治。春梢长出后，喷洒 1%波尔多液或 50%可湿性托布津 500～800 倍液，以防治初次侵染。6—9 月，特别是果病盛发期，每半月喷洒 1%波尔多液或 50%可湿性多菌灵 500 倍液，连续 3～4 次。

6.8.3.3　软腐病

主要危害油茶叶片和果实。4—6 月是油茶产区多雨季节，气温适宜，是油茶软腐病发病高峰期。10—11 月小阳春天气，如遇多雨年份会出现第二个发病高峰。

防治措施：①栽培防病。密度过大的油茶林要及时适度修剪或疏伐，保证通风透光良好，同时做好排水工作，并加强管理；冬季清除病叶、病果，消灭越冬病源。②药剂防治。1∶1∶100 波尔多液，晴天喷药后附着力强，耐雨水冲刷，药效期持续 20 d 以上，防效较好，是目前较理想的药剂。喷药时间宜尽早为好，第 1 次喷药在春梢展叶后抓紧进行，以保护春梢叶片。雨水多、病情重的林地，5 月中旬—6 月中旬再喷 1～2 次，间隔期 20～25 d；或喷 50%退菌特可湿性粉剂，或 50%甲基托布津可湿性粉剂 600～800 倍液。

6.8.3.4　茶象甲

成虫和幼虫均危害茶籽，成虫用喙管插入嫩梢、茶果，但以幼虫蛀害较严重，造成落果，并引起油茶炭疽病，危害籽仁，使油茶严重减产。

防治措施：①选用抗虫品种。②物理防治。结合茶园翻耕，深耕杀死幼虫和蛹，并可放鸡啄食。提前 1 周左右采收茶果，集中暴晒，幼虫爬出处死或放鸡啄食。③人工捕杀。成虫盛发时，震落捕杀（利用其假死性）。④控制花果：减少其食源。⑤药剂防治。每年春季（3 月下旬—4 月）可选用白僵菌粉剂 22.5 kg/hm^2；成虫出土高峰前喷施2.5%天王星800倍液或98%巴丹800倍液或1.2%苦参素500倍液，或与白僵菌871菌粉7.5～15 kg/hm^{2}混用或用5%锐劲特悬浮剂1500倍液喷雾防治。

6.8.3.5　茶盾蝽(宽盾蝽、丽盾蝽)

盾蝽包含宽盾蝽、丽盾蝽。成、若虫均危害茶园，刺吸汁液，还由于吸食造成的伤口诱发油茶炭疽病。

防治措施：①疏枝灭虫，减少虫口。②生物防治，合理用药，保护天敌。③加强茶园管理，分批适时采摘，避免过分荫蔽。④药剂防治。采用5%可湿性吡虫啉粉剂1000～1500倍液或0.5%的苦参碱水剂800～1000倍液喷雾防治。

6.8.3.6　茶梢蛾

茶梢蛾属于鳞翅目，尖翅蛾科昆虫。初孵幼虫潜食叶肉，形成淡黄色透明斑点，秋末蛀食茶树顶部新梢危害，造成新梢枯死。

防治措施：①加强苗木调运检疫，防止传播蔓延。②可于9—10月摘除虫斑叶；茶梢蛾在枝梢内越冬，冬春季节剪除被害虫梢。③保护和利用天敌，茶梢蛾有茧蜂、小蜂、寄生蝇、蜘蛛、步行虫、蜻蜓等天敌，可抑制茶梢蛾的发生。④药剂防治。在幼虫孵化后(7月中下旬)至转蛀枝梢越冬前(10月)及时进行防治。可选用苏云金芽孢杆菌或阿维菌素或甲维盐或氯虫苯甲酰胺等，喷药时务必将有虫斑的叶背喷湿。

第7章 果树气象服务技术

7.1 刺梨

7.1.1 概况

刺梨，又名缫丝花，为蔷薇科刺梨属多年生落叶小灌木，生于海拔 500～2500 m 的向阳山坡、沟谷以及灌木丛中，被誉为“维 C 之王”。

刺梨原产中国，以贵州刺梨资源最为丰富。据调查，贵州除威宁县外，其余县(市、州)都有野生刺梨分布。根据贵州制定的《贵州省推进刺梨产业发展工作方案(2014—2020 年)》，重点在六盘水、安顺、毕节、黔南州等 4 个产业基础较好的市(州)、14 个县(区、特区)打造刺梨产业带，全省刺梨种植面积到 2020 年将达 120 万亩。贵州将继续保持是全国人工种植刺梨规模最大、产量最高的省份，刺梨特色产业在贵州的发展地位更加牢固。

刺梨为野生小灌木，夏花秋实，4—6 月开粉红色、红色或深红色的花，8—9 月果实成熟，收获期不足 30 d。贵州的毕节、六盘水、铜仁是刺梨资源最为丰富的地区，安顺现种植一种无籽刺梨，很受广大消费者喜爱。省会贵阳的周边分布亦广。

最适宜生长条件：海拔在 800～1600 m，5—8 月平均气温为 18.0～21.0 ℃，7 月平均气温为 19.5～23.0 ℃，日平均气温≥10 ℃活动积温为 3500～4400 ℃·d。

适宜生长条件：海拔在 300～800 m 或 1600～1900 m，5—8 月平均气温为 21.0～23.5 ℃或 16.4～18.0 ℃，7 月平均气温为 23.0～26.4 ℃或 18.0～19.5 ℃，日平均气温≥10 ℃活动积温为 4400～5000 ℃·d 或 3000～3500 ℃·d。

贵州中部，毕节地区的大部分县(市)，西南部的部分地区，遵义市北部的部分县为刺梨最适宜生长区；贵州的西北部、西南部等边缘地区、黔东南部分地区为刺梨次适宜生长区；其余地区为适宜生长区(图 7.1)。

7.1.2 气象服务技术指南

7.1.2.1 发芽期

(1)主要农事活动

时间：1 月下旬—2 月上旬。

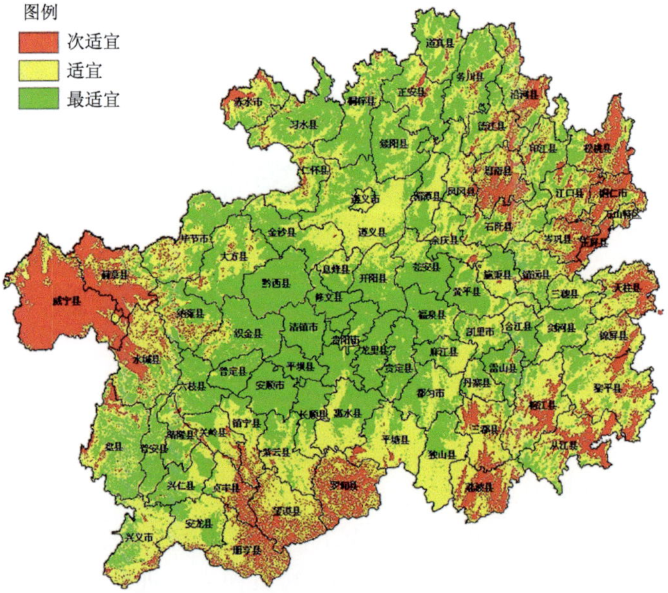

图 7.1　贵州刺梨气候适应性综合区划图

主要农事活动：扦插、修枝、施肥、挖沟，遇寒潮和晚霜冻来临前，提前采取熏烟、涂白、培土、包扎、防风等方法，使树体免受或少受倒春寒及晚霜冻等的侵袭，减少冻害的发生。

(2)农业气象指标

气温较适宜下限为 8 ℃，上限为 15 ℃；气温适宜下限为 10 ℃，上限为 12 ℃。

(3)主要气象灾害及防御对策

主要气象灾害：寒潮、晚霜冻。

萌动幼芽对低温的忍耐力弱，故易受低温危害。日最低气温低于 0 ℃或日平均气温持续 3 d 以上低于 10 ℃ 不利于萌芽，严重时导致已经萌动的芽冻死。

主要防御对策：①提前采取熏烟、涂白、培土包扎法、防风等方法，使树体免受或少受倒春寒及晚霜冻等的侵袭，减少冻害的发生。②对萌芽前的果树喷施布萘乙酸甲盐溶液，浓度控制在 500 mg/kg，这样就可以将花期往后推迟 4～7 d 的时间，尽可能避开低温冻害天气。③在低温冻害天气发生时，可以在萌芽的初期喷施 0.5%的氯化钙，以将花期往后推迟 4～5 d 的时间。

7.1.2.2　展叶期

(1)主要农事活动

时间：2 月中旬—4 月上旬。

主要农事活动：松土、除草、喷药、浇水施肥。展叶期间注意保持土壤湿润，如对树下浇水施肥操作区域土壤实行覆盖，浇水间隔时间可稍长些，浇水管理要坚持到雨季开始。

(2)农业气象指标

气温较适宜下限为 10 ℃，上限为 20 ℃；气温适宜下限为 12 ℃，上限为 16 ℃。

(3)主要气象灾害及防御对策

主要气象灾害：低温、晚霜冻。

萌动幼芽对低温的忍耐力弱，故易受晚霜冻和低温危害。日最低气温低于<0 ℃或日平均气温持续 3 d 以上低于 10 ℃不利于幼叶生长。

主要防御对策：①春季进行灌水或喷灌，可显著降低地温，延迟发芽。②在冻害前灌水或喷灌可提高地温和树温，以预防和减轻冻害。在喷灌时，喷 0.5%的蔗糖水，水遇冷结冰，放出热能，保护树温缓慢下降，防冻效果更好。

7.1.2.3　花期

(1)主要农事活动

时间：4 月中旬—6 月上旬。

主要农事活动：除草、施肥、喷药。开花前 15～20 d，每株成年结果树追施 0.1～0.2 kg 尿素，或 15～20 kg 清粪水，保证花芽和叶芽正常生长发育。

(2)农业气象指标

气温较适宜下限为 13 ℃，上限为 30 ℃；气温适宜下限为 15 ℃，上限为 25 ℃。

(3)主要气象灾害及防御对策

主要气象灾害：低温、连阴雨。

花期遇到 13 ℃以下的低温，不能正常受精，种胚不能发育，果实容易脱落。持续阴雨天气也会造成光照不足，内膛枝易枯死、低产。

主要防御对策：在初花期，可以喷施 0.3%～0.5%的磷酸二氢钾、氨基酸钙或是硼砂等，以提高花器、幼果及枝条中的细胞液浓度，从而增强抗寒能力。

7.1.2.4　结果期

(1)主要农事活动

时间：6 月中旬—8 月中旬。

主要农事活动：松土、除草和喷药。①落花后及时用 0.5%尿素液喷施，补充树体养分，促使幼果正常发育。②6 月下旬—7 月上旬每株用 0.5%磷酸二氢钾进行叶面喷施和对每株根部土壤施入 0.25 kg 尿素或 30 kg 粪水，视树体营养状况再行叶面喷施 0.5%尿素液，每隔 7～10 d 进行 1 次，连续 2～3 次，促果膨大，提高产量和品质。③施足基肥，改良土壤，为延长盛果期和来年丰产稳产打下基础。

(2)农业气象指标

气温较适宜下限为 20 ℃,上限为 35 ℃;气温适宜下限为 23 ℃,上限为 27 ℃。

(3)主要气象灾害及防御对策

主要气象灾害:暴雨、高温干旱。

气温高于 30 ℃会造成刺梨生长衰弱,结果少而小,质量差。干旱及空气干燥条件下,刺梨生长较弱,叶易枯黄脱落,结果少,且果小涩味重,在干热条件下更为严重。

主要防御对策:①暴雨后要注意地下追肥和叶面喷肥相结合,特别注意铁及硼、镁、锌等微量元素的施用,同时可对过度旺长树施用多效唑 150 倍液或果树促控剂 250 倍液,控制旺长。尽快处理出现的黄叶、烂根、花芽分化不良、病菌快速侵染等现象。②高温干旱天气要及时补充水分,使果树根部土壤保持湿润。有喷滴灌设施的,可根据果园内具体情况在早上或傍晚进行补水;其他果园要及时灌水抗旱。另外,树体受旱后根系受损,吸收肥水的能力较弱,不宜立即根施肥料,可选用 0.1%～0.2% 的磷酸二氢钾、0.3%尿素,以及高效、速效性叶面肥等进行根外追肥。每隔 5～7 d 喷雾一次,连喷 2～3 次。结合灌溉,土壤追施腐熟的优质有机肥或尿素,以促发新根生长。

7.1.2.5 采收期

(1)主要农事活动

时间:8 月下旬—9 月下旬。

主要农事活动:清排水、采收、施底肥。①自 8 月底开始果实陆续成熟,以果实深黄色,并有果香味散发时分批采摘为好。采摘时应轻放防压,采后立即出售。干果加工简便,将果实晒干、烘干即可。干制品存放时间约为 1 年,应在入库前将每吨干制品用硫黄粉 2 kg 熏 2 h,然后用麻袋包装,外套薄膜袋贮藏,1 年后维生素 C 仅损失 2.85%。如不经熏硫处理,1 年后维生素 C 损失会高达 80%。②刺梨经过盛果阶段后,都要进入衰老阶段,逐步呈现抽发新梢少、枝叶淡黄、枯枝落叶加重、结果少、果实品质变劣等现象,甚至整枝直接枯干。衰老树管理主要措施是重剪短截,注重骨干枝的更新,改良土壤,重施底肥,达到更新复壮,提高树势,延长结果年限的目的。

(2)农业气象指标

气温较适宜下限为 20 ℃,上限为 35 ℃;气温适宜下限为 23 ℃,上限为 27 ℃。

(3)主要气象灾害及防御对策

主要气象灾害:暴雨。

主要防御对策:对受淹时间较长的果园,要提前采收;受灾较轻的果园和未受灾的果园要分级采收;对晚熟品种尽量不要早采,以避免集中上市导致果价下跌。

7.1.3 主要病虫害及防治

刺梨主要病虫害有白粉病、梨小食心虫、刺蛾和蚜虫等。

7.1.3.1　刺梨白粉病

贵州刺梨白粉病发生普遍，危害严重，直接影响花蕾、幼果、新梢和叶片的生长发育。发病较适宜条件：气温在 15～28 ℃，空气相对湿度在 80%以上。

防治措施：①采用抗病良种。②刺梨地块应选择水源条件较好的阳坡；加强水肥管理，增强树势；及时进行整形修剪，增加植株通透性，除去感病枝条，减少病原菌的积累。③药剂防治措施。刺梨白粉病发病高峰期在盛花期和夏梢抽生盛期。防治的关键时期是现蕾期和夏梢抽生初期。用 25%粉锈宁 2000 倍液、15%粉锈灵 1000 倍液或 70%代森锰锌 800 倍液在春梢和秋梢初发病时各喷 1 次，条件允许的可以选择使用抗霉菌素 120 的 200 倍液或抗生素 BO-10 的 200 倍液等生物制剂防治。

7.1.3.2　梨小食心虫

成虫昼伏夜出，对糖醋酒液和果汁以及黑光灯有较强的趋性。

防治措施：①物理防治。在果园中设置糖醋酒液(红糖：醋：白酒：水＝1：4：1：16)加少量敌百虫(美曲膦酯)，诱杀成虫；灯光诱杀，安装振频式杀虫灯诱杀成虫；春季细致刮除树上的翘皮，可消灭越冬幼虫；在第一代和第二代幼虫发生期，人工摘除被害虫果，减少虫源。②生物防治。利用成虫交配需要释放信息素寻找配偶的生物习性，利用高浓度、长时间的信息素干扰，使雄虫无法找到雌虫，达到无法交配产卵以保护果园的目的；在蛾子发生高峰后 1～2 d，人工释放松毛赤眼蜂，每公顷 150 万头，每次 30 万头，分 4～5 次放完，可有效控制梨小食心虫危害。③药剂防治。药剂防治主要采用 2.5%甲维盐 1500～2000 倍液浇施地面，时间选择在 4 月中下旬幼虫开始出土及一代成虫羽化期、刺梨挂果前。

7.1.3.3　刺蛾

在贵州，黄刺蛾是危害刺梨严重的虫害。成虫夜间活动，趋光性不强。

防治措施：①人工捕杀。幼龄幼虫多群集取食，如发现被害叶显现白色或半透明斑块，此时斑块附近常栖有大量幼虫，应及时摘除带虫枝、叶，并加以处理；老熟幼虫常沿树干下行至树基部或地面结茧，可采取树干绑草等方法及时予以清除。②清除越冬虫茧。刺蛾越冬到苗期长达 7 个月以上，可利用这段时间清除虫茧。③保护和利用天敌。黄刺蛾天敌有紫姬蜂、刺蛾广肩小蜂、上海青蜂、爪哇刺蛾姬蜂、健壮刺蛾寄蝇，刺蛾幼虫的天敌有白僵菌、青虫菌、枝型多角体病毒。④药剂防治。在 6 月下旬幼虫发生期喷 1.8%阿维菌素 6000 倍液或 2.5%甲维盐 2000 倍液。

7.2　苹果

7.2.1　概况

苹果属蔷薇科，是落叶乔木，通常树木可高至 15 m，但栽培树木一般高度限制在

3～5 m。树干呈灰褐色，树皮有一定程度的脱落。苹果是异花授粉植物。

苹果栽种后，于 2～3 年才开始结果。果实一般呈红色，但因品种不同而有所差异。苹果树的果实富含矿物质和维生素，为人们最常食用的水果之一。在一般情形下，栽种后苹果树可有 15～50 年寿命。

苹果喜冷凉干燥的气候。在南北纬 35°～50°是苹果生长的最佳选择。苹果需要 120～180 d 的无霜冻天气，要求年平均气温 7～15 ℃，冬季极端最低气温不低于 －12 ℃，夏季最高月平均气温不高于 20 ℃，日平均气温≥10 ℃年积温在 5000 ℃·d 左右，生长季节（4—10 月）平均气温为 12～18 ℃，夏季（6—8 月）平均气温在 18～24 ℃，最适合苹果的生长；冬季需 7.2 ℃以下低温 1200～1500 h 才能顺利通过自然休眠。与其他落叶作物相比，苹果开花较迟，因此减少了遭受霜冻的概率。

苹果适宜年降水量为 560～800 mm，而且季节分配比较均匀或大部分分布在最佳生长季，降水过多，不利于坐果，阴雨、低温对幼果发育不利，病害较多。4—9 月降水量在 450 mm 以下的地区则需要灌水。

贵州苹果种植主要在威宁和长顺两县，威宁自治县种植面积约为 20 万亩，主要分布在雪山、黑石头、牛棚等乡（镇）；长顺县种植面积约为 6.6 万亩，主要分布在长顺中部以北。

7.2.2 气象服务技术指南

7.2.2.1 休眠期

（1）主要农事活动

时间：12 月上旬—翌年 3 月上旬。

入冬后气温低于 5 ℃进入休眠，到翌年萌芽前为休眠期，此时苹果树地上部分停止生长，休眠期温度在 0 ℃以上时根系开始生长。

主要农事活动：①整形修剪，根据不同树形要求进行修剪。②伤口保护，树干刷白，用果树伤口愈合剂或抹泥等处理剪锯口，促进伤口愈合，避免病菌侵入。③清园，剪除病虫枝：清理残枝落叶、僵果、杂草，刮除粗老翘皮、腐烂病疤。④施肥，给果树施有机肥。

（2）农业气象指标

气温在 5～7.2 ℃较适宜。

（3）主要气象灾害及防御对策

主要气象灾害：低温冻害。

气温低于－12 ℃会造成果树冻伤。

主要防御对策：树主干防冻。用生石灰 0.5 kg、水 5 kg、石硫合剂原液或硫黄 1 kg，食盐和油脂各少许，制成涂白剂，涂白树干。涂白一是防病虫害，更重要的是预防低温冻害。

7.2.2.2　萌芽期

(1)主要农事活动

时间:3 月中旬至下旬。

新芽萌动到新梢顶芽形成。

主要农事活动:①追肥。亩施尿素 15～20 kg,施后及时浇水,幼树追肥后及时覆膜。②防病虫害。花芽露白时喷 5 °Bé 石硫合剂液,防治腐烂病、白粉病、红蜘蛛、介壳虫等。③刻芽。在萌芽前 10～15 d 对需要更换品种的进行高接换种。

(2)农业气象指标

气温在 5 ℃以上开始萌芽,8 ℃左右新梢开始生长,萌芽最适宜气温为 10～15 ℃,根系生长适宜气温为 14～21 ℃。

(3)主要气象灾害及防御对策

主要气象灾害:低温冻害。

气温低于 0 ℃时新芽发生冻害。

主要防御对策:在低温来临前,根据苹果是否萌芽,分别采用不同的化学防治措施。在苹果萌芽前 2～3d,喷施植物防冻剂或低浓度的萘乙酸、青鲜素溶剂、乙烯利,抑制新芽萌动,提高树体抗寒能力。对于正在萌芽的苹果树体连续喷施 2～3 次 0.3%的 KH_2PO_4 加 0.5%的白糖,可起到防冻作用。在霜冻来临前的夜晚进行熏烟。在果园四周或行间堆放树叶、锯末、柴草、麦糠,每亩果园在上风口设一个烟堆,熏烟从夜间零时至次日天亮,以暗火浓烟为宜。

7.2.2.3　花期

(1)主要农事活动

时间:4 月上旬至中旬。

花蕾开始形成到花谢,分初花期、盛花期、终花期。

主要农事活动:①疏蕾。间隔 15～25 cm 留一个花序,每花序保留 1～2 个发育好的花蕾。②树干绑扎双面黏虫胶带或离地 5 cm 处涂抹宽 5 cm 的黏虫胶,粘杀上树干的害虫。③开花期,果园释放蜜蜂或进行人工授粉。④花蕾期喷钙硼肥,增强抗寒能力,提高坐果率。⑤抹除剪锯口和背面多余的萌芽,剪除萌蘖,节省养分。

(2)农业气象指标

花期需日平均气温≥10 ℃的积温 240～260 ℃ · d;开花期适宜气温为 15～25 ℃。

(3)主要气象灾害及防御对策

主要气象灾害:倒春寒、冰雹、连阴雨。

冰雹导致果树及花朵物理损伤，倒春寒、连阴雨影响花授粉。

主要防御对策：①倒春寒：在花蕾期喷施钙硼肥，增加花器抗寒能力；倒春寒来临时，采用硫黄锯末或半干杂草烟熏法，营造区域小气候，温度升高时喷施糖水，引蜂授粉或放壁蜂。②连阴雨：采用人工液体授粉或人工点授。③冰雹：布局人工防雹炮站，适时消雹；在降冰雹前、后进行叶面施肥，增强果树的抗逆性，达到保花保果的效果。

7.2.2.4 幼果期

(1)主要农事活动

时间：4 月下旬—5 月下旬。

花谢到果实成形。幼果期是果肉细胞旺盛分裂期，果面幼嫩、角质层较薄、蜡质层尚未形成，保护能力较差，对农药化肥特别敏感。

主要农事活动：①重点防治病虫。花后两周全园结合施钙肥喷施一次杀虫杀菌剂，防止病菌侵染，也可在果园使用杀虫灯、性诱捕器或糖醋酒液诱杀害虫。②花后 30 d 内完成定果，亩留果量不超过 1.2 万个。③花后 45 d 套袋，套前喷杀虫杀菌剂，当天喷药当天套袋。

(2)农业气象指标

幼果期适宜日平均气温为 19～21 ℃，能忍受的平均最低气温为 14～17 ℃。

(3)主要气象灾害及防御对策

主要气象灾害：连阴雨、冰雹。

冰雹对幼果、果树造成物理机械损伤。连阴雨诱发病虫害。

主要防御对策：①花后两周全园喷布一次杀菌剂，防止早期落叶病的发生。②在易积水的地方应解决好排水措施。③及时套袋。④适当修枝改善通风条件。⑤在降冰雹前、后进行叶面施肥，增强作物树的抗逆性。

7.2.2.5 果实膨大期

(1)主要农事活动

时间：6 月上旬—8 月中旬。

果实成形到脱袋前。果实膨大期是果实生长最旺盛的时期，需要水分量较大。

主要农事活动：①病虫害防治，树干绑扎果树诱虫带，诱杀叶螨、介壳虫等。②叶面追施磷酸二氢钾 2～3 次。③生草果园草生长至 20 cm 以上时及时清除，覆盖树盘，清耕园要适当浅耕。④遇干旱要及时进行浇灌。

(2)农业气象指标

果实膨大期适宜气温为 22～28 ℃，适宜空气相对湿度为 60%～70%；要求月平均日照时数在 150 h 以上，月降水量在 50～150 mm，气温日较差不低于 10 ℃，无阴雨寡照天气，无高温高湿天气。

(3)主要气象灾害及防御对策

主要气象灾害：连阴雨、冰雹。

连阴雨诱发裂果、烂果、落果和果树病害流行。

主要防御对策：①及时清沟排水。②布局人工防雹炮站，适时消雹。

7.2.2.6　果实着色期

(1)主要农事活动

时间：8 月下旬—9 月中旬。

果实着色期是苹果上色时期，充足的光照利于果实着色及糖分积累。

主要农事活动：①疏除过密枝、徒长枝，改善通风透光条件。②套袋园适时摘除外袋，阴天或早晚除袋较好，日光强烈时切勿除袋。③晚熟品种采前 15～20 d 摘除果实周围遮光的叶子，并通过转果、地面铺设反光膜以促进果实着色。

(2)农业气象指标

适宜气温为 22～28 ℃，空气相对湿度为 60%～70%，气温日较差不低于10 ℃。

(3)主要气象灾害及防御对策

主要气象灾害：连阴雨。

连阴雨诱发裂果、烂果、落果和果树病害流行。

主要防御对策：根据天气发展情况，科学判断除袋时机，尽量选择晴好天气来临前除袋，在易积水的地方应采取排水措施。

7.2.2.7　成熟期

(1)主要农事活动

时间：9 月下旬—10 月中旬。

果实脱袋后 1～2 周。

主要农事活动：①分期分批采收。②采后先预冷 12 h，再放入气调库中冷藏。③采果后施肥、喷药，做好果园管理。

(2)农业气象指标

适宜气温为 22～28 ℃，平均空气相对湿度为 60%～70%，气温日较差不低于 10 ℃；此时段需要大量的水分供应。

(3)主要气象灾害及防御对策

主要气象灾害：连阴雨。

连阴雨诱发裂果、烂果、落果和果树病害流行。

主要防御对策：及时关注天气发展情况，及时采摘成熟果实。

7.2.2.8 落叶期

(1)主要农事活动

时间:10 月下旬—12 月上旬。

摘果后叶黄掉落期间,苹果落叶期主要为越冬及来年生长做准备。

主要农事活动:①施基肥,未施基肥的果园要及时施肥。②清理果园,清除园内枯枝、落叶、病叶果,刮除老翘皮,集中烧毁。③树干涂白。

(2)农业气象指标

气温在－10 ℃以上。

(3)主要气象灾害及防御对策

主要气象灾害:连阴雨。

连阴雨易滋生病虫害。

主要防御对策:及时修剪病虫害枝条,清除僵果、烂果,统一焚烧,减少虫卵越冬。

7.2.3 主要病虫害及防治

苹果主要病害有白粉病、轮纹病等。

7.2.3.1 苹果轮纹病

气温高于 20 ℃,空气相对湿度大于 75%或连续降雨,有利于病菌繁殖和田间孢子大量散布及侵入,病害发生严重。

防治措施:应采取加强管理、增强果树抗病力和药剂防治相结合的综合措施。①清除菌源。该病初侵染源主要来自枝干的病疣,要清除病疣,并在刮除病斑后进一步喷药杀菌。②栽培管理。加强果园管理,增强树势,提高抗病力。③药剂防治措施。可选择喷施 50%的百菌清可湿性粉剂 800～1000 倍液,或 50%的多菌灵可湿性粉剂 1000 倍液,或 50%的甲基托布津可湿性粉剂 500～800 倍液等。

7.2.3.2 苹果白粉病

防治措施同 7.1.3.1 节。

7.3 葡萄

7.3.1 概况

葡萄是世界上最古老的果树树种之一,为葡萄科葡萄属木质藤本植物,是全世界种植面积最大的水果,占全球水果种植面积的 10%以上。葡萄营养丰富,葡萄浆果中含有大量的葡萄糖、果糖、蔗糖、蛋白质、氨基酸、有机酸、矿物质、多种酶和多种维生素等。贵州栽种的葡萄品种达几十种,主要有水晶、夏黑、温克、南玉、藤稔、白香蕉、早红密、京亚、紫王等。葡萄作为一种经济效益高、气候适应性广泛的经济作物,在贵州的农业生产中日益受到重视，现全省种植面积达 2.8 万 hm^2。

葡萄生长所需最低气温为 12～15 ℃，最低地温为 10～13 ℃，花期最适气温为 20～25 ℃，气温低于 15 ℃则影响正常的开花受精；果实膨大期最适气温为 20～30 ℃，如日夜温差大，着色及糖度较好；成熟期间要求较高的温度，在 30～35 ℃的温度下浆果成熟迅速，品质良好，气温低于 20 ℃则品质不良，低于 16 ℃则不能正常成熟。葡萄休眠期的适宜气温为 0～5 ℃，适宜 1 月平均最低气温为 −5～7 ℃。葡萄春季萌芽后，如温度上升快，则易造成枝条徒长，表现为节间长不充实，花期易受精不良，如遇春寒要注意多施磷肥和高碳有机质，尽量减少氮肥。

葡萄对水分要求较高，严格控制土壤水分是种好葡萄的一个前提。葡萄在生长初期或营养生长期需水量较多，生长后期或结果期，根部较为衰弱，需水较少，要避免伤根以免影响品质。

葡萄在正常生长期间必须要有一定强度的光照，但光照太强时特别是葡萄进入硬核期较易发生日灼病，这时可采取套袋或植株留叶时尽量留住能遮住葡萄果实的叶。而日照不足时，易造成开花期花冠脱落不良，受精率低；花芽分化期花芽分化不良，单性果多；生长期植株徒长，节间长；不结果或结单性果；果实膨大期病害及品质不良；成熟期着色不好，糖度下降。

由此可见，葡萄在贵州各地都适宜栽种。影响葡萄生产的主要气象灾害有低温阴雨寡照、春旱、冰雹大风、伏旱等。

7.3.2　气象服务技术指南

7.3.2.1　萌芽期

(1)主要农事活动

时间：4 月上旬至中旬。

持续时间约为 15 d。当日平均气温稳定在 10 ℃以上时，葡萄开始萌芽。

主要农事活动：打药、施肥、抹芽。①在葡萄芽微微展开时，对芽与枝干喷施一次 5 °Bé 石硫合剂，杀灭越冬病虫。②施芽前肥。在萌芽前约 10 d 施肥，以速效氮肥为主，占全年用氮量的 50%～60%。③抹芽。疏除生长部位不当的芽及弱小芽，一般每节只留一个健壮的枝蔓，多余的可抹除，由于芽的萌发有先有后，故疏芽需要重复进行多次，一般持续 1 周左右。

(2)农业气象指标

适宜气温为 15～20 ℃，较适宜气温为 15～23 ℃，土壤相对湿度以 70%左右为宜。

(3)主要气象灾害及防御对策

主要气象灾害：渍涝、低温、干旱、冰雹。

气温在－3 ℃以下时已膨大但尚未萌发的芽受冻，低于 3 ℃时萌发芽发生冻害，0 ℃以下已萌芽的嫩梢受冻，影响花芽的分化。遇洪涝年时，积水 3 d 以上，葡萄产量减产 50%以上。持续降水日数达 5 d 及以上、日平均气温持续低于 10 ℃、土壤相对湿度在 80%以上葡萄受害。

主要防御对策：①渍涝。灾前土壤深耕，增加土壤的通透性，减轻阴雨天气的影响；灾中保持排水通畅，避免园内积水，避雨栽培要加强棚内通风；灾后，要立即使互相挤压的枝条均匀地排列开，绑紧扎牢，提高通风透光的能力，减少病害，并开沟疏渠，迅速排除园内积水。②干旱。及时浇灌，保持田间土壤相对湿度在 60%～70%；合理地进行追肥处理，以减轻前期干旱影响。③低温。当气温低于 10 ℃，可在萌芽前约 10 d 给葡萄铺黑地膜，以提高土壤温度；对于不发芽的葡萄，把干枯的枝条剪掉，保留没有冻害的葡萄芽眼，浇水施肥，加强管理，及时抹芽定苗。低温来临前，给葡萄枝蔓喷洒植物防冻液或采用硫黄锯末或半干杂草烟熏法；若冻害较严重，花前、花后多追施复合肥料，以恢复果枝长势，增加坐果率。④冰雹。可进行人工消雹作业。可架设一层适当宽的透明塑料网罩或塑料薄膜，可有效防止冰雹砸伤葡萄植株上的枝、叶、果实。种植葡萄应选择在无冰雹区，避开冰雹的袭击路线。灾后及时清园，做好侧芽(副芽)和隐芽的催发工作。

7.3.2.2 新梢生长期

(1)主要农事活动

时间：4 月下旬—5 月中旬。

持续时间约为 30 d。当平均气温升高到 20 ℃时，新梢生长迅速；在开花前，新梢的生长可达全年长度的 60%以上。

主要农事活动：追肥、中耕、定梢、病虫害防治。①根外追肥。叶面喷施 0.3%尿素＋0.3%磷酸二氢钾＋0.1%硼砂，每 10 d 喷 1 次，促进新梢尽快老熟，提高花期质量。②中耕除草。清除杂草，同时松土追肥，以改善土壤营养、水分和通气条件，整理排水沟，防积水，保持土壤相对湿度在 70%左右为宜。③新梢摘心除须。在新梢生长初期，注意及时抹芽和摘卷须，对已长有超过 12 片叶的枝条留 10～12 片叶，并进行摘心，注意第 1 次摘心在新梢的先端生长高 60 cm 到达最上层铁丝且新梢先端下垂时进行，在葡萄卷须幼嫩时及时摘除。④绑新梢。当新梢生长达 30 cm 以上，到达第 2 层、第 3 层铁丝时，将新梢绑扎固定在铁丝上，要求枝条分布合理，随着新梢的生长，绑梢需要进行多次，以防新梢被风折断。⑤病虫害防治。喷施一次 10%吡虫啉 4000～6000 倍液＋70%代森锰锌 800～1000 倍液或 10%苯醚甲环唑 6000～7000 倍液。

(2)农业气象指标

适宜气温为 20～30 ℃，较适宜气温为 12～32 ℃，土壤相对湿度以 70%左右为宜。

(3)主要气象灾害及防御对策

主要气象灾害:渍涝、低温、干旱、冰雹。

日平均气温持续 3 d 低于 10 ℃新梢停止生长,35 ℃以上新梢停止生长,40 ℃以上新梢枯萎。遇洪涝年时,积水 3 d 以上,葡萄产量减产 50%以上。持续降水日数达 5 d 及以上、日平均气温持续低于 12 ℃、土壤相对湿度在 80%以上葡萄受害。

主要防御对策:①做好花期前后的枝蔓管理,在花期前 15 d 左右及时定梢,抹去过多过密的梢;注意降低田间湿度,保持排水通畅,避免园内积水。②根据气象预报,有干旱天气,要在花前 10 d 左右灌水,水要灌透,使土壤水分能保持到坐果稳定后;花前灌水不应迟于开花前 1 周;合理地进行追肥处理,以减轻前期干旱影响。③当有低温到来之前,应给葡萄枝蔓喷洒植物防冻液或采用硫黄锯末或半干杂草烟熏法,对受冻较轻果枝及时采取保花保果措施。④及时人工作业消雹。

7.3.2.3 开花坐果期

(1)主要农事活动

时间:5 月下旬—6 月上旬。

随着新梢的生长,5%花序逐渐伸长、膨大,随着雄蕊花粉的散落,柱头受粉变干枯,子房开始膨大、坐果。持续时间为 5～15 d。

主要农事活动有疏花、追肥、中耕、病虫害防治。①疏花。疏除小花穗,剪除副穗,开花前约 5 d 掐除花序尖端 1/5～1/3,疏除过多花,首先,疏除主蔓延长蔓上的花序,其次,疏去一个果枝上 2 个以上花序中的弱花序及弱果枝上的花序,通常保持延长枝不留花序,强旺枝留 2 个花序,中庸枝留 1 个花序,弱枝不留花序。②施壮果肥。在果粒绿豆大小、坐果稳定后及时追肥,以复合肥为主,亩施 15～20 kg。③根外追肥。谢花后喷 1～2 次 0.3%尿素＋0.3%磷酸二氢钾＋0.1%硼砂,提高坐果率。④抹芽疏枝。定梢摘心后,对副枝进行控制、摘心,控梢摘心时留副梢 1～2 枝,每枝 3～5 叶,摘除卷须,这样可延缓生长,促进营养物质输入花序,增加坐果率。⑤中耕除草:注意保持畦面土壤疏松,及时清除杂草。⑥病虫害防治:喷施 2～3 次 1.8%阿维菌素乳油 4000～6000 倍液或 10%吡虫啉 4000～6000 倍液＋50%烯酰吗啉 800～1000 倍液或 50%可湿性粉剂腐霉利 1000～2000 倍液或 40%嘧霉胺 800～1200 倍液,预防黑痘病、白粉病、灰霉病。

(2)农业气象指标

葡萄一般在日平均气温达 20 ℃时开始开花,花期适宜气温为 20～25 ℃,葡萄开花期早晚及时间长短与气候有关,气温高开花就早、花期也短;气温低或阴雨天气多时,开花迟、花期也长;气温低于 15 ℃时不利于开花授粉受精;开花期宜适当干燥,土壤相对湿度以 60%～70%为宜。

(3)主要气象灾害及防御对策

主要气象灾害:连阴雨、干旱、冰雹、暴雨洪涝。

气温持续 3 d 低于 15 ℃时不利于开花授粉受精,35 ℃以上授粉受阻;低温阴雨持续 5 d 以上,生理落果严重;花期出现 4 d 或以上连阴雨时,易引起黑痘病盛发;盛花期间,空气湿度过大直接影响授粉受精,大大降低坐果率;遇洪涝年时,积水 3 d 以上,葡萄产量减产 50%以上,积水 5 d 以上绝收。持续降水日数达 5 d 及以上、日平均气温持续低于 15 ℃、土壤相对湿度在 80%以上的葡萄受害。

主要防御对策:①连阴雨。及时进行早摘心、重摘心,提高坐果率;及时修剪、清园,引缚枝蔓,改善架面的通风透光条件;发现霜霉病及时用杀菌剂等药物进行喷施;适当增施磷钾肥,提高植株抗病能力。②干旱。构建喷灌设施预防干旱,3～4 d 浇一次水;疏花序,调整叶幕光照;可应用覆草保湿技术提高水分利用率,在距果枝 0.5 m处,将草均匀地撒到果枝下,一般覆草厚度为 15～20 cm,灌水后再覆草;合理地进行追肥处理,以减轻前期干旱影响。③冰雹。根据气象预报,施放火箭缓解或消除冰雹;在葡萄架面之上,架设一层适当宽的透明塑料网罩或塑料薄膜等防雹设施,可有效防止冰雹砸伤。④暴雨洪涝。及时对葡萄进行夏剪,且夏剪量要大,防止枝叶徒长,产生郁闭,对徒长枝进行疏除或摘心,缺枝的部分可软化拉枝补充空间,在大雨后翻地,使土壤疏松,增加透气性,以利于根系的正常生长;及时排水,扶正倒伏植株,让其恢复各种生理生长。待土壤相对湿度正常后再进行覆盖保墒。浅耕翻土以不超过 10 cm 为宜,以免伤根。暴雨后易暴发各种病虫害,应注意防治霜霉病、白粉病、炭疽病以及其他生理性病害。

7.3.2.4 浆果成熟期

(1)主要农事活动

时间:6 月中旬—9 月下旬。

幼果膨大,持续 3～7 周,幼果的日生长量最大可达 0.6 mm,果粒大小、种子基本长成,果实套袋后进入缓慢生长期,果实变软着色,转色后是果实成熟的前奏,表现为体积缩小,糖度浓缩增高,水分含量下降。持续时间为 60～90 d。

主要农事活动:疏果穗、套袋、摘心、摘老叶、除卷须、病虫害防治、施肥、中耕、采收。①疏果穗。果粒绿豆大时及时疏除小果、无籽果(圆形果)、穗内果及穗顶果,强旺枝留 2 个果穗,中庸枝留 1～2 个果穗,弱枝留 1 个果穗,延长枝及预备枝不留果穗。②果实套袋。疏果后,于晴天上午喷药后用白色单层纸袋进行套袋,注意如早套袋病虫害较多,要根据实际情况,在浆果成熟期套袋病虫害较少,套袋可以保护果实免受病虫危害及裂果,因对葡萄表面农药残留量有规定,可在套袋前后分别施用一次杀虫杀菌剂(1.8%阿维菌素乳油 4000～6000 倍液或 10%吡虫啉 4000～6000 倍液+50%烯酰吗啉 800～1000 倍液或 50%可湿性粉剂腐霉利 1000～2000 倍液或

250 g/L悬浮液的嘧菌酯 1000～1500 倍液或 25%咪鲜胺 500～1000 倍液)，防治霜霉病、白粉病、炭疽病等，套袋期间不能打药。③摘心、摘老叶、除卷须。副梢留 3～4 片叶重复摘心，除卷须；在 8 月中旬摘除基部 2～3 片失去光合作用的老叶，以利于通风透光，积累营养。④施肥。为满足果粒需要，应及时增施磷钾肥，促进果实及早着色、成熟。⑤中耕。浆果成熟期前后宜适当干燥，因 6—8 月是贵州降雨最集中的时期，若雨量过多，要注意及时排水，以免土壤相对湿度过大影响浆果质量；若雨水过少，要定期灌水，保持土壤水分相对稳定，否则久旱逢雨易裂果。⑥采收。用糖度计测糖度再结合浆果外观、颜色、口感等进行综合判断决定是否采收，尽量在早上采收，采收后喷 1∶1∶100 波尔多液保护叶片。

(2)农业气象指标

一般情况下，葡萄极早熟品种≥10 ℃活动积温需 2500 ℃·d，早熟品种需 2900 ℃·d，中熟品种需 3300 ℃·d，晚熟品种需 3700 ℃·d。在浆果生长期，最适宜气温为 28～32 ℃，土壤相对湿度以 70%左右为宜；当昼夜温差在 10 ℃以上时，果实含糖量显著提高，品质较好；土壤相对湿度控制在 60%左右为宜。

(3)主要气象灾害及防御对策

主要气象灾害：连阴雨、干旱、暴雨洪涝。

气温低于 20 ℃则浆果品质不良，低于 16 ℃不能正常成熟，40 ℃以上浆果易发生日灼，浆果品质下降，所以气温过高浆果着色差；气温过低，积温不足会推迟浆果品质成熟。浆果成熟期前后，雨量过多，土壤相对湿度过大影响浆果质量，易发生裂果和病害。成熟期持续 5 d 及以上连阴雨，且过程日平均日照时数不足 1.0 h，影响果实品质，过于成熟的果实易腐烂变质。果粒膨大期需水较多，干旱会影响品质及产量。

主要防御对策：①连阴雨。避雨栽培，整理果穗过程中尽可能多留已授过粉坐住果的果穗，保持排水通畅，避免园内积水。适当增施磷钾肥，保持果园清洁，提高植株抗病能力。地面加铺反光膜，以增加浆果着色。②干旱。及时浇灌，尽量采用喷滴灌技术，培养合理的叶幕遮阴果实，减轻日灼。适时施钙、镁、硼等微肥进行追肥处理，适当控氮增磷钾，以减少前期干旱所受的影响。③暴雨洪涝。注意排涝，并及时追施磷钾肥，扶正、清理倒伏植株，让其恢复各种生理生长。对设施葡萄园，应加固大棚设施，果园排除积水后，待表土不再黏烂时，全园浅耕翻土，尽快恢复根系的通气条件，促进新根生长，待土壤相对湿度正常后再进行覆盖保墒，浅耕翻土以不超过 10 cm 为宜，以免伤根。暴雨后易暴发各种病虫害，应注意防治霜霉病、白粉病、炭疽病以及其他生理性病害，一旦发生这些病虫害，排水后及时全树枝干叶喷施一次 10%吡虫啉 4000～6000 倍液＋50%甲基托布津可湿性粉剂 600～800 倍液。

7.3.2.5 落叶期

(1)主要农事活动

时间:10 月上旬—11 月上旬。

树叶开始发黄掉落,持续时间大约为 50 d。

主要农事活动:施肥、清园。①施肥。为防止叶片老化及促进下一年早期新梢生长,需施秋肥,肥料的成分以氮与钾为主,比例为 2∶1。②清园。摘除病果、病叶及病蔓,集中烧毁或深埋,预防霜霉病、锈病、褐斑病。

(2)农业气象指标

气温低于 10 ℃时,葡萄叶片正常落叶,落叶期最适宜气温为 3～5 ℃,适宜气温为 0～10 ℃。

(3)主要气象灾害及防御对策

主要气象灾害:干旱。

主要防御对策:灾前预防,积极构建灌溉设施,储蓄水源以备旱情。

7.3.2.6 休眠期

(1)主要农事活动

时间:11 月中旬—翌年 3 月下旬,持续时间大约为 140 d。

主要农事活动:施基肥、清园、修剪。①施基肥。在距离根部 50 cm 处,深耕施基肥,以有机肥为主,施肥量占全年施肥量的 50%～60%。②清园。清除果园病残体,枯枝、杂草、落叶要集中烧毁,并及时进行一次清园杀菌,喷施时要求细致周到,对枝体、地面喷布均匀,以达到彻底清园的目的。③冬季修剪。从 12 月中旬开始,在翌年 2 月上旬前完成剪枝,以 12 月下旬—翌年 1 月下旬进行为宜,具体应根据葡萄果枝长势情况而定,坚持粗壮枝多留,中庸偏弱枝少留,过密、细弱枝疏除的原则进行。

(2)农业气象指标

休眠期的适宜气温为 0～5 ℃。

(3)主要气象灾害及防御对策

主要气象灾害:干旱。

防御对策:灾前预防,积极构建灌溉设施,储蓄水源以备旱情。

7.3.3 主要病虫害及防治

葡萄主要病虫害为黑痘病、白腐病、霜霉病、炭疽病、灰霉病和葡萄透翅蛾等。

7.3.3.1 葡萄黑痘病

病害流行与雨水及湿度的关系最大。在雨水多、湿度大的地区危害较重,尤其与春季及初夏雨水多少的关系最大。果园高湿、排水不良或通风透光差有利于发病;偏施、过施氮肥,延迟寄主组织成熟,有利于发病。

防治措施：①实行检疫。②清除越冬菌源。可结合冬季修剪进行，去除病蔓、病梢、老皮并及时销毁，然后在春季葡萄萌芽前用 200～300 倍五氯酚钠、10%～30%黑矾、5 °Bé 石硫合剂或者用 1%硫酸铜喷涂植株，以清除残留下来的越冬菌源。③农业防治措施。选用抗病良种；配方施肥，氮、磷、钾肥配合施用，避免偏施、过施氮肥；搞好雨后排水，防止果园积水。④药剂防治措施。发病初期，用 70%百菌清 800 倍液、50%退菌特 800 倍液、50%多菌灵 600 倍液、70%代森锰锌 1000 倍液防治。第 1 次喷药以新梢生长达 17 cm 左右时为好，然后花前、花后再各喷 1 次，半月之后再喷第 4 次，尤其注意生长前期喷药保护。

7.3.3.2　葡萄白腐病

高温、高湿的气候条件是病害发生和流行的主要因素。尤其是在遭受暴风雨或雹灾后，造成大量伤口，更易发病；低洼、土质黏重、排水不良的葡萄园易发病；果实越近成熟越易感病。

防治措施：采取清除菌源、加强栽培管理和药剂防治相结合的综合治理措施。①清除菌源。重点放在冬季，将地面的病残组织和修剪下来的枝蔓打扫干净并烧毁，以减少越冬菌源。另外，在发病初期最好能将病穗和病枝梢也及时剪除烧毁。②栽培防病。改善架面通风透光条件，农事操作尽量减少机械伤口，适当提高果穗离地面的距离，雨后及时排水，减低地面湿度。③药剂防治。发病初期，用 70%百菌清可湿性粉剂 1000 倍液，或 50%退菌特可湿性粉剂 800 倍液，或 50%多菌灵可湿性粉剂 800 倍液喷 2～3 次，药液中最好加 0.03%皮胶以增加其黏着性。10～15 d 喷 1 次。

7.3.3.3　葡萄霜霉病

春秋两季多雾多露、多云多雨的地区病害较重。果园高湿，植株过密，棚架过低，植株枝叶过密通风透光不良等，利于发病。

防治措施：从栽培防病和药剂防治两方面进行。①栽培防病。冬季清扫落叶，修剪病枝，并进行深翻，减少菌源。调整果园小气候(放宽行距、加高棚架等)，增加通风透光，减少湿度。避免偏施氮肥，增施磷钾肥。植株枝叶不要过密，并使下部叶片离地面略高些，以及适当排灌等。②选择抗病的品种。③药剂防治措施。及时用 70%代森锰锌可湿性粉剂、50%福美锌可湿性粉剂或者 70%百菌清可湿性粉剂 800 倍液，喷施 2～3 次，7～10 d 喷 1 次。

7.3.3.4　葡萄透翅蛾

冬季在蛀孔内越冬。

防治措施：①物理防治措施。悬挂黑光灯，诱捕成虫。②栽培措施。加强果园管理，剪除被害枝，生长期发现被害枝及时剪除。③药剂防治措施。成虫羽化后，用 1%甲维盐乳油 1000～2000 倍液防治 3～4 次。如发现虫害枝条，用棉球蘸甲维盐或啶虫脒溶液，放入蛀孔，然后用石蜡封闭蛀孔，防治初孵幼虫。在葡萄采收上市前30 d禁止施药。

7.4 火龙果

7.4.1 概述

火龙果为多年生攀援性多肉植物，对土壤的适应性较广，在山地、平原、黄壤、红壤等均能生长。

贵州火龙果种植主要分布在南、北盘江及红水河流域河谷区，总面积约 0.7 万 hm^2。北盘江流域包括镇宁、关岭、贞丰、晴隆、兴仁和望谟的部分地区；南盘江流域包括册亨、安龙；红水河流域主要为罗甸和望谟的部分地区。其中，“罗甸火龙果”于 2013 年获国家质检总局地理标志保护产品，成为全国首个火龙果地理标志保护产品。

火龙果是热带、亚热带水果，喜光耐阴、耐热耐旱、喜肥耐瘠、怕霜冻。最适宜生长气温为 25～30 ℃，气温低于 10 ℃或高于 38 ℃将停止生长，并以休眠来抵抗不适宜的环境温度，气温高于 12 ℃可打破休眠，5 ℃以下低温可致冻害，幼芽、嫩枝甚至部分成熟枝条会被冻伤，影响植株正常生长。

火龙果为喜光植物，对阴生环境也有很强的适宜性，但光照低于 2500 lx 对营养积累有明显的影响，良好的光照有利于火龙果的生长和果实品质的提高，最适宜的光照强度为 8000 lx 以上。

火龙果有较好的生理耐旱机制，但充足的水分仍十分有利于生长。过于干旱会诱发植物休眠而停止生长，春夏季露地栽培时应多浇水，使其根系保持旺盛生长状态，在阴雨连绵天气应及时排水，以免感染病菌造成肉质茎腐烂。

贵州火龙果种植气候区划分为最适宜区、适宜区和次适宜区 3 个等级(王旭 等，2009)。最适宜种植区面积共计 8299 hm^2，主要分布在贵州南部边缘的低热河谷地带海拔 200～400 m 处；适宜种植区面积共计 16934 hm^2，集中分布在红水河谷、南盘江河谷和北盘江河谷地带海拔 400～600 m 的区域；次适宜种植区共计 22874 hm^2，主要分布在赤水市海拔 200～300 m 的地区、荔波县及三都县海拔 350～550 m 的地区。

7.4.2 气象服务技术指南

7.4.2.1 育苗期

(1)主要农事活动

时间：2 月上旬—3 月下旬。

主要产区育苗普遍开始于 2 月上旬至中旬。育苗可采用扦插和嫁接等方式，待根长到 3～5 cm 时即可结束培育，适时定植。生产上以扦插育苗为主，持续 40～50 d。

主要农事活动：①扦插。选择性状稳定、自花结实高的已结过果的枝条扦插为好，需将肉质茎斜切，在阴凉处放至伤口愈合后浅插。②浇水。插后 10 d 浇第 1 次水，然后再每隔 5 d 左右定期补水。③施基肥。栽培管理需注意施好基肥，保持土壤湿润。④防虫。注意防范蜗牛、蚂蚁等虫害。

(2)农业气象指标

适宜气温为 15～25 ℃，下限温度为 5 ℃，上限温度为 38 ℃；土壤相对湿度以 70%～80%为宜；光照充足有利于幼苗生长。

(3)主要气象灾害及防御对策

主要气象灾害：干旱、低温、暴雨。

气温低于 4 ℃枝条受冻，低于 0 ℃会冻伤，−4 ℃以下植株死亡；土壤相对湿度大于 90%或小于 60%均不利于根系生长发育，田间积水 3 d 及以上易烂根。

主要防御对策：种植时行间开设排水沟，布设灌溉设备；加强田间水分管理，及时排除田间积水、补水灌溉；选育壮苗，增强植株抗寒能力，有条件时可采取相应的保温措施，如覆盖薄膜、稻草等。

7.4.2.2　定植期

(1)主要农事活动

时间：4 月上旬—5 月下旬。

主要产区一般始于 4 月上旬，从定植到成活需要 20～30 d。

主要农事活动：①定植前应做好选址建园、整畦立柱等工作，需选择向阳、排水性好、疏松肥沃的沙质土，按规格挖沟立柱，并保持土壤湿润。②定植时，绕柱周挖深约 5 cm 环沟，施好基肥后将种苗放入，覆盖薄土压紧，最后浇好定根水。此期间需注意田间肥水管理，尤其是水分管理。③定植后，宜 3～5 d 浇水一次，待成活后，再视实际需要而调整浇水次数。定植后确定已成活即可施肥，成苗后还需定期引水灌溉，尤其是在追肥前，应全园浇灌，保持土壤潮湿。定植后第二年开始产果。

(2)农业气象指标

适宜气温为 20～30 ℃，下限温度为 5 ℃，上限温度为 38 ℃；土壤相对湿度以 70%～80%为宜；光照充足有利于幼苗成活。

(3)主要气象灾害及防御对策

主要气象灾害：干旱、低温、暴雨。

主要防御对策：布设灌溉设备，及时补水灌溉；有条件时可采取相应的保温措施，如薄膜、稻草等覆盖；及时清沟排水防渍害。

7.4.2.3 新梢生长期

(1)主要农事活动

时间:3 月上旬—4 月中旬。

主要产区大约始于 3 月上中旬。火龙果定植后第二年春季芽萌动、新梢开始生长,需经历 55～65 d。

主要农事活动:培土、施肥、修剪树形、病虫害防治。此外,枝条长到 1 m 左右时,需要摘心,促进分枝萌发。

(2)农业气象指标

适宜气温为 25～30 ℃,下限温度为 10 ℃,上限温度为 38 ℃;土壤相对湿度以 70%～80%为宜;光照充足有利于新梢生长。

(3)主要气象灾害及防御对策

主要气象灾害:干旱、低温、暴雨。

主要防御对策:抓住降雨天气过程做好蓄水储水工作,合理补水灌溉;加强田间管理,促进新梢生长,有条件时可采取薄膜、稻草覆盖等保温措施;暴雨过后及时清沟排水。

7.4.2.4 现蕾期

(1)主要农事活动

时间:第一批集中现蕾期大致为 4 月下旬—5 月上旬,第二批为 6 月下旬—7 月上旬,第三批为 9 月中下旬。

火龙果为混合芽,气温相对较低时枝芽分化,当气温升至 20 ℃左右时,开始花芽分化,一般需 15～20 d。

主要农事活动:薄肥勤施,促进花芽分化,并根据实际生长情况适时疏花。此外,为保证果实发育的营养需求,在生殖生长期间新萌发的枝条应全部疏去。

(2)农业气象指标

气温≥20 ℃时开始花芽分化,适宜气温为 25～30 ℃,下限温度为 10 ℃,上限温度为 38 ℃;土壤相对湿度以 60%～80%为宜;光照充足有利于花芽分化。

(3)主要气象灾害及防御对策

主要气象灾害:干旱、暴雨、温度异常(气温低于 15 ℃或高于 30 ℃)。温度过高会抑制花芽分化,使花期出现间隔,影响产量;较长时间气温持续低于 15 ℃,还会使花芽转化成枝芽;土壤相对湿度大于 90%或小于 50%不利于植株根系生长及花芽分化,田间积水 3 d 及以上易烂根。

主要防御对策:及时排除田间积水;遇旱及时灌溉。

7.4.2.5　开花结果期

(1)主要农事活动

时间:第一批始于 5 月中下旬,第二批 7 月中下旬,第三批 10 月上中旬。

此期火龙果从开花到果实形成后逐渐膨大成形,果皮仍为绿色。主产区第一批大致始于 5 月中旬,一般需要 30～40 d。

主要农事活动:人工授粉、疏花疏果、套袋、施肥等。根据天气和生产需要进行人工授粉;为集中养分,促进果实生长,每条枝留 1 个发育饱满、颜色鲜绿、无损伤和畸形,又有一定生长空间的幼果,其余的疏去;在果皮转红前套袋。此外,需保持土壤湿润,增补钾肥、镁肥,促进果实糖分积累、提高品质。

(2)农业气象指标

开花结果期需要日平均气温在 21 ℃以上,果实膨大期适宜气温为 25～35 ℃,下限温度为 10℃,上限温度为 38℃;晴朗天气有利于开花授粉;土壤相对湿度以 70%～80%为宜;光照充足有利于开花结果。

(3)主要气象灾害及防御对策

主要气象灾害:干旱、连阴雨、暴雨。

温度过高或过低都会对火龙果果实发育产生不利影响,易导致果小质差,果实形成后在气温 15～16 ℃条件下能继续生长,但发育期延长 5～10 d。

主要防御对策:及时灌溉或排除田间积水,开花期遇阴雨天,及时进行人工授粉。

7.4.2.6　成熟期

(1)主要农事活动

时间:第一批始于 6 月中下旬,第二批 8 月中下旬,第三批 11 月中下旬。

果实呈现固有大小后,果皮颜色逐渐转红,呈现品种应有色泽即为成熟期,可适时采摘,一般持续 5～10 d。

主要农事活动:采收、剪枝等。果皮转红后 5～7 d 即可采收;产期结束后应将当年结果枝、较为荫蔽的老枝及弱枝等及时剪除,这样才有利于新生枝更肥壮,为翌年的丰产打下坚实的基础。

(2)农业气象指标

适宜气温为 25～30 ℃,下限温度为 10 ℃,上限温度为 38 ℃;土壤相对湿度以 60%～80%为宜。

(3)主要气象灾害及防御对策

主要气象灾害:干旱、暴雨。

主要防御对策:及时灌溉或排除田间积水,适时采收。

7.4.3　主要病虫害及防治

火龙果主要病虫害有火龙果茎枯病和堆蜡粉蚧等。

7.4.3.1　火龙果茎枯病

防治措施：采取以农业防治为主，化学防治为辅的综合防治措施。①农业防治。建立无病苗圃，选择无病种苗，保护无病区，严格控制无病区向有病区调种、引种；选用抗病丰产良种；清除病残枝体及田间杂草，保持田间卫生，减少田间病源；加强肥水管理，增施磷钾肥，施用腐熟有机肥，避免漫灌和长期喷灌，最好采用滴灌技术，起垄栽培，提高植株抗病性。②药剂防治。发病初期选用 70%恶霉灵可湿性粉剂 3000 倍液，或 50%福美双 WP 400～500 g/mL，或 50%多菌灵 900 g/mL，每隔 7 d 喷 1 次药，共喷 3 次药，对防治火龙果茎枯病有着良好的效果。

7.4.3.2　火龙果堆蜡粉蚧

防治措施：①栽培管理。剪除过密茎梢和带虫茎，集中烧毁，使整株火龙果通风透光，降低湿度，减少虫源，减轻危害；用小棍绑上脱脂棉或用小刷刷去粉蚧，集中灭杀；用尼古丁、肥皂水洗刷；除火龙果植株开花期外，采用喷洒浇水的方法，可防治堆蜡粉蚧的侵害。②生物防治措施。保护和利用天敌。天敌有瓢虫、长索跳小蜂、克氏金小蜂、福建棒小蜂、草蛉和寄生菌等。利用果园饲养山鸡。合理用药，不使用对天敌危害大的农药。③药剂防治措施。根据堆蜡粉蚧在幼虫初孵若虫阶段，取食前虫体无蜡粉及分泌物，对农药较为敏感的特点，掌握初孵若虫盛发期，适时喷药。堆蜡粉蚧的防治重点在春梢期进行。可选用噻嗪酮或啶虫脒加 0.2%洗衣粉，每隔 5～7 d 喷 1 次，共喷 2 次。

7.5　蓝莓

7.5.1　概况

蓝莓，贵州又称老鸹果，为杜鹃花科越橘属植物，多年生绿叶或常绿灌木，果实为浆果。蓝莓根据树高可分为兔眼蓝莓、高丛蓝莓、矮丛蓝莓，其中高丛蓝莓又分为北高丛蓝莓、南高丛蓝莓和半高丛蓝莓三类。矮丛蓝莓和半高丛蓝莓适宜在温带寒冷地区种植，北高丛蓝莓和一些半高丛蓝莓适宜在暖温带地区种植，兔眼蓝莓和南高丛蓝莓适宜在亚热带地区种植。

贵州从 20 世纪末期开始引种蓝莓，发展相关产业并取得显著成效。目前贵州种植的蓝莓主要是兔眼蓝莓和南高丛蓝莓，主要优良品种有巴尔德温、园蓝、粉蓝等。截至 2016 年，在贵州 9 个市(州)、88 个县(市、区)中，从南部低海拔(低于 500 m)的荔波到西北部高海拔的毕节(高于 1500 m)共有 76 个县(市、区)种植蓝莓，总面积已超过 16 万亩，初投产面积近 6 万亩，年产量已超过 3 万 t。其中，黔东南州是种植蓝莓最早、规模最大的地区之一，种植规模超过 10 万亩，初投产面积近 4 万亩，年产量已超过 1.6 万 t，其中麻江县已建成 6.4 万亩蓝莓种植基地。当前贵州蓝莓亩产已实现 800 kg 以上，示范基地达 1000 kg 以上。

兔眼蓝莓树体高大、寿命长、抗湿热、抗旱，对土壤条件要求不严，适宜生长的土壤 pH 值在 4.5～6.4，一些品种在 pH 值 6.0 以下能正常生长。但抗寒能力差，－15 ℃以下的低温可使很多品种受冻害，因而适宜温暖地区栽培。一般低于 7.2 ℃的冷温需要量在 300～800 h。

根据不同种类蓝莓对低于 7.2 ℃冷温的需求，贵州种植蓝莓适宜性气候分区如下：

北高丛蓝莓：适宜和较适宜种植区主要集中在贵州的中部以西以北地区，低于 7.2 ℃需冷量在 800 h 以上，平均需冷量达 1000 h 以上的地区是北高丛蓝莓的适宜种植区，800～1000 h 的区域可以选种需冷量较少的北高丛蓝莓品种(图 7.2a)。

南高丛蓝莓：贵州西北部以及中部为较适宜区，罗甸、望谟、册亨等需冷量不足 200 h 的地区为不适宜种植南高丛蓝莓的地区，其余大部地区为适宜种植区(图 7.2b)。

兔眼蓝莓：除了赤水河谷以及贵州南部边缘地区以外的大部分地区均适宜种植兔眼蓝莓，这些地区需冷量达 300 h 以上，将保证率≥80％的区域作为适宜区，即平均需冷量达 500 h 以上的地区均是兔眼蓝莓的适宜种植区(图 7.2c)。

根据贵州的气候条件分析，全省除了南部低海拔的少数地区外，其余地区都适宜种植蓝莓，由于各地在气温方面的差异，需要选择不同的品种，适宜种植北高丛蓝莓的区域较少，大部分地区适宜种植兔眼蓝莓、南高丛蓝莓。

7.5.2　气象服务技术指南

7.5.2.1　休眠期

(1)主要农事活动

时间：12 月上旬—翌年 2 月中旬。

当气温降至 10 ℃以下时，蓝莓进入冬季休眠期，主要是花芽休眠，不见花芽膨大，花芽鳞片紧闭，不见生长迹象。这一时期需要一定的需冷量，即日平均气温低于 7.2 ℃的低温的累计时数，才能打破休眠，开花授粉，不同品种的需冷量不同。

主要农事活动：浇水施肥。2 月上中旬，发芽前 10～15 d 施肥，以氮肥为主，配合磷钾多元素肥，可采用穴施或随滴灌施肥；土壤较干时，浇透萌动水。

(2)农业气象指标

气温正常，无明显低温天气或暖冬。

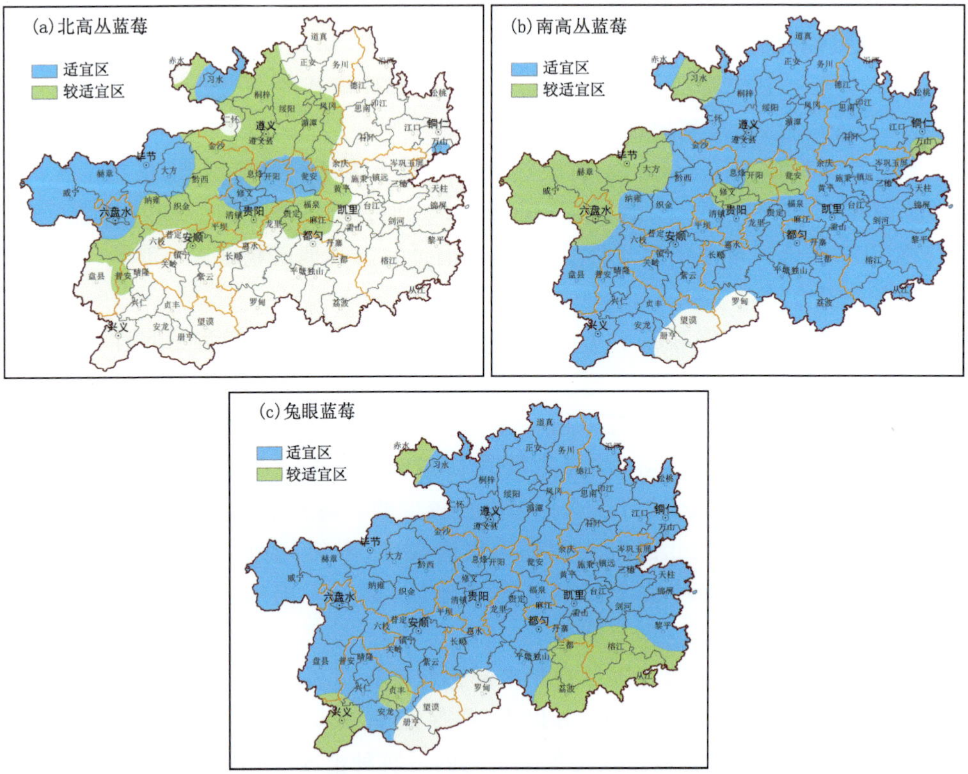

图 7.2　北高丛蓝莓(a)、南高丛蓝莓(b)、兔眼蓝莓(c)种植气候适宜区划图

(3)主要气象灾害及防御对策

主要气象灾害:气温异常。

兔眼蓝莓和南高丛蓝莓的一些品种越冬期间遇到气温骤降或日平均气温≤−10 ℃会发生冻害。此外,冬季气温偏高,需冷量不足也会影响开花结果。

主要防御对策:种植前应根据当地的气候特点选择合适的品种,并在降温前采取保温措施。

7.5.2.2　萌芽展叶期

(1)主要农事活动

时间:2 月下旬—3 月上旬。

随着气温上升,蓝莓开始萌芽展叶,叶芽尖端鳞片裂开,绿叶组织开始长出,叶片开始展开。

主要农事活动:①修剪,在展叶前可修剪干枯病虫枝,根据树势、大小及目标产量进行合理树枝修剪,小树修剪以短截发枝和扩大树冠为主。②浇花前水、施花前肥,未结果树在长芽后要施肥浇水。③防病虫害，用毒死蜱防治蛴螬，准备杀虫灯；清除干净越冬杂草并消灭其上的越冬害虫。

(2)农业气象指标

蓝莓萌芽展叶适宜气温为 8～20 ℃，适宜日平均降水量为 1～10 mm，适宜日日照时数为 1～4 h。

(3)主要气象灾害及防御对策

主要气象灾害：低温冻害、冰雹大风。

尤其是叶芽萌动期的低温影响较大，当气温≤－1 ℃时容易造成叶芽死亡。

主要防御对策：有条件的地方，可在强寒潮到来时采取烟熏等增温防冻措施。做好人工防雹工作。

7.5.2.3　花期

(1)主要农事活动

时间：3 月中旬—4 月中旬。

蓝莓花芽萌动、开花，花芽膨大可见，花芽尖头外部鳞片裂开，露出内部色泽略浅鳞片。

主要农事活动：蓝莓园授粉管理，有些品种由于自花授粉率低，无异花授粉时会大大影响产量，还需要见花开就放蜂，每 5 亩放 1 箱蜜蜂。

(2)农业气象指标

蓝莓开花适宜气温为 12～24 ℃，适宜日平均降水量为 3～10 mm，适宜日日照时数为 2～5 h。

(3)主要气象灾害及防御对策

主要气象灾害：低温、连阴雨。

0 ℃即可引起严重伤害；开花早的品种在最低地面温度≤0 ℃时最易受霜冻害。连续 5 d 以上日降水量≥0.1 mm、过程总降水量≥30 mm，可能会引发灰霉病的发生，导致烂花、烂果发生。

主要防御对策：可在夜间采取烟熏等方式增温防霜冻；提前清除杂草、消灭越冬病源，在开花前施药防灰霉病。

7.5.2.4　幼果发育期

(1)主要农事活动

时间：4 月下旬—5 月中旬。

这一时期花果同在，可见花谢、幼果发育。

主要农事活动：①授粉结束后，撤除蜂箱。②施膨果肥，在花落达 80%时，结合浇膨果水施第 1 次膨果肥，以氮、磷、钾肥料为主，在采收前 10 d 再施 1 次，以磷、钾肥料为主，目的是促进果实膨大，提高产量和品质。③防病虫害，根据病虫发生情况对症防治，利用杀虫灯杀虫；清除干净杂草。

(2)农业气象指标

幼果发育期适宜气温为 18～25 ℃，适宜日平均降水量为 2～10 mm，适宜日日照时数为 3～6 h。

(3)主要气象灾害及防御对策

主要气象灾害：寡照、干旱和冰雹大风。

幼果发育期日照百分率偏低时产量即明显降低，遮光 70%～80%时产量严重下降。降水偏少导致土壤干旱引起蓝莓伤害，干旱最初的反应是叶片变红，随着进一步干旱，枝条生长细而弱，坐果率降低，易早期落叶。当生长季严重干旱时，造成枯枝甚至整株死亡。出现直径≥10 mm 的冰雹或瞬时最大风速≥14 m/s 或瞬时极大风速≥17 m/s 可致幼果掉落，造成减产。

主要防御对策：遇干旱时及时补水，做好人工防雹工作。

7.5.2.5 果实膨大期

(1)主要农事活动

时间：5 月下旬—6 月中旬。

果实着色膨大。

主要农事活动：①施肥。叶面喷施几丁聚糖和果蔬钙提高果实品质和树体抗逆性；在果实成熟前 2 周完成施肥。②控水。蓝莓果实成熟采摘期要适当控水，不旱不浇，并减少每次浇水量。③防鸟防虫。在结果大树区张挂好防鸟网；根据病虫发生情况对症防治，利用杀虫灯杀虫，搞好美国白蛾防治；采摘前清除干净杂草。

(2)农业气象指标

果实膨大期适宜气温为 18～25 ℃，适宜日平均降水量为 2～10 mm，适宜日日照时数为 3～6 h。

(3)主要气象灾害及防御对策

主要气象灾害：暴雨洪涝、干旱。

果实膨大期降雨过多，连续 5 d 以上日降水量≥0.1 mm、过程总降水量≥30 mm，会造成裂果，影响品质。土壤缺水干旱会影响产量的形成。

主要防御对策：遇到连续降水要注意排水，尽量不要有果园积水。遇干旱适时浇灌，促进果实膨大。

7.5.2.6 果实成熟期

(1)主要农事活动

时间：6 月下旬—8 月中旬。

果实色泽进一步加深成熟。同一果序或果枝最先成熟的是先端果,果形最大。粗壮枝条上结的果比弱枝上的大。成熟期在25~40 d。

主要农事活动:①采果。果实成熟要及时组织人员采摘,缩短采果间隔期;蓝莓果实成熟时正是盛夏,注意不要在雨中或雨后马上采收,以免造成霉烂。②分级。做好果实分级和基地短期存放,注意卫生及消毒。③适当控水。不旱不浇,并减少每次浇水量,浇水量为膨果期的一半即可,雨后及时排涝。④施肥。在采收前10 d施肥1次,以磷钾肥料为主。⑤防虫。在果实成熟期采用综合措施控制果蝇发生数量。⑥果实采收后进行修剪,清除园内杂草。

(2)农业气象指标

果实成熟期适宜气温为18~28 ℃,适宜日平均降水量为2~10 mm,适宜日日照时数为3~6 h。

(3)主要气象灾害及防御对策

主要气象灾害:连阴雨。

连续5 d以上日降水量≥0.1 mm、过程总降水量≥30 mm,不利于采摘,若在雨中或雨后马上采收,易造成霉烂。

主要防御对策:可适时采收,以防御不利影响。

7.5.3 主要病虫害及防治

危害严重的病虫害主要是灰霉病、果蝇和金龟子。

7.5.3.1 蓝莓灰霉病

灰霉病是很多植物常见且比较难防治的一种真菌性病害,属低温高湿型病害,气温为20~25 ℃、空气相对湿度持续在90%以上或幼苗表面有水膜时为病害高发期。花期最易感病。密度过大、幼苗徒长、低洼及排水不良地块发病重。

防治措施:该病害是一种典型的气传病害,可随空气、水流以及农事作业传播。在实际病害防治过程中,难以采取有效措施彻底切断传染源。①栽培防病。收获后,深翻土地15 cm以上,以减少越冬菌源;蓝莓生长期及时清除植物下部老叶、病叶、残花及病果等,减少田间菌源;合理密植使通风透光;雨天注意及时排水;采用滴灌供水,避免大水漫灌。②生物防治措施。用木霉素水分散微粒剂(16亿个孢子/克)500倍液,每隔5~7 d喷施一次。

7.5.3.2 果蝇

防治措施:①选种新品种,错开果蝇排卵时期。②杀虫剂灭果蝇,将选用的甲基丁香油放到瓶子里,瓶口打开,诱果蝇进瓶中。③用糖醋毒杀果蝇,将麦麸炒香,加入糖和醋,用敌敌畏搅拌,放在蓝莓果树下引诱果蝇前来食之。将漂白水喷洒在蓝莓果园潮湿的土壤中,消灭果蝇幼虫。

7.5.3.3 金龟子(蛴螬)

金龟子成虫具有趋光性和假死性。

防治措施:①农业防治措施。结合翻耕,捡拾清除蛴螬。②人工捕杀。利用其成虫假死性进行震落捕杀。③诱杀成虫。进行灯光或火堆诱杀,种植蓖麻诱杀,或使用昆虫病原线虫寄生诱杀。④保护和利用天敌。放鸡啄食;在新鲜被害植株下深挖,可找到幼虫集中处理。

7.6 椪柑

7.6.1 概况

椪柑又名芦柑,是芸香科柑橘属常绿果树。椪柑适应性广,丰产稳产,优系(优株)多,其果实营养丰富,味道芳香甘美,果色鲜艳,皮松易剥,肉质脆嫩,汁多化渣,耐贮藏,产量高,品质优良,商品经济效益显著,具有"远东柑王"之称,是开发潜力很大的特色经济作物。

贵州从江县于 20 世纪 80 年代初引进椪柑果树试种,后大面积推广种植,产生了较好的经济效益,创立了"从江椪柑"品牌。"从江椪柑"以色鲜、皮薄、个大、味甜且浓,驰名中外,市场需求量大,在国内外市场有很大的竞争力。20 世纪 90 年代初期椪柑种植在贵州得以快速发展,目前,已在贵州南部及较低海拔地区大面积推广种植,椪柑产值仅低于粮食,是当地经济发展的支柱产业。

椪柑喜温,年平均气温为 15～26 ℃、日平均气温≥10 ℃积温在 4000～8000 ℃·d 的地区均可种植,但最适宜年平均气温为 16.4～20.0 ℃,最冷月最适宜平均气温为 6.0～12.0 ℃,最热月最适宜平均气温为 26.4～30.0 ℃,≥10 ℃积温最适宜范围是 5500～6500 ℃·d。

雨量充沛利于椪柑生长,椪柑结果期降水量 200～750 mm 就能满足其生长需求,但降水量 400～550 mm 最为适宜。

充足的光照对提高果品品质有利。特别是 3—5 月日照时数 250～350 h、7—10 月日照时数 550～650 h 最为有利。

根据贵州椪柑种植气候适宜性区划指标,把贵州分为 4 个椪柑适宜区(图 7.3)。

最适宜区和适宜区,主要集中在贵州南部以及北部的赤水、习水、仁怀等地。次适宜区主要分布在遵义市和铜仁市市区及贵州中部偏南的部分地区。贵州西北部、中部以及东北部等区域的大部地区不适宜种植椪柑。

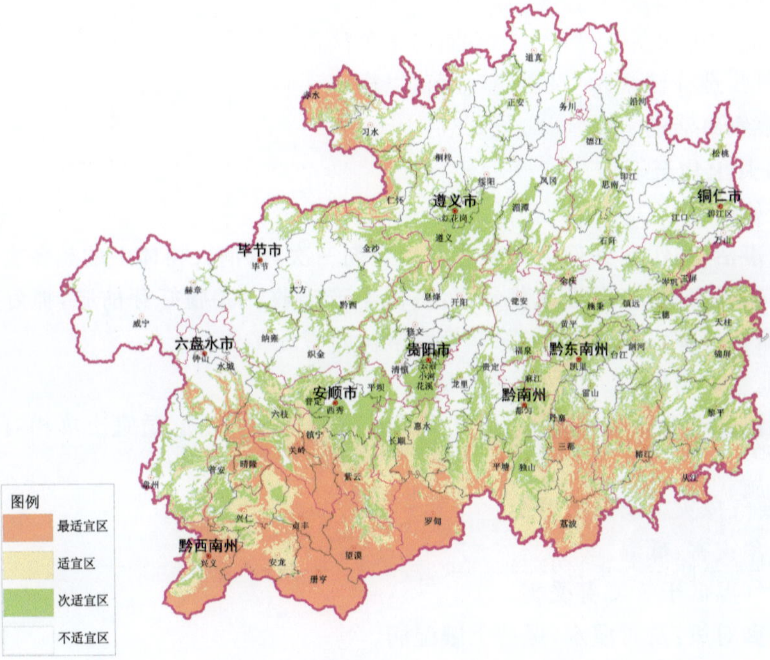

图 7.3　贵州椪柑气候适宜区划图

7.6.2　气象服务技术指南

7.6.2.1　休眠期

(1)主要农事活动

时间:12 月中旬—翌年 2 月下旬。

主要农事活动:①清除残枝落叶、剪除病虫枝。②深耕。耕翻深度以 30 cm 左右为宜,冬季灌水对杀死根部虫卵和降低蛹的羽化程度非常有利。③刮树皮时以刮净粗皮、病皮,露出浅褐色皮层为宜,然后在树干上涂抹石硫合剂,刮皮时,树下要铺塑料布,用于收集刮下来的树皮,以便带出果园烧毁。

(2)农业气象指标

适宜气温为 3～15 ℃、适宜日照时数为 100～200 h、适宜土壤相对湿度为40%～80%。

(3)主要气象灾害及防御对策

主要气象灾害:低温冻害。

极端最低气温低于－5 ℃时树体受冻。

主要防御对策:①根据气候分析和天气预报,通过灌水和喷药延迟椪柑物候期,降低低温的影响。②加强管理，增强树势，提高椪柑果树的抗低温能力，减轻冻害的危害。

7.6.2.2 萌芽期

(1)主要农事活动

时间：3月上旬至下旬。

新梢开始萌芽。

主要农事活动：①萌芽前全面喷施石硫合剂一次，以消灭树体上的越冬害虫。②果树发芽前需要浇透水，促进花芽分化，确保丰产丰收。③施好芽前肥，抓好疮痂病防治、整修橘园排灌设施、勤松土除草等春季橘园管理工作。

(2)农业气象指标

萌芽期适宜气温为8～18 ℃、适宜日照时数为40～100 h、适宜土壤相对湿度为50%～70%。

(3)主要气象灾害及防御对策

主要气象灾害：低温。

日平均气温低于5 ℃芽受害。

主要防御对策：及时灌水，保持土壤湿润。

7.6.2.3 开花期

(1)主要农事活动

时间：4月上旬至下旬。

春梢抽发，有花蕾，并且花蕾逐渐开花。

主要农事活动：①根据生长表现，适当喷施根外追肥，以喷施0.2%～0.3%尿素为主，并结合喷施0.1%～0.2%硼、锌、镁等微量元素；对多花树可适当剪去部分花枝，剪去畸形花和过多的无叶花枝。②谢花后应增施速效性氮肥，特别是多花树和花前未施肥叶片色泽转黄的，更应在谢花期重施保果肥，以免因肥料不足致使早期落果。③重点防治黄龙病、疮痂病、炭疽病等，在开花末期，喷0.5%～0.7%波尔多液，对红蜘蛛、蚧类、花蕾蛆等虫害可喷40%水胺硫磷800倍液。

(2)农业气象指标

开花期适宜气温为14～25 ℃、适宜日照时数为60～150 h、适宜土壤相对湿度为60%～85%。

(3)主要气象灾害及防御对策

主要气象灾害：低温阴雨。

日平均气温低于10 ℃，连阴雨天数在4 d以上时，极易造成烂花、沤花或花药不散，影响授粉受精。

主要防御对策：①根据中长期天气预报，合理安排花期，或把花期推迟到 4 月下旬之后。②在花瓣开始脱落时每隔 3～4 d 进行摇花，震花落瓣及花丝。③雨天摇树枝抖落水滴。④在果园内放蜂授粉，以减少由于授粉受精不良的落果。

7.6.2.4　幼果形成期

(1)主要农事活动

时间：5 月上旬—7 月上旬。

5 月初进入谢花末期，并进入第 1 次生理落果，5 月中、下旬开始进入第 2 次生理落果，夏梢抽发。

主要农事活动：①根据生长表现适当根外追肥，结合喷射 0.02‰～0.03‰防落素，以减少落果。②3 年以下的树在“夏至”前后夏梢摘顶、控制长度在 20 cm 左右，3 年以上的树根据树冠继续抹除夏梢和不定芽，并适度修剪。③结果量多的树应适当疏果，酌情喷施 0.3%尿素和 0.2%磷酸二氢钾混合肥液。④中耕除草、地面覆盖，以达到降温保湿防晒。⑤加强对黄龙病、疮痂病、炭疽病及蚜虫、红蜘蛛、蚧类等病虫害的防治。

(2)农业气象指标

适宜气温为 18～28 ℃、适宜日照时数为 150～300 h、适宜土壤相对湿度为 60%～85%。

(3)主要气象灾害及防御对策

主要气象灾害：暴雨洪涝。

主要防御对策：日降水量 50 mm 以上时，应及时疏通沟渠，防止积水，保果壮果、控制夏梢。

7.6.2.5　果实膨大期

(1)主要农事活动

时间：7 月中旬—10 月中旬。

幼果迅速膨大，夏梢大量抽发；8 月秋梢抽发、果实继续膨大；9—10 月秋梢进入生长老熟期，根系生长，果实迅速膨大。

主要农事活动：①深翻扩穴施重肥，每株施绿肥或土杂肥 30～50 kg、磷肥 1～2 kg、钾肥 0.5～1 kg、石灰 0.5 kg 与表土拌匀分层施入坑内。②施壮果肥，每株施沤熟的人畜粪水 25～50 kg 或复合肥 1～2 kg，开浅沟淋施，施后覆土。③根外追肥，根冠喷 0.5%尿素＋绿芬威 1 号 800 倍液或喷 0.5%复合肥。④修剪老、弱枝和徒长枝。⑤疏果时，掌握疏密保稀、疏畸形留正常、疏小留大的原则。

(2)农业气象指标

适宜气温为 18～30 ℃、适宜日照时数为 400～900 h、适宜土壤相对湿度为 60%～

80%。

(3)主要气象灾害及防御对策

主要气象灾害：高温干旱、暴雨洪涝。

日最高气温高于 37 ℃，日降水量在 50 mm 以上，均不利于果实膨大。

主要防御对策：①日最高气温高于 37 ℃时，早晚要灌水，喷淋降温。②在干旱发生前，做好树盘覆盖和抗旱保湿工作。③在暴雨发生时，及时疏通渠道，降低水位，排涝保根。

7.6.2.6　果实成熟期

(1)主要农事活动

时间：10 月下旬—12 月上旬。

果实逐渐着色、陆续成熟。

主要农事活动：①在干旱发生前搞好树盘覆盖，尽量保持土壤疏松、湿润，减少土壤水分蒸发，在持续 15 d 不下雨时，及时灌水，在出现持续阴雨天气时，及时开沟排水。②果汁达到一定的糖酸比时应及时采收，遇霜、露、雨水未干和雾天不适宜采收，大风大雨之后隔 2 d 再采收。③采收后，应当立即灌水施肥，补充肥水，施肥量占全年的 40%～50%，以腐熟有机肥为主，适量施磷肥、尿素或复合肥等，在施肥的同时，进行叶面追肥，每隔 7～10 d 连续喷洒几次复合型叶面肥，可用 0.4%的尿素或 2%过磷酸钙浸出液。

(2)农业气象指标

适宜气温为 10～18 ℃、适宜日照时数为 70～150 h、适宜土壤相对湿度为 60%～70%。

(3)主要气象灾害及防御对策

主要气象灾害：干旱。

持续 15 d 以上无降水便会出现干旱。

主要防御对策：及时灌水，保持土壤湿润，以满足果实对水分的要求。

7.6.3　主要病虫害

柑橘(椪柑、金钱橘)危害严重的病虫害有黄龙病、溃疡病、炭疽病和柑橘红蜘蛛等。

7.6.3.1　柑橘黄龙病

此病的初次侵染来源主要是田间病树，而在新区则主要是带病苗木和接穗。病树或病苗可借昆虫柑橘木虱辗转传播再侵染，3～4 年内，发病率可高达 70%～100%。老龄树抗病力比幼龄树强。水肥管理好、挂果量适宜、防虫及时的果园，该病发生发展较慢。

防治措施：由于此病的初侵染源和再侵染源主要是带病接穗、带病苗木和田间病树，所以防治该病应采取以杜绝和消灭病源为中心的综合防治措施。①严格实行检疫制度。②建立无病苗圃，培育无病苗木。③挖除病株，集中烧毁。④加强管理，通过控肥控梢，促使抽梢期整齐一致，缩短抽梢期，减少媒介昆虫繁殖和传播病害。新梢抽发 1～2 cm 时，全面喷 1～2 次杀虫剂防治木虱。⑤种植防护林。果园四周种植防护林，防护林对媒介昆虫的迁飞也起阻碍作用。⑥改造老病区。若病区果园的发病率已达 20%以上，整个病区应该停止补种或停种新苗，等到全区的橘树都已死亡挖除，再种植无病苗木，把病区改造为无病区。

7.6.3.2　柑橘溃疡病

高温多雨季节有利于病菌的繁殖和传播，发病较重。病菌侵入需要组织表面有 20 min 以上的水膜，故雨量多的季节或年份，病害发生也多。过施氮肥发病重，增施钾肥可减轻发病；摘除夏梢、控制秋梢，可减轻发病；及时防治害虫，尤其是潜叶蛾发生少的果园，病害较轻。品种混栽利于病菌传染，发病较多。此病一般只侵染一定发育阶段的幼嫩组织，刚抽出来的嫩叶、嫩梢，刚谢花后的幼果，以及老熟组织都不受侵染或很少受侵染。因为很幼嫩的组织或器官各种自然孔口尚未形成，病菌难以侵入。

防治措施：除应加强植物检疫外，对已发病的果园，宜采取栽培防病和药剂防治相结合的原则。①加强检疫。②建立无病苗圃，培育无病苗木。③加强栽培管理。冬季做好清园工作，收集落叶、落果和枯枝，加以烧毁。早春结合修剪，剪除病虫枝、徒长枝和弱枝，摘除病叶，减少侵染源。对夏梢发生多的柑橘树，适当摘除一部分夏梢。合理施肥，增加橘树的抗病力。做好防虫工作。④药剂防治措施。苗木及幼树以保梢为主，新梢萌芽后 20～30 d 喷药 1 次。成年树以保果为主，保梢为辅。在谢花后 10、30 和 50 d 各喷药 1 次。可喷 50%代森铵水剂 800 倍液；1∶1∶(200～300)波尔多液或 50%退菌特可湿性粉剂 800 倍液。

7.6.3.3　柑橘炭疽病

柑橘炭疽病是一种发生普遍和危害严重的病害。发病后可引起落叶、枝梢枯死、枝干开裂及果实腐烂，在果实近成熟期危害果梗，引起蒂枯落果，在贮存运输期间还常引起果实大量腐烂，对产量影响较大。凡冬季冻害较重或早春气温低和阴雨多的年份发病较重。夏秋季节高温多雨也有利于病害发生。郁蔽、树势衰弱或偏施氮肥、少施磷钾肥的橘园，发病较重。土质黏重、土层浅、有机质含量少、地下水位高、排水不良的柑橘园发病重。一般嫩梢、嫩叶和幼果容易受害。但果实则往往在近成熟时或成熟期中受害较重。

防治措施：①加强栽培管理。冬季搞好清园工作，结合果树修剪，剪除病枝梢、病叶和病果梗等,清除地面的落叶、病果,集中烧毁。在此基础上喷 1 次 0.5°～0.8°Bé 的石硫合剂或喷 40%灭病威 400 倍液 2 次。加强肥水管理及害虫防治,保持树势健壮。②喷药。在春、夏、秋梢嫩梢期,各喷药 1 次。幼果期喷药 1～2 次。椪柑易发生蒂枯落果的品种,8—9 月加强喷药保护,防止病菌侵入。药剂有 50%退菌特可湿性粉剂 800 倍液,50%甲基托布津可湿性粉剂 1000 倍液,65%代森锰锌可湿性粉剂 500 倍液等。③防治贮存期发病。果实贮存运输前注意挑出病果,贮运期温度最好保持在 5～7 ℃,可防止炭疽病继续发生危害。

7.6.3.4 柑橘红蜘蛛

红蜘蛛的发生有 2 个高峰期,常年出现在 4—6 月和 9—11 月。一般气温在12～26 ℃时有利于红蜘蛛的发生,20 ℃时最适宜,空气相对湿度在 70%左右、多雨不利于发生。天敌有尼氏钝绥螨、江原钝绥螨、长刺钝绥螨、具瘤长须螨、圆果大赤螨、草间小黑蛛、八斑球腹蛛、晋草蛉、中华草蛉、塔六点蓟马、深点食螨瓢虫、腹管食螨瓢虫、虫生藻菌、芽枝霉和无内含体病毒等。

防治措施:①生物防治措施。保护利用或养放天敌。②栽培管理。冬季结合整枝修剪,剪除过密枝条和病虫枝叶,减少越冬虫源,压低发生基数。加强肥水管理,增强树势。③药剂防治措施。冬季用 0.8°～1.0°Bé 的石硫合剂喷布;春季交替施用 1%阿维菌素 6000 倍液或 20%双甲脒 1800～2000 倍液等药剂。

7.7 金钱橘

7.7.1 概况

金钱橘又名京橘,是芸香科金钱橘属双子叶植物,常绿小乔木或灌木,在贵州有较长的栽培历史。金钱橘果实较小,单果重一般为 30～50 g;有圆球形、饼子形、扁圆形几种;果色有橘红、橙红、朱红几种;果皮油胞较明显,有纯正的芳香气味;果皮易剥、瓤瓣易分、汁胞饱满、水分充足,果肉呈樱红或牛肉红色,果实含糖较多,含酸很少,可溶性固形物达 12%以上。金钱橘结果率较高,果实分布均匀,像小红球似的密布于树冠内外,在暗绿色叶片的衬托下,更显得格外耀眼夺目;鲜食味甜、化渣爽口,加工成蜜饯和果汁更有一番风味。

贵州以惠水种植金钱橘为最多,惠水金钱橘已有 350 多年的栽培历史,果实色鲜、皮薄、味甘、籽少、橘味浓郁,已成为省内外传统名果。

金钱橘性喜温暖湿润气候,喜光、喜肥、喜水,不耐寒,也不耐阴、水湿,不宜烈日曝晒,适生于疏松肥沃、排水良好的微酸性和中性土壤。生育期适宜气象条件为:年平均气温 15.0～19.6 ℃,最适气温 23～29 ℃,年降水量 1000～2000 mm,极端最高气温 35 ℃,适宜海拔 800～1100 m,土壤相对湿度 60%～80%,空气相对湿度 75%

左右。贵州大部分县(市)均可种植金钱橘,主产区为惠水县,都匀、罗甸、沿河等县(市)也有少量种植。

7.7.2 气象服务技术指南

7.7.2.1 休眠—花芽分化期

(1)主要农事活动

时间:1月上旬—2月下旬。

果树从处于休眠状态,到花芽开始分化至雌蕊形成。花芽分化期间,外观无明显特征。

主要农事活动:清园、翻耕、施肥、防治病虫害。

(2)农业气象指标

适宜气温10～20 ℃。

(3)主要气象灾害及防御对策

主要气象灾害:凝冻、干旱、霜冻。

气温0 ℃以下芽梢冻坏。

主要防御对策:培土覆盖防凝冻;旱时灌水、中耕;可使用熏烟、盖草等方法防霜冻。

7.7.2.2 春梢萌芽—抽梢期

(1)主要农事活动

时间:3月上旬至下旬。

新梢开始萌芽,叶柄旁的腋芽鳞片开裂后,芽体超过鳞片大小为春梢萌芽期;新梢第一片幼叶张开,同时出现基节即为抽梢期。

主要农事活动:定植、施肥,旱时灌水、中耕,嫁接。

(2)农业气象指标

抽梢适宜气温为10～20 ℃。

(3)主要气象灾害及防御对策

主要气象灾害:春旱、倒春寒、冰雹、晚霜冻。

主要防御对策:人工消雹、施肥、压绿、灌溉、熏烟防霜冻。

7.7.2.3 现蕾—开花期

(1)主要农事活动

时间:一般在4月上旬至下旬。

发芽以后能区分出极小的花蕾,约出现5%时即进入现蕾期,花瓣开裂能窥见雌雄蕊即进入开花期。

主要农事活动:清园清沟、疏蕾(花)、控梢、抹芽、病虫防治、绿肥播种。

(2)农业气象指标

开花适宜气温为 10～20 ℃。

(3)主要气象灾害及防御对策

主要气象灾害:干旱、冰雹、倒春寒。

气温低于 5 ℃落花。

主要防御对策:灌溉、人工防雹。

7.7.2.4 生理落果期

(1)主要农事活动

时间:5 月上旬—6 月中旬。

第 1 次生理落果期:落丝、落瓣、落柱以后,子房刚开始转色,自果梗处脱落。第 2 次生理落果期:子房膨大,果实从蜜盘脱落,此时多在 6 月。

主要农事活动:注意排水、施稳果肥、除草、疏果保果、夏梢修剪、病虫害防治。

(2)农业气象指标

适宜气象条件:充足的阳光,适宜的降水,气温 20～30 ℃。

(3)主要气象灾害及防御对策

主要气象灾害:冰雹、暴雨洪涝、高温干旱。

持续降水天气、持续高温干旱或 35 ℃以上高温均不利于果实生长。

主要防御对策:及时排水或灌溉、人工防雹。

7.7.2.5 结果期

(1)主要农事活动

时间:6 月下旬—7 月中旬。

自子房膨大开始至囊瓣发育完全。

主要农事活动:树体管理、肥水管理、控梢疏果、病虫防治。

(2)农业气象指标

适宜气象条件:充足的阳光,适宜的降水,气温为 20～30 ℃。

(3)主要气象灾害及防御对策

主要气象灾害:冰雹、持续高温干旱、暴雨洪涝。

持续高温干旱或 35 ℃以上高温均不利于果实生长。

主要防御对策:及时排水或灌溉、人工防雹。

7.7.2.6 果实膨大期

(1)主要农事活动

时间:7 月下旬—9 月下旬。

果实逐渐膨大,果皮色泽呈绿色。

主要农事活动:修剪树冠、病虫害防治、追肥壮果、播种冬季绿肥、果实套袋。

(2)农业气象指标

适宜气温为 20～30 ℃,另需适宜降水和充足光照。

(3)主要气象灾害及防御对策

主要气象灾害:连阴雨、干旱、暴雨洪涝。

光照少、积温低,影响品质,推迟成熟。

主要防御对策:灌溉、排水、施肥、加强病虫害防治。

7.7.2.7 果实成熟采收期

(1)主要农事活动

时间:10 月上旬—12 月中旬。

成熟期果实组织发育基本完善,糖、氨基酸、蛋白质等固形物含量迅速增加,含酸量下降。此外,果皮叶绿素逐渐分解,胡萝卜素合成增多,果皮逐渐着色;果汁增加,果肉、果汁着色;种子硬化。

主要农事活动:继续控水、适期采收、施好采果肥、合理贮藏、采果后恢复树势、及时喷药防治冬季病虫害。

(2)农业气象指标

成熟期需阳光充足,气温以 20～30 ℃为宜。

(3)主要气象灾害及防御对策

主要气象灾害:连阴雨、干旱。

主要防御对策:排水、灌溉。

7.7.3 主要病虫害

内容同 7.6.3 节。

7.8 猕猴桃

7.8.1 概况

猕猴桃系猕猴桃科猕猴桃属植物,又称阳桃、藤梨、猕猴梨、奇异果等,是原产我国的野生木质藤本多年生落叶果树,雌雄异株。

贵州是猕猴桃原产地之一,主要分布在海拔 900～1600 m 区域,2011 年全省猕猴桃种植面积 0.6 万 hm^2,到 2015 年末增长至 3.1 万 hm^2,形成了贵阳市、六盘水市、黔东南州、遵义市等产业集中发展区。种植面积全国排名第 5,年产量全国排名第 7。贵州猕猴桃品种布局以红阳、贵长为主,米良一号、海沃德、金圆、秦美等品种为辅。其中,红阳猕猴桃(红心猕猴桃)是六盘水市 2000 年从四川引种栽培的,经多年驯化、推广种植,目前已经发展成为贵州西部主要的特色农产品。

温度是限制猕猴桃分布和生长发育的主要因素，大多数品种喜亚热带或温带湿润半湿润气候，年平均气温在 11.3～16.9 ℃，极端最高气温约在 42.6 ℃，极端最低气温约在－20.3 ℃，日平均气温≥10 ℃的有效积温为 4500～5200 ℃·d，无霜期为 160～270 d。猕猴桃品种间对温度的要求也不是很一致，中华猕猴桃在年平均气温为 4～20 ℃时生长发育良好，美味猕猴桃在年平均气温 13～18 ℃范围内分布最广。猕猴桃的生长发育阶段也受温度影响，有研究表明美味猕猴桃当气温上升到 10 ℃左右时，幼芽开始萌动，15 ℃以上时才能开花，20 ℃以上时才能结果，当气温下降至 12 ℃左右时则进入落叶休眠期，整个发育过程需 210～240 d，这期间白天气温不能低于 10 ℃。

猕猴桃需水又怕涝，属于生理耐旱、耐湿性弱的果树，因此对土壤水分和空气湿度的要求比较严格，这决定了猕猴桃最适宜在雨量充沛且分布均匀、空气湿度较高、湿润但不渍水的地区栽培。一般来说，凡年降水量在 1000～2000 mm、空气相对湿度在 80％左右的地区，均能满足猕猴桃生长发育对水分的要求。如果年平均降水量在 500 mm 则必须考虑设立灌溉设施，以备干旱时灌溉所需。高山地区雾气较多、溪涧两旁的土壤湿润，常年湿度大，对猕猴桃生长是比较理想的。

猕猴桃是中等喜光果树，喜半阴环境，在不同发育阶段对光照要求不同：幼苗期喜阴凉；成年结果树要求充足的光照，忌强光直射，适宜漫射光。

根据红心猕猴桃的生物学特性及其在贵州种植的物候期、品质、产量，将贵州红心猕猴桃划分为最适宜、适宜、次适宜、不适宜 4 个气候区（图 7.4）（莫建国 等，2016）。

最适宜种植区主要分布在黔西南州大部、六盘水市中西部、毕节市中部等地。适宜种植区以六盘水市东部、毕节市中部偏东、安顺市中部偏西、贵阳市中部为主，但该区北部冬、春两季低温阴雨（雪）天气较重，猕猴桃容易受冻害，不利于安全越冬和开花授粉，种植时应选择背风向阳地带。次适宜种植区主要分布在毕节市东部、安顺市西部、黔南州西部、贵阳市和黔西南州东部，该区春季回暖较迟，低温阴雨天气不利于猕猴桃开花授粉，且南部冬季气温较高，不利于猕猴桃花芽形态分化，不宜盲目种植。不适宜种植区主要分布在毕节市西部、遵义市和铜仁市的大部、黔南州东部，该区西部冬季常有低温雨雪天气发生，东部夏季常有高温干旱发生，不利于红心猕猴桃生长，不适宜种植。

7.8.2 气象服务技术指南

7.8.2.1 萌芽期

（1）主要农事活动

时间：2 月下旬—3 月上旬。

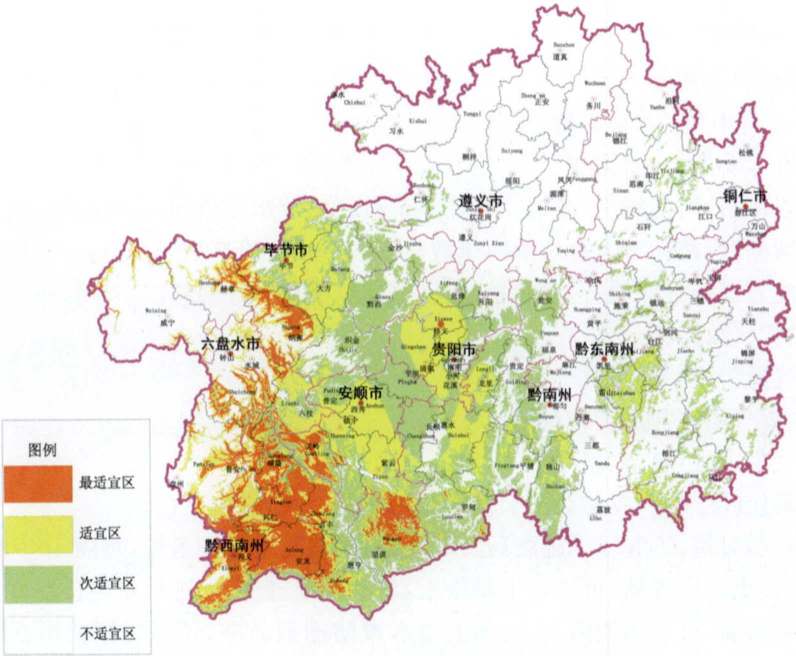

图 7.4　贵州红心猕猴桃植气候适宜性分布图

全株有 5%芽的鳞片裂开，微露绿色。

主要农事活动：①视墒情灌水。②整地建园，新建园补栽，品种补接。野生资源改造利用，高接换头。③萌芽前 15 d 左右，全园包括防护林，喷一遍 3°～5 °Bé 石硫合剂，萌芽后需施催芽肥，以促进萌芽和加速花芽分化，发芽期慎用化学药剂。④施肥后应及时浇透水灌溉，无灌溉条件的果园要进行松土保墒和树盘覆盖。⑤地面黄干时浅锄。⑥萌芽前采取喷防冻剂、熏烟、灌水等办法可以减轻芽萌动期低温冻害。

(2)农业气象指标

气温在 8.5 ℃以上时萌芽。

(3)主要气象灾害及防御对策

主要气象灾害：低温冻害（霜冻或凝冻天气）。

早春萌芽后遇霜冻或凝冻天气会冻死幼蔓和花芽而不能结果，导致产量降低，严重者毁园。

主要防御对策：①霜冻。可使用烟熏、向树体上喷水、向树体上喷防冻剂 3 种方法，在应用时注意一定要在霜冻来临前进行。此外，还可培土，入冬后灌水，以提高树体抗冻能力。②凝冻。提高树体营养贮备水平，加强树体保护，可减轻冻害发生。

7.8.2.2　展叶期

(1)主要农事活动

时间:3 月中旬—4 月中旬。

全株有 5%的叶开始展开。

主要农事活动:①施肥,灌水。②抹芽定枝。随着嫩枝出现,进行疏枝,结果枝和营养枝留两侧,嫩枝和芽上有病的一律剪除。③继续防治蔓枯病、溃疡病和根结线虫病。每天注意逐行逐株检查,发病重时及时剪除,并保护好伤口。

(2)农业气象指标

下限气温为 10 ℃,适宜气温为 15～18.5 ℃。

(3)主要气象灾害及防御对策

主要气象灾害:春旱、霜冻。

霜冻易使叶干枯。春旱会影响猕猴桃的正常生长,以致死亡。

主要防御对策:①春旱。施肥后及时灌水,根据当地气候条件,每隔 10～15 d 灌水 1 次,若表土出现板结,可进行中耕松土,以利保湿透气,促进根系生长发育。②霜冻。霜冻来临前,可采用烟熏、向树体上喷水或防冻剂防冻,还可在深秋用石灰水将树干和大枝蔓涂白等。

7.8.2.3　现蕾期

(1)主要农事活动

时间:4 月下旬—5 月上旬。

全株有 75%的花蕾出现。

主要农事活动:①金龟子危害叶和花蕾,应进行诱杀。同时综合防治蟑象、东方新甲、花腐病、根腐病、介壳虫等。②疏花蕾。弱枝上花蕾一律疏掉。③干旱时全园灌水,灌后及时中耕保墒。

(2)农业气象指标

生长下限温度为 10 ℃ ,适宜温度为 15～20 ℃。

(3)主要气象灾害及防御对策

主要气象灾害:霜冻、春旱。

在 0 ℃以下的条件下,春季萌发的芽或新梢最易遭受冻害甚至成年植株的枝蔓也会被冻死。春旱会影响猕猴桃的正常生长,以致死亡。

主要防御对策:①在霜冻来临前使用烟熏、向树体上喷水或喷防冻剂,还可用深秋用石灰水将树干和大枝蔓涂白,培土,入冬后灌水等方法防御霜冻。②施肥后及时灌水,根据当地气候条件,每隔 10～15 d 灌水 1 次,若表土出现板结,可进行中耕松土，以利保湿透气，促进根系生长发育。

7.8.2.4　开花期

(1)主要农事活动

时间：5 月中旬至下旬。

全株有 75%的花朵开放。

主要农事活动：①花期视天气情况，进行人工授粉或借蜂传粉。②疏花。③视旱涝情况灌排水。④叶面喷施 0.2%～0.5%的硼酸液，喷防虫防病生物药剂，人工捕捉金龟子。

(2)农业气象指标

猕猴桃开花下限温度为日平均气温 12.0 ℃，适宜气温为 16.0～20.0 ℃ ，空气相对湿度以 70%～80%为宜。

(3)主要气象灾害及防御对策

主要气象灾害：倒春寒、春旱。

倒春寒对猕猴桃的发芽率和坐果率影响较大。开花期间遇强降温天气，对开花有延迟作用，即使在盛花期，气温降到 12 ℃以下，开花数也大大减少，甚至停止开花。降水量在 10 mm 以下不能满足猕猴桃正常开花需要。

主要防御对策：①倒春寒。及时灌水；使用烟熏法等。②强降温。收集雄株花粉，进行人工点花授粉、人工喷雾授粉；喷叶面肥或赤霉素；疏蕾、疏枝复剪、摘心。③春旱。根据当地气象条件，适时灌水，若表土出现板结，可进行中耕松土，以利保湿透气，促进根系生长发育。

7.8.2.5　坐果期

(1)主要农事活动

时间：6 月上旬至下旬。

全株有 50%～95%花朵的花瓣凋落之间的时期，即果实开始迅速生长期。

主要农事活动：①谢花后 10 d 开始疏果。疏除畸形果和小果，壮果枝保留 3～4 个，弱果枝保留 1～2 个。②谢花后 20 d 开始套袋。套袋后，叶面喷施 0.3%磷酸二氢钾或其他叶面肥。幼树每株施猕猴桃专用复合肥(春肥)0.1 kg 左右(当年栽植的树减半施用)。③疏除弱枝、密枝。幼树绑蔓、摘心，培养主干、主蔓。④结合人工除草，搞好地面覆盖。

(2)农业气象指标

晴暖天气，气温高、光照足坐果率高，果实发育较好。适宜气温为 16～25 ℃，适宜土壤相对湿度为 60%～90%。

(3)主要气象灾害及防御对策

主要气象灾害：连阴雨、冰雹、干旱。

低温阴雨天气不利于幼果形成，坐果率比较低。冰雹对猕猴桃植株及果实造成直接的机械损伤，不仅当年产量受损，而且对来年产量造成后续影响。高温干旱造成落叶落果或果实不能正常生长发育，造成植株生长发育缓慢，产量下降，出现畸形果，诱发病害，影响来年生产。

主要防御措施：①连阴雨。阴雨或寡照时段，去掉猕猴桃植株周围遮光的树木杂物，疏枝疏叶，增加通风透光性；雨涝过后，及时排除果园积水。②冰雹：随时注意天气预报，在冰雹来临前做好防范的准备工作。灾后及时清理果园内沉积的冰雹、残枝落叶及落果等，松土，养根壮树，追肥补养，恢复树势，及时疏除雹伤严重的残次果，以节省养分。加强病害防控。③干旱。园地覆盖、架顶覆盖、灌水和浇水。

7.8.2.6　果实膨大期

(1)主要农事活动

时间：7月上旬—8月上旬。

新梢逐渐停止生长，幼果逐渐膨大，历时50 d左右。

主要农事活动：①做好夏季修剪、拉枝、绑蔓、抹芽、摘心、打顶，以及旺长树局部环剥、环割、花后雄株修剪、疏果、果实套袋等管理。②视病虫害发生情况进行防治。注意防治蛾类幼虫和成虫。设立灯光诱杀、化学诱杀。人工捕捉金龟子。防治腐烂病、溃疡病、早期落叶病。③果实膨大期追肥，视旱涝情况灌排水。根据缺肥症状，进行根际追肥或叶面喷肥。

(2)农业气象指标

要求降水量≥500 mm，适宜气温为20～27 ℃，适宜日照时数为300～400 h，适宜土壤相对湿度为60%～90%。

(3)主要气象灾害及防御对策

主要气象灾害：高温干旱、冰雹。

若35 ℃高温持续2 d以上或气温达到38 ℃以上时，植株蒸腾加速，破坏水分代谢活动，叶片和果实出现“灼伤”，表现为叶缘变黑上卷，呈火烧状，即发生叶片“日灼”伤害，并使部分阳面果实发生灼伤和裂果，进而大大降低猕猴桃果实含糖量和维生素含量。高温干旱会造成落叶落果，果实品质下降，产量和贮藏性降低，甚至导致植株死亡，严重影响其经济效益。冰雹对猕猴桃植株及果实造成直接的机械损伤，不仅当年产量受损，而且对来年产量造成后续影响。

主要防御措施：①高温。适量留果，合理负载；及时打开套袋通气孔，利用通气，降低袋内温度；给果园内多灌几次水，降低环境温度，增加土壤和空气湿度，减轻高温危害；遮阳，及时用报纸、树叶、柴草等物搭阴、遮盖，减少果实因阳光直接照射而烧伤、受损；摘心，摘心时，在顶端果实前多留2～3片叶，增加叶幕层；高温曝晒过后，加强植株管理，做好病虫害防治。②冰雹。大力种草植树，绿化荒山，封山育林，改善气候条件，减少冰雹发生的频率；要随时注意天气预报，在冰雹来临前做好防范的准备工作；人工防雹；加强灾后管理，及时清理果园内沉积的冰雹、残枝落叶及落果等，松土，养根壮树，追肥补养，恢复树势，及时疏除雹伤严重的残次果，以节省养分，尽快恢复树势，加强病害防控。

7.8.2.7　果实成熟期

(1)主要农事活动

时间：8 月中旬—11 月上旬。

果实种子已饱满呈深褐色的时期。

主要农事活动：①深耕施肥。挂果树每株用 0.5 kg 左右猕猴桃专用复合肥、30 kg左右农家肥、2～3 kg 过磷酸钙混合腐熟后施用，或每株用生物有机菌肥 10 kg 左右、猕猴桃专用复合肥 0.5 kg 左右、过磷酸钙 2～3 kg 混施。幼树减半施用。②采收果实。可溶性固形物含量达到 7%～8%时为采收指标。采收宜在无风的晴天进行，以 10:00 前气温未升高时为佳。雨天雨后以及露水未干的早晨不宜采收。③抗旱或者排湿。④深耕翻园，种植绿肥。及时疏除徒长枝、病虫枝、细弱枝和过密枝等，保持通风透光，提高树体光合利用率，积累养分，提高果实品质。⑤对贮藏库进行消毒。⑥防溃疡病。

(2)农业气象指标

日平均气温≥10 ℃积温 2790～2990 ℃ · d，适宜气温 15～25 ℃，适宜降水量 60～120 mm，适宜日照时数 130～230 h，适宜土壤相对湿度 60%～90%。

(3)主要气象灾害及防御对策

主要气象灾害：高温、低温阴雨。

气温达到 35 ℃以上时，猕猴桃叶片受强光照射易使叶缘失绿，继而变褐发黑，果实接触阳光的部分变褐发黑，限制果实生长，成熟后果个儿较小且果面不洁净。过多的低温阴雨天气易诱发病虫害和裂果。

主要防御对策：①高温。通过果园喷灌、滴灌设施和搭建防护网、果园种草等，改善和营造猕猴桃适宜的气候生态环境条件，减轻和缓解夏季高温伏旱对猕猴桃的影响和危害。通过合理留枝、适时套袋、科学夏剪等措施，进行果园小气候调控，降温增湿。②低温阴雨。去掉猕猴桃植株周围遮光的树木杂物，疏枝疏叶，增加通风透光性。雨涝过后，及时排除果园积水，防治病虫害。

7.8.2.8　落叶期

(1)主要农事活动

时间：11 月中旬—12 月上旬。

全株有5%的叶开始脱落到75%的叶脱落完毕之间的时期。

主要农事活动：①落叶后开始冬季修剪和清园，将园内落叶、烂果、病虫危害枝一律清除出果园。②深翻果园。应在上一年深翻边缘向外深翻，不要重复深翻，沙土地不深翻，不要伤3 mm以上粗的根。③继续施基肥。④给猕猴桃幼树根部培土或进行绑草、埋土，防冬季冻害。

(2)农业气象指标

日平均气温稳定在10 ℃以下，猕猴桃开始落叶。

(3)主要气象灾害及防御对策

主要气象灾害：秋绵雨、霜冻

主要防御对策：①雨涝过后，及时排除果园积水。②霜冻前白天在园子里分散堆积麦糠、杂草等可燃物，让其缓慢燃烧并产生烟雾，提高果园温度。早霜冻过后，通过冬季修剪调节树体生长发育。

7.8.2.9　休眠期

(1)主要农事活动

时间：12月中旬—翌年2月上旬。

全株有75%的叶脱落完毕到来年芽膨大之间的时期。

主要农事活动：①新建园整地定植，幼园补栽。②果园灌越冬水。水的比热容大，增加土壤中的水分也就增加了土壤中保存的热量，其热量可以缓解急剧降温的不良影响。③冬季修剪清园。④平整土地。

(2)农业气象指标

猕猴桃在冬季正常休眠需20～30 d，要求日平均气温低于7 ℃。猕猴桃自然休眠在5～7 ℃低温下最有效，4～10 ℃低温较为有效，低于0 ℃时作用不理想。

(3)主要气象灾害及防御对策

主要气象灾害：凝冻、冻害。

冬季凝冻会对根、茎等造成危害。冬季严寒冰冻，会造成猕猴桃树皮伤裂、枝条干枯、根部腐烂，导致全株死亡。日平均气温≤−12 ℃时，可以引起树体死亡；日平均气温在−7～−6 ℃时，可以产生冻害。

主要防御对策：①提高树体营养贮备水平，加强树体保护，可减轻冻害发生。②冬季浇防冻水。③发生冻害的果园不能用刀具刮削受冻部位，应及时使用杀菌剂涂抹保护受冻部位，防止其他病害侵染。④若树皮有开裂，可用透气性材料包扎伤口，防止水分蒸发、杂菌感染，以利伤口愈合。⑤对受冻害的果园，应加强管理，伤流期过后要根据受冻程度及时减少花果量和枝叶量，以恢复树势。

7.8.3　主要病虫害及防治

贵州猕猴桃主要病虫害有根腐病、根结线虫病、褐斑病、溃疡病、叶蝉和蚧壳虫等。

7.8.3.1　猕猴桃根腐病

高温高湿利于发病。浇水过多、果园积水、施肥距主根较近、施肥量大、挂果量大、栽植时苗木带菌，都容易引发根腐病。

防治措施：①栽培防病。培养无病苗木，选无病地育苗，选 pH 值呈中性或弱酸性地块栽植。施用充分腐熟的有机肥。除增施有机肥外，黏重土有条件时掺沙子，沙土地掺黏重土改良。新建园时，清除土内所有植物残体。猕猴桃需水多又怕涝，有条件的可用喷灌或滴灌，雨后积水要及时开沟排出。栽植深度需合适，猕猴桃没有主根，而须根发达，若栽植过深，一是根系呼吸受阻，活力下降，易受病菌感染；二是嫁接口外易积水使病菌侵入。挂果量不宜太多，否则会导致果树生长衰弱，抗性下降。②药剂防治。灌根：对已感病的成龄果园，可用 0.8%的菌立灭 300 倍液或 40%多菌灵 400 倍液灌根，每树灌 2～3 kg 药液，每隔 15 d 灌一次，连灌 2～3 次。叶面喷施：将哈茨木霉等均匀喷洒于土面上，此类霉菌的发展能有效抑制有害菌的发展且对猕猴桃没有危害。

7.8.3.2　猕猴桃根结线虫病

主要危害一年生苗木的根。根结线虫以卵和幼虫在土壤中越冬，主要分布在5～20 cm 深的土壤内，10 cm 以上部位分布最多。

防治措施：①栽培防病。最好采用水旱轮作地作苗圃地和栽植地。要适时整枝修剪，合理密植，改善园内通风透光条件；多施有机肥，改良土壤，提高土壤的通透性；在果园中最好套种些能抑制根结线虫的植物，如猪屎豆、苦皮藤、万寿菊等。一经发现病苗及重病树要挖出烧毁。引进种苗要严格检疫，植株的根在 44～46 ℃的温水中浸泡 5 min，发病轻的，可剪去带瘤的根并烧毁。②药剂防治。患病轻的种苗可先剪去发病的根，然后将根部浸泡在 1%的农药中 1 h（农药用草肪威、克线丹或克线磷等）。对疑有根结线虫的园地定植前每亩用 10%克线丹 3～5 kg，进行沟施，然后翻入土中。园中初发病时每亩用 0.5%的氨基寡糖素 600～800 mL 灌根。苗圃地发现病株，可用 1.8%爱福丁乳油，每亩用 680 g 兑水 200 L，浇施于耕作层（深 15～20 cm），效果好，且无残毒遗留，对人畜安全。可用 3%米尔乐颗粒剂撒施、沟施或穴施，每亩用 6～7 kg，药效期长达 2～3 个月。③生物防治措施。果园覆草可诱集捕食根结线虫的腐生线虫。

7.8.3.3　猕猴桃褐斑病

主要危害叶片和枝干，发病部位多从叶缘开始，高温高湿易发此病。

防治措施：①栽培防病。冬季清园：剪除病枝、病叶，连同落叶一起集中烧毁。加强肥水管理，适时灌水、排水，增施有机肥改良土壤结构，提高土壤通透性，改善田间通风透光条件,增强树势。②药剂防治。每年 1—2 月喷洒 1 次石硫合剂,在 5—6 月开花后可喷 70%甲基托布津可湿性粉剂、75%百菌清、50%退菌特、70%代森锰锌等药剂,每 7～10 d 喷 1 次,连续喷 2～3 次。

7.8.3.4 猕猴桃溃疡病

此病主要危害猕猴桃的新梢、枝蔓、叶片和花蕾,以危害 1～2 年生枝梢为主,一般不危害根和果实。此病是一种低温、高湿性病害,病菌生长最适宜温度为 15～25 ℃,容易在冷凉、湿润地区发生并造成大的危害。此病菌致病力较弱,其发生必须首先要有伤口的出现,如冻伤、雹伤、擦伤、剪口伤、裂皮等。传播一般是从发病枝干传染到新梢、叶片,再从叶片传染到枝干。干枯落叶及土壤不具传染性。

防治措施:①植物检疫。加强苗木检查,严禁从病区调运苗木,防止远距离传播。②栽培防病。冬季把带病菌的枯枝落叶集中烧毁,早春结合修剪除去病虫枝、病叶、徒长枝、下垂枝等,以减少传染源。有条件的地方宜摘除夏梢。施用完全腐熟的堆肥,提高土壤有机质含量,合理灌溉、排水,使植株生长健壮。③药剂防治。发病初期,用溃注灵或噻霉酮全园喷洒枝干和叶片,春季发病后,对小伤口或病斑,用小刀在病灶部位纵向上下割三个伤口,深达木质部,伤口上下必须超出病灶 1～2 cm,用毛刷蘸硫酸铜或强力克菌灵 50 倍液在上刀口挤压,使药液穿过病灶向下口流去。在发病盛期,且病灶大,可用原液少量涂入,以利快速杀菌。如剪锯口或树体的病斑过大,可选医用凡士林拌杀毒矾,在刮去病部坏组织后涂抹此膏,既能保护伤口不受病菌侵染,又能使新的皮层快速生长。

7.8.3.5 叶蝉

体小,绿色或黄色。若虫或成虫均刺吸植物汁液,使叶片出现淡白色斑点,危害严重时斑点呈斑块状,或刺伤表皮,使枝条、叶片枯萎。成虫大多具有趋光习性。以成虫或卵在侧柏等常绿树上或杂草丛中越冬。

防治措施:①冬季清除果园内的落叶、杂草,减少越冬虫源。②利用黑光灯诱杀成虫。③药剂防治。百叶虫 10～15 头时用吡虫啉或甲维盐防治。

7.8.3.6 蚧壳虫

常群集于枝、叶、果上,吸取植物汁液为生,严重时会造成枝条凋萎或全株死亡。此外,蚧壳虫的分泌物还能诱发煤污病,危害极大。暴雨可大量淋洗掉若虫,减轻发生程度;干旱的年份不利于蚧壳虫的发生。

防治措施:①防治适期。当孵化率达 80%时,若虫盛发期为施药防治适期。②苗木检疫。蚧类易于随果苗等传播,检疫十分重要。③加强栽培管理。合理施肥和排、灌水,及时除草,结合整形修剪,把带虫的枝条集中烧毁,可大大减少虫口数量。④人工防治。用竹刀刮除。⑤生物防治。少用农药,保护天敌,放养瓢虫,引殖韦伯虫孢、座壳孢控制蚧壳虫。⑥药剂防治。用噻嗪酮或啶虫脒防治。

7.9　核桃

7.9.1　概况

核桃又名胡桃、羌桃，为胡桃科植物，与扁桃、腰果、榛子并称为世界著名的“四大干果”。核桃是贵州 20 世纪 60 年代从新疆引进的，除温凉的黔西北主产区外，湿热的一般产区已被淘汰。据贵州省林业厅统计，截至 2015 年 12 月，贵州核桃种植面积约为 39.53 万 hm^2，2016 年底为 40 多万 hm^2，贵州 9 个市州均种植发展有核桃，种植面积前 3 位是毕节市、遵义市、黔西南州，最后 3 位是贵阳市、安顺市、铜仁市。

核桃喜光，耐寒，抗旱、抗病能力强，喜肥沃湿润的沙质壤土，同时对水肥要求不严，适宜大部分土地生长。核桃在年平均气温 8～16 ℃、极端最低气温高于 −25 ℃，极端最高气温低于 35 ℃，年降水量 600～1200 mm 环境条件下生长正常。幼年树在气温低于 −20 ℃时会出现冻死，成年树（一般指树龄≥4 年）在气温低于 −25 ℃时不能正常结果。全年日照时数在 1300 h 以上为好。

贵州各地均有核桃种植。选取年平均气温、降水量等气候因子，可将其核桃种植气候适宜性区划分为最适宜区、适宜区和不适宜区（图 7.5）（熊华 等，2016）。

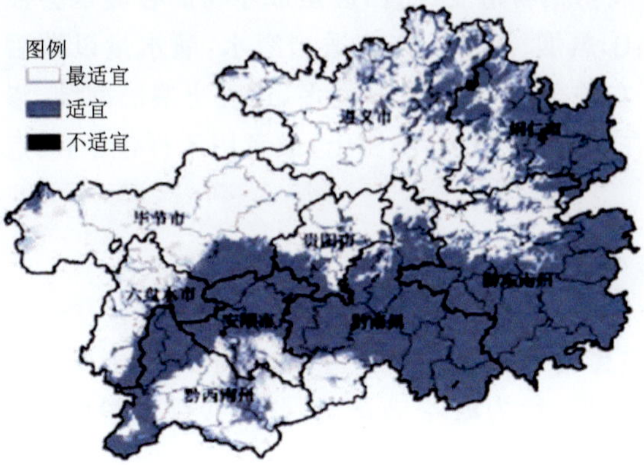

图 7.5　贵州核桃种植气候适宜性区划

贵州核桃种植气候最适宜区主要位于西北部、北部以及西南部地区；不适宜种植区主要位于梵净山、雷公山等高寒地区以及南、北盘江底热河谷地区；其余地区为气候适宜种植区。

7.9.2 气象服务技术指南

7.9.2.1 萌芽展叶期

(1)主要农事活动

时间:3月上旬—4月上旬。

整株有5%绿芽微露至5%的叶子展开。

主要农事活动:追肥、灌水、栽植苗木、病虫害防治。①秋季未施基肥的地块,补施基肥,以人粪尿或农家肥等为主,施后灌水。②树干涂10 cm宽的粘虫带,树干刮平绑上一块塑料布,粘住并杀死上树的草履介小若虫,③加强病虫害防治。萌芽前喷3 °～5 °Bé石硫合剂可防治核桃黑斑病、炭疽病、腐烂病、螨类、介壳虫;腐烂病严重的核桃园要刮除病斑,并涂50～100倍4%农抗120。

(2)农业气象指标

气温在5 ℃以上开始萌芽,8 ℃新梢开始生长,萌芽最适宜气温在8～18 ℃,根系生长适宜气温为14～21 ℃。

(3)主要气象灾害及防御对策

主要气象灾害:霜冻、凝冻。

气温高于30 ℃或低于0 ℃时核桃停止生长,气温≤0 ℃时芽梢冻坏;日平均气温≤－4 ℃时,春芽或新梢易遭受冻害,甚至成年树的枝蔓也会被冻死。

主要防御对策:①熏烟、灌水。冻前适当灌水,灌水量以灌后6～7 h渗完为宜。灌水于冻前10 d左右进行,过早水分蒸发多,过晚土壤已冻结,渗水困难。②涂干或包干。利用涂白剂在培土的同时涂刷树干,或者用禾秆包干,可起到积极预防作用。

7.9.2.2 开花期

(1)主要农事活动

时间:4月中旬—5月上旬。

初花由两芽片包裹为近似球形,5～8 d后,子房逐渐膨大,花羽始开时为始花期;当花羽呈倒“八”字形时,为雌花盛花期,此时接受花粉能力最强,为授粉最佳时期。当整株有5%花蕾绽开时为盛花期。

主要农事活动:幼树解除防寒措施、喷肥、人工授粉、疏花、灌溉、防冻(霜冻)、病虫害防治。①取下缠裹核桃苗的塑料薄膜等,解除幼树防寒。②开花前、新梢速长期、花芽分化期,喷施叶面肥,常用的喷肥种类为0.1%～0.2%的硼酸、0.5%～1%的钼酸铵、0.3%～0.4%的硫酸铜等。开花前追肥有利于促进生长,减少落花,提高坐果率。开花后施肥主要作用是减少落果,促进幼果的迅速膨大及新梢生长和为花芽分化做准备。③核桃存在雌雄异熟现象,花期不遇常造成授粉不良,影响坐果率和产量,此外由于受不利气象因素(低温、连阴雨、大风、霜冻等)影响,雄花的散粉也会受到阻碍。可通过人工辅助授粉显著提高坐果率。④雄花膨大期，疏除核桃树上过多的雄花芽，中下部多疏，上部少疏。疏花可节省大量养分和水分，有利于当年树体的发育、坚果产量和品质的提高。⑤花期要适时灌水，特别是在施肥后。

(2)农业气象指标

核桃花期最适宜平均气温在 14～25 ℃。

(3)主要气象灾害及防御对策

主要气象灾害：霜冻、连阴雨、冰雹。

春季连阴雨对核桃树传粉坐果不利，果树授粉不良，造成减产。核桃花期遇晚霜冻，核桃树的花器官、幼果及嫩梢是植株最不耐寒的部位，春季骤然降温造成核桃的花器官、嫩梢受害变褐、死亡。气温低于 5 ℃会造成落花。

主要防御对策：①霜冻前 3～6 d 普浇一遍水，可降低霜冻灾害的危害度；在降霜的当晚，利用熏烟防霜；在冻害不太严重时，喷施尿素、硼酸、水的混合液，比例为 0.2∶0.3∶100，可提高坐果率，增加产量，减少霜冻造成的损失。在树干上涂抹氨基酸、腐殖酸等复合营养液，增加树体营养，提高树体抗冻能力；天气变暖时，疏除严重受冻果、畸形果，节省树体营养。②在花期遭遇连阴雨时，应进行人工授粉。从健壮树上采集发育成熟、基部小花开始散粉的雄花序，将其放在通风干燥的室内摊开晾干，室内温度保持在 16～20 ℃，待大部分雄花药开始散时，筛出花粉，装瓶待用。装瓶贮花粉必须注意通气、低温(2～5 ℃)条件。温度过高、密闭易发霉，授粉效果降低。为了适应大面积授粉的需要，可用淀粉将花粉加以稀释，同样可达到良好的效果。经试验，用 1∶10 淀粉或滑石粉黧花粉授粉效果较好。在雌花柱头呈倒“八”字形张开、分泌黏液最多时进行人工授粉最佳。授粉方法可用双层纱布袋，内装 1∶10 黧花粉或刚散粉雌花序，在上风头进行人工抖动；将花粉和水按 1∶5000 的比例(也可在水中加入 10%蔗糖和 0.02%的硼酸)，配成花粉水悬液进行喷洒；引蜂授粉。由于一株树上雌花期早晚相差 7～15 d，进行两次授粉可有效提高坐果率。③冰雹。在作物种植区经常发生冰雹的地方植树种草，改变下垫面性质，使局部温度差异减小，缓和局地对流，可减轻冰雹灾害。

7.9.2.3　果实膨大期

(1)主要农事活动

时间：5 月中旬—8 月中旬。

整棵树上 5%授粉果实开始膨大。

主要农事活动：剪枝、中耕、割草、施肥、灌溉、病虫害防治。①5 月中旬，修剪过密枝条，截断旺盛发育枝，增加顶部枝条量，及早扩大树冠，培养结果枝。②6 月，中耕、割草，增加土壤肥力，中耕松土深度在 10～15 cm；捡拾落果、摘除虫果，将病虫果集中深埋。③落花后，每株追施氮肥 1～2.5 kg。④灌水是增产的一项有效措施，在生长期间若土壤干旱缺水，则坐果率低，果皮厚，种仁发育不饱满；施肥后如不灌水，也不能充分发挥肥效。

(2)农业气象指标

果实膨大期适宜气温为 22～28 ℃，此时段需要大量的水分供应。

(3)主要气象灾害及防御对策

主要气象灾害：冰雹、持续高温干旱。

气温≥38 ℃时核仁停止发育，果实和枝条易灼伤，核仁发育不充实，形成空壳和秕仁。

主要防御对策：①气象部门实时开展人工消雹。②有干旱发生时，及时灌溉或叶面喷水，可在 09 时前或 16 时后多次给树冠喷清水，为整个树冠降温的同时又能给树体补充水分；利用杂草的覆盖，保水并减缓水分蒸发。③及时抹除多余的萌芽，疏除多余的枝条，以减少枝叶数量，减少水分蒸腾量，防止叶面水分过分蒸发和灼伤，可减缓干旱对果实的影响；进行合理疏果，疏除一部分果实负载，可防止因土壤过度失水而造成的落叶、落果。

7.9.2.4　成熟采收期

(1)主要农事活动

时间：8 月下旬—10 月上旬。

整棵树 5%的核桃青果皮由深绿变为淡黄，部分外皮裂口，个别果实脱落。

主要农事活动：施肥、松土、收获、采后加工(脱青皮、漂洗)、贮藏、修剪、病虫害防治。①果实硬核期，每株追施氮肥 1～2.5 kg，松土深度 20～30 cm。②核桃果实成熟的标志是青果皮由深绿变为淡黄，部分外皮裂口，个别果实脱落，一般 1/5～1/4 的核桃外皮裂口时即可采收。脱青皮的方法有堆沤脱皮和药剂催熟脱皮两种，脱皮后要及时洗去坚果表面残留的烂皮、泥土及其他污物，不仅要及时用清水冲洗干净，还要用次氯化钠溶液或漂白粉溶液漂洗至洁白，再用清水洗净(作种子用的核桃，脱青皮后不必水洗、漂白，直接晾干后贮藏)。③已翻晒好或烘干的核桃，先摊放在冷凉通风干燥处，待彻底冷却后再包装，贮藏在冷凉干燥通风处。

(2)农业气象指标

室内贮藏核桃最适气温为 1～2 ℃，一般不要超过 8 ℃，空气相对湿度以 75%～80%为宜。

(3)主要气象灾害及防御对策

主要气象灾害：暴雨、冰雹、秋绵雨。

主要防御对策：及时开沟防渍排涝；及时开展人工消雹工作；将清洗和漂洗后的核桃进行快速干燥，使核桃水分含量达到 8%以下，防止霉变、便于贮藏。

7.9.2.5　落叶休眠期

(1)主要农事活动

时间:10 月中旬—翌年 2 月下旬。

整株有 5%的树叶变黄并开始掉落。

主要农事活动:清洁核桃园、整形修剪、刮皮、深翻、施肥、幼树防寒、病虫害防治。①修剪枝条适宜时间在核桃采收后到叶片变黄之前,修剪枝条要避开严重"伤流"期,一般在 10 月修剪较为适宜(注意展叶期也是伤流发生的高峰期)。②挂果树树皮增厚,会减少形成层与空气日光的接触面积,影响树木的呼吸作用。在树木进入休眠期后刮去主干上的老皮,可促进树势发育和防治病虫危害。③生长 1～2 年的幼苗将树弯倒埋土,不易弯倒的用编织到装土埋实,3 年生树干用绵纸和塑料膜缠裹,缠裹时注意膜在外。④成年核桃树根深叶茂,对肥水的需要量很大,每年落叶后深翻一次,并结合冬季施肥(在距离核桃树 30～40 cm 的四周挖以深 25～30 cm 的沟,每株埋入 15～25 kg 农家肥,也可埋入树叶、秸秆等),达到清理致病虫危害源的目的。

(2)农业气象指标

冬季极端最低气温≥－20 ℃,成年树能够安全越冬。

(3)主要气象灾害及防御对策

主要气象灾害:冻害。

冻害特别是生理干旱型冻害,是影响核桃栽培成活及丰产的关键;核桃树落叶后(一般在 11 月中旬—12 月上旬)即可采取防寒措施。

主要防御对策:铺膜盖草或套袋(1～3 年树龄幼苗)、树体包裹塑料带、捆绑秸秆、土埋、涂白等可有效防止寒流侵袭,来年春天解下包裹树体的草把时集中烧毁,既防冻又可消灭越冬的病虫。防霜目前最有效的措施是燃草熏烟。

7.9.3　主要病虫害及防治

危害较重的病虫害是核桃黑斑病、举肢蛾和云斑天牛等。

7.9.3.1　核桃黑斑病

核桃黑斑病又名核桃细菌性黑斑病、核桃黑腐病。主要危害幼果、叶片、新梢。病菌一般在枝梢或芽内越冬,翌年春天泌出细菌液借风雨传播。夏季多雨发病重。

防治措施:①冬季结合修剪,消除病果、病枝、病叶,并集中烧毁。②发芽前喷 1 次 1°～2 °Bé 石硫合剂;核桃展叶时及落花后喷 500～800 倍退菌特或 10%苯醚甲环唑 6000 倍液。

7.9.3.2　核桃举肢蛾

以幼虫蛀入核桃果内以后,随着幼虫的生长,纵横穿食,被害的果皮发黑,并开始凹陷,核桃仁发育不良,表现为干缩而黑,故称为"核桃黑"。

以成熟幼虫在树冠下 1～2 cm 的土壤中、石块下及树干基部粗皮裂缝内结茧越冬。成虫羽化期多雨潮湿的年份发生重，干旱年份较轻。

防治措施：①深翻土地。晚秋或早春深翻树冠下的土壤，破坏冬虫茧，可消灭部分越冬幼虫，或使成虫羽化后不能出土。②摘除被害果。受害轻的树，在幼虫脱果前及时摘除变黑的被害果，可减少下一代的虫口密度。③树冠喷药。掌握成虫产卵盛期及幼虫初孵期，每隔 10～15 d 选喷 1 次氟氯氰菊酯、溴氰菊酯乳油或杀灭菊酯乳油等，共喷 3 次，将幼虫消灭在蛀果之前。④地面喷药。成虫羽化前或个别成虫开始羽化时，在树干周围地面喷施 1% 苦皮藤素 4000 倍液，或撒施 4% 敌马粉剂每株 0.4～0.75 kg，以毒杀出土成虫。在幼虫卵或蛹末期到羽化前树冠下施用甲维盐或敌马粉剂，毒杀幼虫，亦可收到良好效果。

7.9.3.3 核桃云斑天牛

成虫取食嫩枝皮层及叶片，幼虫蛀食树干，由皮层逐渐深入木质部，蛀成斜向或纵向隧道，蛀道内充满木屑与粪便，轻者树势衰弱，重者整株干枯死亡。还会导致木蠹蛾、木腐菌寄生。成虫昼伏夜出，有趋光性，受惊时即坠地。幼虫和成虫在蛀道内和蛹室内越冬。

防治措施：①人工捕杀成虫。傍晚持灯诱杀，或早晨人工捕捉。②杀灭卵和初孵幼虫。成虫产卵期，检查成虫产卵刻槽或流黑水的地方，寻找卵粒，将卵砸死。于卵孵化盛期，在产卵刻槽处灌注甲维盐加多杀菌素药液，以杀死初孵化出的幼虫。③消灭危害盛期幼虫。在幼虫蛀干危害期，发现树干上有粪屑排出时，用刀将皮剥开挖出幼虫；或从发现的虫侵入孔注入甲维盐加多杀菌素药液，而后用泥将洞口封闭，也可用药泥或浸药棉球堵塞、封严虫孔，毒杀树干内害虫。用铁丝插入虫道内刺死幼虫，或用铁丝先将虫道内虫粪勾出，再用磷化铝毒签塞入云斑天牛侵入孔，用泥封死，对成虫、幼虫熏杀效果显著。④树干涂药。冬季或产卵前，用石灰 5 kg、硫黄 0.5 kg、食盐 0.25 kg、水 20 kg 拌匀后，涂刷树干基部，以防成虫产卵，也可杀灭幼虫。

第 8 章　经济作物气象服务技术

8.1　烤烟

8.1.1　概况

烤烟为一年生草本作物，茄科，是我国也是世界上栽培面积最大的烟草类型，是卷烟工业的主要原料。据历史资料记载，贵州烤烟种植始于 1938 年。80 年来，面积虽有扩大和减少，但从未间断。目前，贵州烤烟种植面积保持在 255 万亩左右，总产保持在 500 万～600 万担①(全国第二)。全省烤烟种植布局情况见图 8.1。

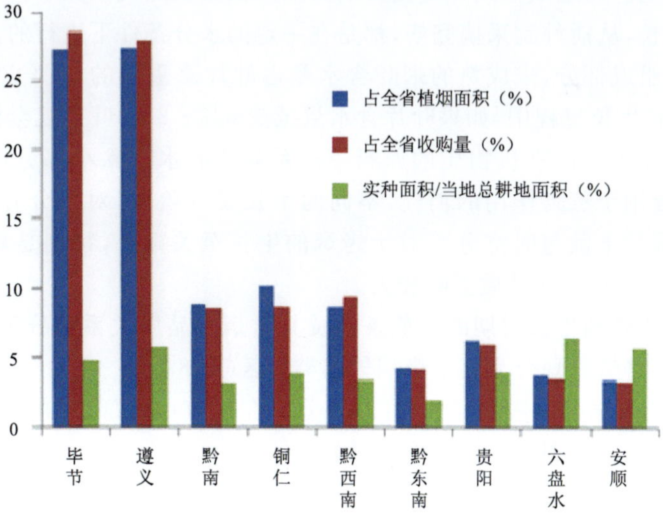

图 8.1　贵州各市州烤烟种植情况图

贵州有 61 个县(市、区)种烟，其中毕节市、遵义市是贵州两大烤烟主产区，烤烟种植面积分别为 73.08 万和 72.97 万亩，分别占当地总耕地面积的 6.67% 和

① 1 担＝50 kg，余同。

4.09%，分别占全省烤烟总种植面积的28.29%和26.72%，产量分别占全省烤烟总产量的27.25%和27.21%。铜仁市、黔南州、黔西南州种植面积分别占当地总耕地面积的3.89%，3.20%，3.45%，分别占全省的10.14%，8.89%，8.74%，产量分别占全省烤烟总产量的8.68%，8.62%，9.46%。黔西南州产量已超过铜仁，种植面积有进入第三位的趋势。贵阳市、黔东南州、六盘水市、安顺市种植面积分别占当地总耕地面积的4.05%，2.01%，6.42%，6.61%，分别占全省烤烟总种植面积的6.24%，4.31%，3.83%，3.39%，产量分别占全省烤烟总产量的6.00%，4.16%，3.50%，3.31%。

烤烟是喜光作物，从烤烟系统发育的特性出发，需要强烈的光照，才能旺盛生长；但从烟叶品质和栽培角度而言，充足而不强烈的光照更有利于优质烟叶的形成，特别是烤烟生长后期的日照。

烤烟是一种喜温作物，其生长温度的范围较大，地上部分气温8～38 ℃均可生长，25～28 ℃最为适宜。地下部分范围更广，在7～43 ℃均可生长，以28～31 ℃最为适宜。烤烟种子萌发的温度范围为10～32 ℃。苗床期以20～25 ℃为宜，低于10 ℃生长停滞。烤烟大田生长期要求温度较高，以25～28 ℃最为适宜，低于13 ℃或高于35 ℃对生长发育都不利。成熟期以20～28 ℃最为适宜，低于17 ℃烟叶质量将受到严重影响。烤烟成熟期热量是影响其品质最重要的气象因子。

烤烟的生长，从播种到采摘完毕，都是在一定的水分条件下进行的。水分是烤烟有机体的重要组成部分，未成熟的烟叶含水量占叶片总重量的90%以上，成熟烟叶占80%以上，在生长过程中，如果叶片含水量减少6%～8%，叶片就会枯萎。水分是烟株进行光合作用制造有机物质的原料。根系吸收的水分除小部分用于光合作用外，99%的水分用于蒸腾作用的消耗，不同的生长发育阶段，对水分有不同的需求。因此，降水资源的丰歉与时空分配对于烤烟的生长至关重要，特别是烤烟生长后期(7—8月)的降水，对烤烟品质影响较大。

通过对贵州烤烟生长时期的气象条件及其与烟叶品质关系的分析，按照烤烟气候区划的原则，将贵州划分为五个烤烟气候类型区(图8.2)。

Ⅰ.黔西北高原中山烤烟种植区：主要分布在毕节市西部、南部，六盘水市西部海拔1300～2300 m的县(市、区)和乡(镇)。

Ⅱ.黔西南丘原中山烤烟种植区：主要分布在黔西南州大部、盘州市、安顺市西南部及六枝特区的部分地区。

Ⅲ.黔中丘原盆地烤烟种植区：主要分布在贵阳市、安顺市、黔南州大部、黔东南州雷公山以西、遵义市大娄山南部、铜仁市梵净山西部及毕节市东部的部分地区。

Ⅳ.黔东低山丘陵烤烟种植区：主要分布在黔东南州雷公山以东、铜仁市梵净山东部、黔南州南部及黔西南州望谟县、册亨县的部分地区。大部分地区海拔400～800 m，局部海拔低于300 m。

图 8.2　贵州烤烟种植气候区划图

Ⅴ. 黔北中山峡谷烤烟种植区：主要分布在遵义市大娄山北部、铜仁市梵净山西部的部分地区。大部分地区海拔 1000～1500 m，局部海拔高于 1800 m。

8.1.2　气象服务技术指南

8.1.2.1　播种育苗期

(1)主要农事活动

时间：2 月上旬—4 月上旬。

从烤烟种子萌动到子叶展开、真叶显露。在温湿度适宜、通气良好的条件下，从播种到现真叶需 10～12 d。这一时期种苗由异养过渡到自养，开始吸收和制造营养物质，生长量比较小。

主要农事活动：①育苗地前茬需为非茄科；育苗要求做到壮、足、适、齐。播种、剪叶、整地(起垄、施底肥)。②加强苗床管理，消毒以防病害。剪叶、剪根，目的是抑大促小，剪叶不超过 5 次；消除传染源，切断传播途径，是苗期防控病虫害关键；注意大棚增温，棚温高于 28 ℃时，通风防烧苗；采用揭棚等措施，适时补光；适时早播。

(2)农业气象指标

烤烟种子萌发的气温范围为 10～32 ℃。苗床期以气温 20～25 ℃为宜，低于 10 ℃生长停滞。幼芽 17～25 ℃顺利生长。白天最适气温 20～25 ℃、夜温以 17～

20 ℃为宜。

(3)主要气象灾害及防御对策

主要气象灾害:春季低温。

气温低于 10 ℃持续 5 d 以上,易烂种,烟苗长势差;日平均气温≤10 ℃,每天日照少于 1 h,阴雨寡照,易发生烟苗烂秧。

主要防御对策:加强烟苗的管理,注意大棚温度管理。用塑料拱棚育苗,在棚内温度超过 28 ℃时要开棚降温、透气,温度低于 18 ℃要加盖覆盖物保温,并根据温、湿的变化防治病害;采用揭棚等措施,适时补光。

8.1.2.2 移栽期

(1)主要农事活动

时间:4 月中旬至下旬。

烟株移栽成活后茎叶恢复生长,新叶不断出现。初期茎部尚短,叶片聚集在地面,随着烟株的生长,叶片发生速度加快,茎部也伸长加粗,对肥水要求显著增多。

主要农事活动:移栽、浇水、揭膜。栽后 3～5 d 查苗补缺,成活一般 7～10 d,适时开展地下害虫防治、中耕除草、追肥、烟田灌溉与排水、揭膜培土工作。

(2)农业气象指标

最低气温 13 ℃,最适气温 18～22 ℃。土壤相对湿度应在 70%以上。

(3)主要气象灾害及防御对策

主要气象灾害:春季低温、干旱、渍涝。

移栽后温度连续在 13～18 ℃持续 10 d 以上,烟苗长势差;土壤相对湿度小于 50%,出苗缓慢,土壤相对湿度大于 80%,土壤通气性差,不利于根系生长。

主要防御对策:①烤烟移栽需在日平均气温稳定在 13 ℃以上,10 cm 地温达 10 ℃以上,不再有晚霜时进行,否则易早花。②选均匀一致的壮苗移栽,地膜覆盖栽烟可增温保温,保肥保墒,减少病虫草害,应适时揭膜。②病原主要来源于前茬和上年烤烟秸秆,注意消毒和烟地环境的保护。

8.1.2.3 伸根期

(1)主要农事活动

时间:5 月上旬至下旬。

茎叶片聚集在地面,随着烟株的生长,叶片在茎部伸长加粗。

主要农事活动:中耕、除杂草、追肥水。注意促进根系的生长。及时中耕、重浇团棵至旺长水,以水调肥、以肥促长、均衡生长,防治烟青虫、病毒病和根茎病害。

(2)农业气象指标

最低气温 18 ℃,最适气温 22～25 ℃。土壤相对湿度应在 70%以上。

(3)主要气象灾害及防御对策

主要气象灾害:低温、干旱、冰雹。

温度低于 18 ℃时间过长,不利于烟苗成活;雨量和雨日过多,不利于根系发育;干旱严重,导致烟株营养期短,植株老化。

主要防御对策:①做好蓄水工作,及时进行烟地灌溉,减轻干旱危害。②及时清沟排水防渍害。

8.1.2.4　旺长期

(1)主要农事活动

时间:6 月上旬至下旬。

烟株团棵到现蕾,这一时期在 25～30 d。此期是决定叶数、叶片大小、叶重的关键时期,上部叶片扩展与下部叶片充实积累并进,群体迅速扩大叶面积达到最高峰,是产量、品质形成的重要阶段。旺长期是烟株营养生长与生殖生长并进阶段,但仍以营养生长为主,烟株的生长中心在地上茎叶。这一时期是生长速度最快的时期,对光、水、肥要求都较高。

主要农事活动:清沟排水、摘除病叶或拔除病株、及时中耕、重浇团棵至旺长水,以水调肥、以肥促长,均衡生长,防治烟青虫、病毒病和根茎病害。

(2)农业气象指标

最低气温 20 ℃,最适气温 22～27 ℃。土壤相对湿度应在 70%以上。

(3)主要气象灾害及防御对策

主要气象灾害:低温、干旱。

夜间气温低于 20 ℃、白天气温低于 22 ℃,土壤相对湿度小于 70%,影响烟叶品质。若严重干旱,会导致烟株营养期短,植株老化,严重影响烟叶品质。

主要防御对策:①雨后及时清沟排水,防田间积水导致烟株萎蔫、死亡。②保持田间卫生,做到垄无杂草、沟无积水、无药袋药瓶、无废膜、无花无杈、无废叶。③及时摘除病叶或拔除病株并集中烧毁,病虫害化学防治要与病虫害种类、发病规律、危害程度相结合。

8.1.2.5　采烤期

(1)主要农事活动

时间:7 月上旬—9 月上旬。

采烤期(成熟期)是指从烟株现蕾到烟叶采收完毕,在 50～60 d。保证各部位烟叶充分成熟是此时期栽培管理的目标。生理特点:烟株现蕾后,下部烟叶逐渐衰老,自下而上陆续停止生长,依次成熟,并很快开花结实,由营养生长转为生殖生长。

主要农事活动:采收、烘烤。

(2)农业气象指标

最低气温 20 ℃,最适气温 25～30 ℃。土壤相对湿度应在 70%以上。

(3)主要气象灾害及防御对策

主要气象灾害:低温和干旱。

温度要求在 20 ℃以上,夜间气温低于 20 ℃、白天气温低于 22 ℃将影响优质烟叶的形成;严重干旱导致烟株营养期短,植株老化,严重影响烟叶品质。

主要防御对策:①下部叶及早采收;中部叶成熟适时采收;上部叶须充分成熟时,顶叶 3～5 片一次性采收。下部叶要抢,中部叶要保,上部叶要养,做到同一品种、同一部位、同一成熟度。②采收宜在早上和上午。如天气久旱,烟叶水分少,宜采露水烟,以利烟叶保湿变黄;烟叶成熟后遇阵雨可立即采收,防返青;忌强光下,特别是晴天中午高温时采收。③烟叶采收完毕及时清除田间烟秆,集中堆放、销毁。

8.1.3 主要病虫害及防治

贵州烟草危害严重的病虫害有花叶病、黑胫病、赤星病、白粉病、烟蚜、烟青虫、青枯病、斜纹夜蛾和小地老虎等。

8.1.3.1 烟草花叶病

包括普通花叶病和疱斑花叶病两种,国内外各产烟区普遍发生,前者由烟草普通花叶病毒(TMV)引起,后者由黄瓜花叶病毒(CMV)引起。在田间,两者可分别单独侵染或复合侵染,发病率一般为 5%～20%,重者达 90%～100%。病叶在烤晒后颜色不匀,烟味较差,品质大为降低。一般气温、湿度、光照对此病影响不大,但气温在 37 ℃以上或 10 ℃以下,或在光照太弱时,则症状隐蔽不显著。由 CMV 引起的花叶病,烟田如与黄瓜、番茄等蔬菜地相邻,则发病较重;连作地由 TMV 引起的花叶病比轮作地重;过施氮肥,烟株组织生长柔嫩,较易感病;土壤贫瘠、板结、黏重以及排水不良的烟田,烟株生长衰弱,发病也重。

防治措施:①培育和利用抗病品种。这是预防 TMV 经济有效的根本途径;防治 CMV 目前虽无抗病品种,但栽培一些耐病品种,也可减少该病危害。②合理套种或间作。烟草与小麦等进行间作套种,可以使烟株早发早收,对防治 CMV 效果显著。③加强栽培管理。选用无病种子。苗床要选无病的肥沃地,并远离菜园、烤房等场所。床土及肥料不可混入病株残屑。注意清除苗床附近杂草。烟田要深翻晒土,以消灭 TMV 的初侵染源。有条件的地区应与非寄主植物实行 2～3 年轮作。在苗床和大田操作时,防止手和工具接触病株传毒(可用肥皂洗涤消毒)。田间操作应自无病区开始,打顶抹杈在雨露干后进行。如田间已出现花叶病,应立即追施速效性肥料,抓紧培土,可以减轻损失。④利用弱毒株系、抗生素或抗病药剂防治。移栽前 1 周用 20%移栽灵 150 mL/hm^2 兑水 225 kg/hm^2 对苗床进行喷施,待烟苗运输至烟田后，再使用东旺毒消 600 倍液进行消毒，移栽后 5 d 每公顷使用奇农素 150 g、漯效王 600 g 和甲 K 多抗生素 150 mL 兑水 225 kg 进行叶面喷施，增强烟株抗逆性，之后在旺长期和打顶前各喷施 1 次。毒克星(病毒 A)、植病灵 1000 倍液，叶片喷施，对烟草普通花叶病毒病亦有一定的防效。但要注意这些药剂必须从苗床移栽前到旺长期系统施用，坚持在流行前或发病初期施用，才能有较好的效果。⑤及时防治蚜虫。烟草 CMV 的主要传染源是桃蚜、棉蚜等，所以及时消灭传毒昆虫是重要的防治措施。应用灰色地膜避蚜防病，也有较好的效果。

8.1.3.2　烟草黑胫病

高温多湿有利于病害流行。气温低于 20 ℃很少发病，24.5～32 ℃为侵染适温。湿度是病害流行的关键。一般现蕾期前易感病，苗龄越小越易感病。土壤黏重、地势低洼、排水差的地块病重；碱性土壤有利于病害发生。

防治措施：采取以抗病品种为中心的综合防治措施。①选用抗病品种。种植抗病品种是防治此病最经济有效措施。②栽培防病。适时早栽，早育苗，早移栽，使烟株感病阶段能避过高温多雨季节，可减轻病害发生；合理轮作是防治黑胫病的有效措施之一；做好排水，平整土地，起垄培土，挖好排水沟，修建排灌系统，平整烟田；改善田间卫生，在晴天及时清除基部病叶及病死株，并带出田外烧毁或深埋。灌排水不要流经病地，以避免混入病株残体传染。③药剂防治。95%敌克松对黑胫病有较好的防治效果。施药方法是每公顷用药 5250 g，兑干细土 225～300 kg 拌匀，于移栽封窝前及起垄培土前各施药 1 次，把药撒在烟株周围，并立即覆土，以免敌克松见光分解减效。培土以后如再用 500 倍敌克松液喷茎基或灌浇，则效果更好。用乙膦铝进行防治，效果比敌克松好。施药方法同上。还可用溴甲烷对苗床进行熏蒸，防效也较好。

8.1.3.3　烟草赤星病

一般幼苗期抗病力强，以后随着植株的生长，抗病力逐渐减弱。此外，叶龄越大越易感病。凡是育苗早、移栽早的烟田，发病轻。凡是造成烟叶晚熟的因素，如追肥过晚、氮肥过多或移栽后缺乏管理等，都能使该病加重。

防治措施：采取种植抗、耐病品种及栽培防治为主，药剂防治为辅的综合措施。①种植抗、耐病品种。②栽培防病。培育壮苗，实行烟、粮、油间作。合理密植，适当用肥，以利于通风透光，降低湿度，减少发病。避免氮肥施用过多，防止贪青晚熟，特别是后期要控制氮肥用量，使烟叶及时落黄，提早成熟；适当增施磷钾肥，提高抗病力。除适当控制肥水外，还要及时中耕松土及培土保墒，促进根系生长旺盛，增强抗病力。适时采收成熟烟叶，能防止病害的发生蔓延，减轻危害。③药剂防治措施。可用 50%退菌特可湿性粉剂 500 倍液，或 50%多菌灵可湿性粉剂 800 倍液，或 50%纹枯利 500 倍液。一般在脚叶采收后发病初期开始喷第 1 次药，以后每隔 10～15 d 喷 1 次，共喷 2～3 次。

8.1.3.4 烟草白粉病

烟草白粉病菌喜中温中湿的环境条件，发病最适气温为 16～26 ℃、空气相对湿度为 60%～75%。施氮肥过多、烟株过密、通风透光不良等均有利于发病。

防治措施：①选用抗病良种。②栽培防病。合理密植、适时早栽、及时摘除底脚叶以增强田间通风透光，增施钾肥，平衡磷肥，控制氮肥，做好田间排水工作，适时灌溉，并及时采收。③药剂防治措施。在发病初期开始喷药，以后根据病情每隔 7～10 d喷一次药，每公顷可用 70%甲基托布津可湿性粉剂 500～1000 倍液，或 50%多菌灵可湿性粉剂 1000 倍液，或 20%粉锈宁可湿性粉剂 1000 倍液，或 20%粉锈宁乳油 75～150 mL 兑水 900～1125 kg 喷雾。

8.1.3.5 烟蚜

烟株在大田，特别是旺长期，烟蚜集中危害顶部嫩叶，对烟叶品质和产量影响较大。

防治措施：①农业防治措施。处理有蚜残株：油菜、蔬菜、烟草收获后，及时处理有蚜秸秆枝叶，结合烟草打顶、抹杈灭蚜。铲除田间、畦埂、地边杂草。②采用黄板诱杀或银灰色反光塑料薄膜覆盖。③保护和利用天敌。烟蚜的天敌种类较多，天敌对抑制蚜虫的发生有一定作用。常见的天敌有：异色瓢虫、七星瓢虫、龟纹瓢虫、草蛉及蚜茧蜂等。④药剂防治。根据烟蚜冬季以卵在桃树上或以无翅孤雌成蚜在冬季蔬菜上越冬的习性，可于 11 月—翌年 3 月在桃树、蔬菜上喷施吡虫啉。烟草苗期和大田防治措施：可用 70%灭蚜松乳油 1000 倍液对烟草植株喷雾。

8.1.3.6 烟青虫

烟青虫对糖趋性强，幼虫有自残性和假死性。

防治措施：①物理防治措施。糖醋酒液或性诱剂诱杀成虫，减少田间落卵量。糖醋酒液(糖∶醋∶酒∶水=3∶4∶1∶2)。②栽培防虫。耕翻土地，消灭越冬蛹；捕杀幼虫，从烟草移栽开始，每日 08 时前检查烟株，发现心叶处有新鲜虫孔或黑绿色新鲜虫粪时，即捕杀幼虫。③药剂防治措施。用 50%杀螟松乳油 1000 倍液或 50%地亚农乳油 500～1000 倍液对受害的烟株进行喷雾。

8.2 茶叶

8.2.1 概况

茶树，原名：茶，山茶科、山茶属灌木或小乔木，嫩枝无毛。茶树的叶子可制茶(有别于油茶树），种子可以榨油，茶树材质细密，其木可用于雕刻。

茶树是多年生常绿木本植物。按自然生长情况下植株的高度和分枝习性可分为乔木型、小乔木型、灌木型，贵州栽培茶树的种类较多，有灌木型和小乔木型茶树，部分地区还有乔木型茶树。按成熟叶片长度、宽度可分为特大叶类、大叶类、中叶类和小叶类。按越冬营养芽开采期所需的活动积温可分为早芽种、中芽种和迟芽种。

贵州是我国重点的原生态茶区，是茶树的原产地之一，种茶历史悠久，至今有3500 年的历史。贵州茶叶产量大，截止到 2016 年底，贵州茶园面积 696 万亩，连续三年居全国第一，茶叶产量 28.4 万 t，绿茶产量排名全国第二。茶叶质量被专家认定为优秀，并且实现了在全国率先禁用水溶性农药及草甘膦，将近 400 万亩茶园为无公害茶园。

茶树喜欢温暖湿润气候，要求年降水量在 1000 mm 以上；喜光耐阴，适于在漫射光下生长发育。多数茶树品种需要日平均气温稳定在 10 ℃以上茶芽开始萌动，而早芽品种茶芽萌动的起点温度≥6 ℃。茶芽萌发以后，当气温继续升高到 14～16 ℃时，茶芽逐渐展开嫩叶，茶树生长最适气温为 20～25 ℃。茶树能忍耐的绝对最低温度因品种、树龄、器官、栽培管理水平、生长季节而异。当气温降到－2 ℃时，茶树大部分脱落而死亡；当气温下降到 1～2 ℃时萌发的茶芽也会枯焦。茶树的枝梢忍耐低温的能力较强，乔木型大叶种能忍耐－5 ℃低温；灌木型中、小叶种能忍受低温的能力更强一些，一般在－10 ℃左右，若被大雪覆盖，则可忍受－15 ℃左右的低温侵袭。据浙江省气象局在浙江嵊州市的调查，茶树越冬期间，当气温降至－6 ℃左右，连续冻结 6 d，西北风风速为 6～8 m/s，当地的茶树品种嫩梢就会受到不同程度的冻害；当最低气温降至－8 ℃连续冰冻 12 d 以上更会引起严重冻害，使茶嫩梢冻死、老叶变黄。一般来说，在一定的低温条件下，低温和土壤冻结时间愈长，加上早春气候转暖后突然降温等，都会使冻害程度加重。

按气候指标分区方法，以湄潭为贵州茶叶最适种植典型气候区域，对贵州绿茶进行相似性区划，可将贵州春季茶叶分为最适宜区、适宜区、次适宜区、不适宜区等 4 个区（图 8.3）。

最适宜区：分布在贵州的北部和东北部，主要包括遵义市、铜仁市的大部分地区以及黔南的独山县。该区气候温和，热量和降雨量条件充足，有利于茶树的生长和发育。

适宜区：分布在贵州的南部、西北部、东部的部分地区，主要包括毕节市部分地区、安顺市地区、黔东南州的部分地区、黔南州、赤水市的部分区域。该区气温、降水量、日照时数都较适合茶树的生长。

次适宜区：主要集中在贵州的西南部、南部的部分县（市）。主要包括毕节市的南部、黔西南州大部分。该区处于过渡地带，基本能满足茶树生长的基本条件，但是热

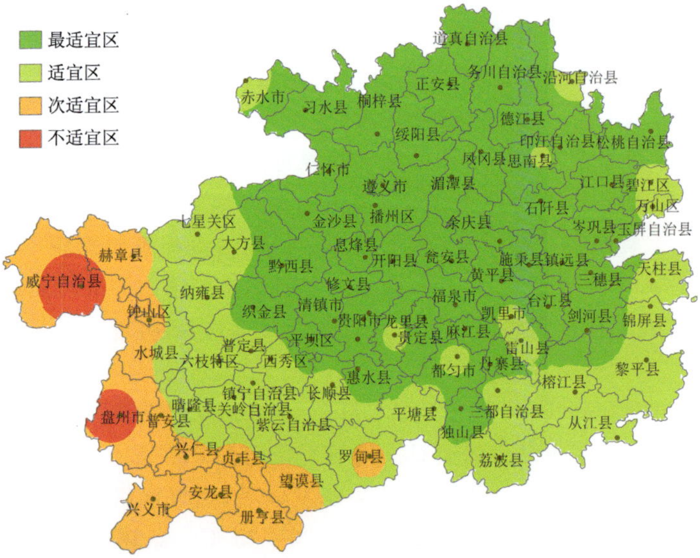

图 8.3　贵州春茶气候适宜性综合区划图

量条件稍显不足，日照时数和活动积温相对减少。

不适宜区：分布在威宁县和盘州市的高海拔地区。该区活动积温和相对湿度较低，达到各个发育期所需的时间较长，对茶树的生长发育不利。

8.2.2　气象服务技术指南

8.2.2.1　萌发期

(1)主要农事活动

时间：2 月中旬—3 月上旬。

萌发期可分为三个阶段：营养芽吸收水分和养料开始膨大至鳞片展开，芽体向上伸展，为新梢萌发期即萌芽初期(图 8.4a)；鱼叶展开到驻芽开始形成，为新梢伸长期即萌芽盛期(图 8.4b)；驻芽始出后新梢开始进入成熟期，即伸长初期。生育期观测标准分别是：萌芽初期——鳞片开展 10%～15%，萌芽盛期——鳞片开展 50%以上，伸长初期——鱼叶开展 10%～15%。

主要农事活动：茶园抗寒防冻；催芽施肥；病虫害防治。

(2)农业气象指标

早春茶萌动的起点气温普遍为 10 ℃，早芽品种为 7 ℃，晚芽品种为 11 ℃。当连续 5 d(部分为 3 d)日平均气温达到 10 ℃以上，茶树开始萌动新芽进入新芽生长期，或日平均气温稳定通过 8 ℃后的第 8 天开始萌芽。在萌芽之后，日平均气温稳定在

（a）萌芽初期　　（b）萌芽盛期

图 8.4　茶萌芽期

10 ℃以上时，茶芽才能正常生长。

(3)主要气象灾害及防御对策

主要气象灾害：低温冷害。

萌芽期间出现日平均气温≤10.0 ℃，持续 3 d 及其以上不利于芽生长。

主要防御对策：受害较轻的茶园，可进行轻修剪，剪去树冠上面受冻的枝梢；受害较重的茶园，应进行重修剪。在低温到来时，通过土壤灌水可增加茶园空气湿度，提高茶园土壤热容量，减少土壤变温幅度，减轻冻害对茶树的损伤。茶树萌芽期冻害后，在春芽鱼叶至一叶展开时，喷施叶面肥，对恢复茶树生机和茶芽萌发及新梢生长有促进作用。

8.2.2.2　开采期

(1)主要农事活动

时间：3 月中旬—10 月下旬。

茶叶萌发后生长一周左右进入采摘期，图 8.5 是茶叶萌发后生长状况及开采期长势。根据贵州茶制作特点和气象服务需求，按照各级茶叶采摘标准，将茶叶开采期分为 4 种，其中，特级茶标准为：独芽、一芽一叶初展、芽长于叶（芽叶长度 1.5～2.0 cm）；1 级茶标准为：一芽一叶开展、一芽二叶初展（芽叶长度 2.3～2.7 cm）；2 级茶标准为：一芽二叶开展；3 级茶标准为：二叶与对夹叶组合。

主要农事活动：茶叶采摘；关注干旱、冰雹等气象灾害的不利影响；茶树病虫害防治。

(2)农业气象指标

若日平均气温≥10 ℃，采摘前 10～20 d 内的日平均气温在 10～15 ℃，则春茶品

(a) 芽生长期　　(b) 开采期

图 8.5　茶叶萌发后生长状况及开采期长势

质优良；特别是采摘前 3～5 d 的日平均气温在 13～18 ℃时，春茶品质最优。

(3)主要气象灾害及防御对策

主要气象灾害：倒春寒、干旱和冰雹。

初春，春茶进入开采期，常受倒春寒或早霜冻的影响，温度过低，使芽易发生冻害，影响当年春茶的产量和品质。夏季日平均气温达 30 ℃以上、日最高气温超过 35 ℃、日平均空气相对湿度在 60％以下时，茶树生育就会受到抑制。如果上述天气条件持续 8～10 d，茶树就会受害，出现较为严重的旱象；严重干旱影响夏茶产量和品质，叶芽生长受到抑制。冰雹灾害打烂茶树幼芽，甚至使枝条受损，对茶叶品质及产量造成不利影响。

主要防御对策：可因地制宜地采用不同的供水方法，实现抗旱防旱和茶叶高产高质高效。当灾害发生后，可重点实施开沟排水、清洗树体、耕翻松土、根外追肥、整形修剪、树体保护、病虫防治等技术措施，恢复树势，降低损失。

8.2.2.3　休眠期

(1)主要农事活动

时间：11 月上旬—翌年 2 月上旬。

晚秋季节气温下降，茶梢停止生长，茶树即进入休眠期，翌年春季气温回升才开始萌芽。

主要农事活动：①除草，杂草丛生极易争水争肥又易滋生病虫，对茶苗生长不利。②修剪，去除老枝和病枝，减少水分消耗。③合理施肥。④病虫防治。⑤防御低温冻害。

(2)农业气象指标

冬季最低气温保持在－10.0 ℃以上，新茶园或幼茶要求在－5.0 ℃以上，茶树可安全越冬。

(3)主要气象灾害及防御对策

主要气象灾害:低温、霜冻等。

晚秋节气气温突然下降到 4 ℃以下,茶树即遭受霜冻害,危害茶树生长;冬季最低气温在−10.0 ℃以下,茶树将冻死,新茶园或幼茶致死低温为−5.0 ℃。

主要防御对策:晚霜冻对名优茶生产影响大,积极做好晚霜冻的预防十分重要。①可采取熏烟驱霜,熏烟的作用是在茶园空间形成烟雾,防止热量的辐射扩散,利用"温室效应"预防晚霜冻,效果明显。方法是在冻害来临之前,根据风向、地势、面积设堆,气温降至 2 ℃左右时点火,既防晚霜冻又积肥,一举两得;也可使用喷水洗霜,有水源及喷灌设施的茶园,当冻害危害时,进行喷水,把附在茶树芽叶上的霜洗去;还可覆盖防霜,在低温寒潮来临之前,用稻草、杂草、遮阳网等覆盖蓬面,以保护茶树,抵御霜冻。国外茶园预防晚霜冻的方法还有送风法(田间装设风扇)、喷水结冰法(维持芽叶温度在 0 ℃左右)、加热法(提高茶树冠面温度)等。②发生冻害后及时补救。整枝修剪,对冻害程度较轻和原来有良好采摘面的茶园,采用轻修剪,修剪程度宁轻勿深,尽量保持采摘面;对受害重的茶园应进行深修剪或重修剪乃至台刈。浅耕施肥,越冬期冻害发生后,要重施春芽催芽肥,施肥量应比原来增加 20%左右,同时配施一定量的磷、钾肥。经过重修剪的受冻茶树,则应以养为主。

8.2.3　主要病虫害及防治

贵州茶叶主要病虫害:假眼小绿叶蝉、茶蚜、茶黑刺粉虱、茶毛虫、茶黄蓟马、茶饼病、茶炭疽病等。

8.2.3.1　假眼小绿叶蝉

在贵州茶区,假眼小绿叶蝉危害程度中等,局部地区偏重发生,主要发生在黔南州、遵义、铜仁、毕节等地。该虫具趋黄性、趋光性。背风向阳茶园发生重。

防治措施:①加强茶园管理,茶园内不间种豆类作物,及时清除杂草,减少越冬和当年虫口。②采摘灭虫。及时分批采茶,带走大量虫卵。③利用害虫的趋光性和趋黄性,安装振频式杀虫灯和挂黄板诱杀害虫,可减轻危害。④药剂防治。掌握防治指标,百叶虫 10～15 头时用药,可选吡虫啉、联苯菊酯、巴丹、万灵等药剂;在湿度高的地区或季节,提倡喷洒每毫升含 800 万孢子的白僵菌。

8.2.3.2　茶蚜

茶蚜喜在日平均气温 16～25 ℃、空气相对湿度 70%左右的晴暖少雨的条件下繁育。

防治措施:①及时分批采摘,压低虫口。②栽种抗性较强的品种。③生物防治,招引天敌瓢虫、草蛉、食蚜蝇、蚜茧蜂,注意保护天敌。④化学防治措施。药剂可选用 10%吡虫啉(平均每亩 10～15 g)。

8.2.3.3 茶黑刺粉虱

防治措施：①农业防治措施。分批勤采，带走新梢上的卵，剪除虫枝，合理施肥，增强树势。②生物防治措施。寄生蜂羽化前连同虫叶移植助迁至高密度粉虱茶地中。引种真菌，造成流行病。施用韦伯虫座孢、蚧侧链孢等较强菌株制剂。③化学防治措施。茶黑刺粉虱的防治指标为平均每张叶片有虫2头，即应防治，可选吡虫啉、噻嗪酮等药剂。

8.2.3.4 茶毛虫

茶毛虫成虫具有趋光性。天敌有黑卵蜂、绒茧蜂、螳螂、步甲、蜘蛛等。

防治措施：①加强茶园管理。清理枯枝落叶，除草，根际培土。消灭越冬虫源，以蛹和卵为主。②人工捕杀。摘除卵块，剪下集中消灭群集初龄幼虫。③培土灭蛹。盛蛹期培土6 cm以上，压紧。④灯光诱杀。成虫羽化期进行灯光诱杀。⑤雌虫诱杀。未交配雌成虫—铁丝笼—高出茶蓬—次晨集中消灭，未交配雌虫腹末3节—二氯甲烷浸泡数小时—浸于滤纸—诱捕器—集中消灭，购买诱蕊—悬于茶丛—水盆中溶少量洗衣粉。⑥生物防治措施。Bt菌剂或核型多角体病毒制剂，释放寄生蜂。⑦药剂防治措施。最好在幼虫3龄以前进行。

8.2.3.5 茶黄蓟马

具趋嫩性，成虫无趋光性，但对绿色、黄色的色板趋性强。

防治措施：①及时分批采摘，压低虫口。②栽种抗性较强的品种。③生物防治。招引天敌瓢虫、草蛉、蚜茧蜂等。

8.2.3.6 茶饼病

茶饼病是一种低温高湿型病害。病菌喜低温、高湿、多雾、少光的环境，尤喜高湿少光，对高温、干燥、强烈的光照极为敏感。

防治措施：采取栽培防病为主，结合药剂防治的综合措施。①栽培管理。勤除杂草；增施磷钾肥，增强茶树抗病力；及时分批采摘芽叶、适时修剪，清除病原，减轻发病。②采用抗病良种。③药剂防治措施。发病严重茶园冬季可用波美0.3°～0.5° Bé石硫合剂封园，早春用0.6%～0.7%石灰半量式波尔多液。防治适期为发病初期，防治药剂有3%多抗霉素可湿性粉剂（每季最多使用2次，安全间隔期为7 d）、75%百菌清可湿性粉剂（每季最多使用2次，安全间隔期为10 d）等。

8.2.3.7 茶炭疽病

该病属于高湿型病害，对温度的要求也偏高。当温度在20～30 ℃范围内，以25 ℃为最适宜，空气相对湿度在90%以上时，最有利于分生孢子的萌发和侵入。因此，凡是早上露水持续时间长，或阴雨绵绵的季节，叶面水膜维持时间久，最有利于病害的发生和流行，因而在高山茶区此病发生重。生产上偏施、过施氮肥，缺少钾肥的茶园易发病。

防治措施：①选用抗病良种。②栽培防病。合理施肥，减少速效氮肥的用量，增加磷、钾肥的施用，最好秋季开沟施入腐熟有机肥；摘除病叶。③药剂防治措施。药剂防治适期为发病初期，防治药剂有 46%氢氧化铜水分散粒剂（每季最多使用 2 次，安全间隔期为 5 d）、10%苯醚甲环唑水分散粒剂（每季最多使用 3 次，安全间隔期为 14 d）、75%百菌清可湿性粉剂（每季最多使用 2 次，安全间隔期为 10 d）等。

8.3　辣椒

8.3.1　概况

辣椒为茄科辣椒属，别名红海椒、大椒、辣虎、广椒、川椒。主要种类有樱桃类、圆锥椒类、簇生椒类、长椒类、甜柿椒，根据辣椒的生长分枝和结果习性，也可分为无限生长类型、有限生长类型和部分有限生长类型。

贵州是我国辣椒的传统产区，全省 95%以上的县（市、区）都可以大面积种植辣椒。2015 年，贵州辣椒种植面积 492 万亩，产量 486 万 t，种植产值 145 亿元，产业综合产值 260 亿元。贵州辣椒经过长期的培育，加上得益于贵州高原特殊的地理、气候和良好的生态环境，形成了诸如贵阳花溪辣椒、遵义虾子朝天椒、毕节大方线椒、黔南独山皱椒、黔西南小牛角形平板椒等具有地方特色、辣度适中、色泽鲜红、香气浓郁、营养成分含量高、籽肉比例适中的辣椒品种。同时，贵州辣椒种植也具有以下劣势：育种科技含量低，种系混杂、种源退化；栽培技术落后，干椒的种植仍主要依靠露天栽培；育种、栽培、制干椒标准不规范；标准种植基地少；单产水平低，生产成本高。

辣椒属于喜温蔬菜。种子发芽适宜温度为 25～30 ℃，需 3～5 d 即可发芽，幼苗生长期适宜生长气温为 23～24 ℃，有利于幼苗缓慢健壮生长，如气温高于 25 ℃则幼苗生长迅速，易出现徒长的弱苗，不利于培育壮苗。开花授粉时期要求夜间气温在 16.4～20.5 ℃；低于 10 ℃时，难于授粉，易引起落花、落果；高于 25 ℃时，花器发育不全或柱头干枯不能受精而落花。

辣椒对光照的要求因生育期而不同。种子在黑暗条件下容易出芽，而幼苗生长时期则需要良好的光照条件。充足的光照条件有利于辣椒产量的提高和品质的形成。贵州辣椒生长季（4—9 月）日照时数在 700 h 以上，完全能满足优质辣椒的生长需求。

辣椒在茄果类中是比较耐旱的。幼苗期需水较少，只要保持土壤湿润即可；初花期植株生长量大，需水量随之增加；果实膨大期需要充足的水分。水分不足有碍于果实膨大和植株生长发育，导致畸形果增多。空气湿度和土壤湿度过大或过小对幼苗生长和开花坐果影响均较大，且容易引起病害。

辣椒在贵州广泛种植，类型主要有牛角椒、线椒、朝天椒、簇生椒、小山椒等，按贵州辣椒资源可划分为牛角椒集中分布区，朝天椒集中分布区，线椒、牛角椒集中分布区，线椒、簇生椒集中分布区，朝天椒、小山椒集中分布区等。

牛角椒集中分布区主要包括道真、务川、沿河等县；朝天椒集中分布区包括遵义市大部、铜仁市西部；线椒、牛角椒种植区域最广，主要包括毕节市大部、六盘水市、贵阳市、安顺市、黔西南州大部、黔南州大部以及黔东南州北部和铜仁市中东部；线椒、簇生椒集中分布在黔东南州中部及其以南地区；朝天椒、小山椒集中分布在兴义、安龙、册亨、望谟、罗甸一带。

贵州辣椒主要气象灾害：低温阴雨寡照、渍害、干旱。辣椒播种育苗和幼苗生长期出现低温阴雨天气，土壤湿度大，温度低，对辣椒培养壮苗、移栽不利；春旱，常造成辣椒栽种和移栽困难，影响辣椒的前期生长。夏旱对贵州辣椒的产量和品质影响更大，贵州辣椒主要种植在灌溉条件较差的山地上，夏旱发生正是贵州辣椒生长发育和产量形成的关键时期，对辣椒的品质和产量影响很大。

8.3.2 气象服务技术指南

8.3.2.1 育苗移栽期

(1)主要农事活动

时间：2 月下旬—3 月下旬。

从辣椒种子萌动到子叶展开、真叶显露。在温湿度适宜、通气良好的条件下，从播种到现真叶需 10～12 d。这一时期种苗由异养过渡到自养，开始吸收和制造营养物质，生长量比较小。

主要农事活动：①催芽。发芽率在 90%以上。②育苗。日平均气温稳定通过 16 ℃开始直播、育苗，育苗方式有保温育苗、苗床育苗。③制作苗床。首先按照苗床规格和田间设计，画好苗床底线，把底线作为畦梁中线进行培梁。然后，先将畦内疏松的表土挖出放在一边，再从畦内挖出底土培梁，畦梁要踩实整光。畦梁做好之后，将床内整平，将挖出的表土再均匀地放回畦内，并整平床面。④秧田施基肥。一般按 60%的熟土、40%的腐熟有机肥，并在每立方米床土中加施 1～2 kg 的磷酸二铵、0.5～1 kg 的硫酸钾混合配制而成。用药液浸种、捞起、滤干、播种。⑤通风。开始通风由小到大，先背风，后顺风，先两头后中间，今天揭这边，明天揭那边，根据气温高低，逐渐扩大通风口，晴天白天床温应保持在 20～25 ℃，阴天 18～20 ℃，夜间 16～18 ℃，阴雨天 10～15 ℃，要坚持雨天小通风散湿度，有风天背面通风，无风天双面通风的原则。⑥间定苗。苗齐，子叶平展后即进行间定苗。时间要选择无风的 09—11 时和 16—18 时，无露水时，严防风吹苗和晒苗，造成叶片发蔫。⑦适当追肥。苗床应以基肥为主，控制追肥。秧苗出现缺肥症状时，应及时追肥。追肥要选在晴天无风的10—12 时进行，以有机肥和复合肥为主。若用人畜粪尿，必须充分腐熟，并滤渣，浓度以 10～12 倍水稀释较好。复合肥可用含氮、磷、钾各 10%左右的专用复合肥配制，喷施浓度为 0.1%，切忌浓度过高，否则易烧苗。⑧科学浇水。凡是浇足两次底墒水的苗床一般不浇水、不洒水。当土表层发白，半寸内干白时结合施肥进行浇水。浇水时间为晴天 10—11 时和 16—18 时，严防低温洒水。⑨栽植前苗床锻炼处理。苗期叶片达到 10 叶时，可进行十天十夜锻炼，栽植前 5 d 喷一次 70%的甲托粉 1000 倍或 50%的多菌灵 800 倍液防病，移栽前 3 d 追施一次送嫁肥，每畦 150～200 g。

(2)农业气象指标

育苗：最低气温 16～18 ℃，最高气温 31～32 ℃，最适气温 25～30 ℃。幼苗期：白天最适气温 20～25 ℃、夜温以 15～18 ℃为宜。

(3)主要气象灾害及防御对策

主要气象灾害：干旱、低温阴雨。

育苗温度低于 15 ℃时，停止发芽。

主要防御对策：①冬春季节栽培，最好采用地膜覆盖栽培，有利于保水、保肥、保温、防杂草，减少病虫害，促进植株和根系的健康生长发育，达到早熟、丰产等目的。②合理施肥。辣椒以氮、磷、钾三要素肥料为主，对磷、钾肥要求较多，需合理施用。

8.3.2.2　移栽—大田生长期

(1)主要农事活动

时间：4 月上旬—5 月下旬。

从第一片真叶显露到第一朵花现蕾。辣椒移栽后，当辣椒苗长有 2～4 片真叶时，即开始进行花芽分化。

主要农事活动：①中耕除草。确保田间无杂草，促进辣椒根系生长，结合中耕除草认真做好培土。②整枝。当辣椒植株分杈以后，杈以下的枝芽应及早全部去掉，以减少营养消耗，增强透光通气能力，去芽时应选择晴天进行，雨天进行易导致伤口难以愈合，容易感病。③追肥。结合中耕除草轻施清粪水。④水分管理。一般 5 月中下旬雨季来临，气温上升，要适时做好水分管理，加强田间沟路清理，为辣椒生长营造良好的环境，田间沟路做到排灌自如。

(2)农业气象指标

最低气温 18 ℃，最适气温 20～27 ℃，土壤相对湿度应在 60%以上。环境条件对花芽分化的进程有极大影响。适宜的昼温、较低的夜温，光照充足而日照时间较短，良好的氮、磷营养，则花芽分化早而快，花数增加，花芽素质提高。

(3)主要气象灾害及防御对策

主要气象灾害：春旱、冰雹。

夜间气温低于 15 ℃,白天气温低于 20 ℃,土壤相对湿度小于 50%均不利于苗期生长。

主要防御对策:做好水分管理,加强田间沟路清理,做到排灌自如,为辣椒生长营造良好的环境;布局人工防雹炮站,适时消雹。

8.3.2.3 开花挂果—成熟期

(1)主要农事活动

时间:6 月上旬—9 月下旬。

这一时期植株不断分枝,不断开花结果,继门椒(第 1 层果)之后,对椒(第 2 层果)、四母斗椒(第 3 层果)、八面风椒(第 4 层果)、满天星椒(第 5 层以上的果)陆续形成,先后被采收。

此期是辣椒产量形成的主要阶段,应加强肥水管理和病虫防治,维护茎叶正常生长,延缓衰老,延长结果期,提高产量。

主要农事活动:①培土。辣椒开花挂果后,可进行 1~2 次培土护根,植株繁茂的品种和地块,应及时插支撑竿,防止倒伏伤根。②灌溉。夏季到初秋多雷阵雨,几天不下雨易导致干旱,土壤过于干旱时,于阴天或晴天傍晚(高温天在夜晚)进行沟浇,水深不超过沟的三分之一。③追肥。辣椒进入结果盛期时要补充营养,防止早衰,可喷施金满圆、大民钾王等叶面肥。④采收。辣椒是多次开花,多次结果蔬菜,及时采摘有利于提高产量和商品价值。当果实表面颜色转深、光洁发亮时即应采摘。采收红辣椒的应在果实转红时采摘,防止过熟影响品质和产量。采收应在早、晚进行,中午因水分蒸发过多,果柄水易脱落,易伤枝条。

(2)农业气象指标

开花挂果期:最低气温 15 ℃,最适气温 20~27 ℃。果实的发育和转色期:最低气温 20 ℃,最适气温 25~30 ℃。土壤相对湿度应在 75%以上。

(3)主要气象灾害及防御对策

主要气象灾害:夏旱、阴雨寡照。

在辣椒开花挂果—成熟期,影响辣椒生长及品质的气象条件主要是 7—8 月的降水、温度和日照条件,尤其是日照强度的影响。夜间气温低于 15 ℃、白天气温低于 20 ℃,土壤相对湿度小于 70%,均不利于产量形成。

主要防御对策:加强肥水管理和病虫防治,维护茎叶正常生长,延缓衰老,延长结果期,提高产量。

8.3.3 主要病虫害及防治

辣椒主要病虫害有辣椒疫病、猝倒病、病毒病、烟青虫、蚜虫、棉铃虫、茶黄螨、小地老虎等。

8.3.3.1　辣椒疫病

气温和水分是影响该病发生的关键环境因素。气温 27～30 ℃最适宜，气温33～35 ℃受抑制。雨水多，大水漫灌，利于病原菌繁殖、传播和侵染。在辣椒开花结果阶段突遇暴雨、连阴雨或者大水漫灌，往往导致此病大发生，因而有些地方称之为“水灾病”。连作地、低洼积水、土壤黏重、氮肥使用偏多、密度过大均有利于该病的发生和蔓延。

防治措施：防治此病应以栽培防病为主，结合选用优良的抗病品种，在发病初期及时进行药剂防治。①选用抗病品种，种子严格消毒，培育无菌壮苗。皱椒、尖椒抗病能力强于甜椒。②栽培防病。实行轮作，与十字花科、豆科等实行 2～3 年轮作；深翻改土，结合深翻，增施有机肥料、磷钾肥和微肥，适量施用氮肥，合理排灌。③药剂防治。预防从苗期开始，5～7 d 一次。治疗病轻地块 3～5 d 一次，连用 2～3 次；发病中后期 3 d 一次，连用 2～3 次。施用 38%恶霜嘧铜菌酯 800 倍液，或 58%甲霜灵锰锌可湿性粉剂 600 倍液，或 64%杀毒矾 M8 可湿性粉剂 500 倍液，或 25%甲霜灵可湿性粉剂 700 倍液，或 56%嘧菌酯百菌清 600 倍液，或 4%嘧啶核苷类抗生素 500 倍液，或 77%可杀得可湿性粉剂 400 倍液，或 1∶1∶200 波尔多液，或 72%克露可湿性粉剂 500 倍液，或 72.2%普力克水剂 600～700 倍液，或 40%霜疫灵可湿性粉剂 200 倍液。大棚可选用烟雾法，施用 45%百菌清烟雾剂，每亩用量 250～300 g。喷药间隔 7～10 d，连续 2～3 次，尤其在 5—6 月雨后天晴时及时喷药，防治效果更好。此外，还可进行药液灌根封锁发病中心，可用 50%甲霜铜可湿性粉剂 600 倍液，或 30%甲霜恶霉灵 600 倍液，或 25%甲霜灵可湿性粉剂 700 倍液，或 72%克抗灵可湿性粉剂 600 倍液对病穴和周围植株灌根，每株药液量 250 g，灌 1～2 次，间隔期 5～7 d。

8.3.3.2　辣椒猝倒病

在低温、高湿、光照不足时易发病。故早春苗床温度低、湿度大时，特别是在局部有滴水时，利于发病。当幼苗皮层木栓化后，真叶长出，则逐步进入抗病阶段。播种过密，幼苗徒长往往发病较重。浇水后积水处或薄膜滴水处，最易发病而成为发病中心。

防治措施：①育苗场地的选择。最好选择 5 年以上未种茄子、番茄、辣椒、黄瓜等感病蔬菜，以及地势较高、向阳背风、排水良好、水源方便的肥沃地块作为苗床。②苗床管理。做好土壤消毒，用 40.0%福尔马林液 30～40 mL/m^2 加水 3000 mL 喷浇苗床，并用地膜封闭 5 d 熏蒸消毒，一般一两天后无药味时再播种。种子药剂处理，用 25.0%瑞毒霉加 65.0%代森锌(9∶1)1500 倍液拌种。不要在阴雨天浇水，要设法消除棚膜滴水现象。肥料一定要腐熟并施匀；播种均匀而不过密，盖土不宜太厚；根据土壤湿度和天气情况，需洒水时，每次不宜过多，且在上午进行；床土湿度大时，撒干细土降湿；做好苗床保温工作的同时，多透光、适量通风换气。③药剂防治。猝倒病多发区，在打足底水的苗床上，每亩喷用38%恶霜嘧铜菌酯25～50 mL，然后筛撒薄薄一层干土，将催好芽的种子撒播上，再筛撒细土进行覆盖。药剂防治于病害始见时开始施药，间隔7～10 d。一般防治1～2次，并及时清除病株及邻近病土。药剂选用75%百菌清可湿性粉剂600倍液，或70%代森锰锌可湿性粉剂500倍液，或41%聚砹·嘧霉胺800～1000倍液，或58%甲霜灵锰锌可湿性粉剂500倍液，或38%恶霜嘧铜菌酯水剂800倍液，或72%霜脲·锰锌可湿性粉剂600倍液，或69%烯酰吗琳锰锌可湿性粉剂，或水分散粒剂800倍液。为减少苗床湿度，应在上午喷药。

8.3.3.3 辣椒病毒病

高温干旱，可促进蚜虫传毒，阳光强烈，病毒病发生随之严重。多年连作或与茄科作物连作，低洼地及辣椒缺水缺肥或施用未腐熟的有机肥，均可加重此病。

防治措施：①选用抗病品种。一般早熟、有辣味的品种较晚熟、无辣味的品种抗病。②栽培防病。合理轮作；种子消毒，种子用清水浸泡3～4 h，放入10%磷酸钠中浸20～30 min，或用0.1%高锰酸钾浸泡30 min，再用水冲洗；在辣椒定植后，开花结果初期，采取每隔4行种植1行玉米的间作方式，因为玉米植株高大，可起到诱蚜的作用，另外，辣椒盛果期正值炎夏，高大的玉米植株可使辣椒免受烈日的曝晒；加强田间管理，适期早播，不要连作，多施磷钾肥，勿偏施氮肥，培养壮苗；清洁田园，清除田边田间杂草，减少菌源，将前茬作物带出田间，集中处理，挖坑深埋。③药剂防治措施。防病毒病须与防治蚜虫、减少人为传毒同时进行，用50.0%抗蚜威可湿性粉剂1000倍液，或10.0%吡虫啉可湿性粉剂1500倍液喷雾防治蚜虫。发病初期用1.5%植病灵乳剂1000倍液，或0.1%～0.2%的硫酸锌，或病毒K1000倍液，或宁南霉素300倍液，或抗毒丰（0.5%菇类蛋白质多糖水剂）200～300倍液喷雾，每10 d左右喷洒一次。

8.3.3.4 烟青虫

成虫白天隐蔽，夜晚或阴天活动；对糖趋性强。

防治措施：①糖醋酒液或性诱剂诱杀成虫，减少田间落卵量。糖醋酒液配比为糖：醋：酒：水=3：4：1：2。②杀螟杆菌粉剂（每克含活孢子100亿左右）、青虫菌粉（每克含活孢子48亿以上），稀释400～500倍喷雾，对3龄以前烟青虫效果较好；或用棉铃虫核多角体病毒喷雾。③药剂防治措施。在3龄前进行防治，用苯甲酰脲类有利于保护天敌。20%除虫脲（灭幼脲一号）悬浮剂每亩10 mL；25%灭幼脲（灭幼脲三号）每亩25～30 g，常量喷雾加水75 kg，弥雾机加水12.5 kg。也可用1.8%阿维菌素6000倍液或2.5%甲维盐2000倍液。

8.3.3.5 茶黄螨

茶黄螨趋嫩性强，喜温暖潮湿的环境条件，发生危害最适气象条件为气温16～

27 ℃,空气相对湿度 45%～90%。

防治措施:①消灭越冬虫源,铲除田边杂草,清除残株败叶。②培育无虫壮苗。③定植前喷药灭螨,另外可选用早熟品种,早种早收,避开黄螨发生高峰。④在发生初期药剂喷雾防治,一般每隔 7～10 d 喷 1 次,连喷 2～3 次,喷药重点主要是植株上部嫩叶、嫩茎、花器和嫩果,注意轮换用药。可选用 35%杀螨特乳油 1000 倍液,或 20%螨克 1000～1500 倍液,或 25%灭螨猛可湿性粉剂 1000～1500 倍液喷雾防治。

8.4 山药

8.4.1 概况

山药属于薯蓣科薯蓣属植物,原产于温带,既可入药又可食用,主要含有黏液质、胆碱、糖蛋白、多酚氧化酶、维生素 C、甘露多糖、植酸、16 种氨基酸、尿囊素和 3,4－二羟基苯乙胺等,是重要的滋补食品,具有补脾健胃、降低血压和血糖,抑制肿瘤,延缓衰老等功效。

山药适应性强,分布广,在我国南起广西,北至陕西,东起河北,西至云南均有野生分布或栽培;国外如朝鲜、日本也有分布。山药喜光,耐寒性差,垂直分布于海拔 700～1600 m 的丘陵或高山,宜在排水良好、疏松肥沃的壤土中生长,忌水涝。山药属于高温短日照植物,生育期适温为 20～30 ℃,15 ℃以下不开花,10 ℃块茎可以萌芽,1 ℃不受冻。但地上茎叶不耐霜冻,气温降至 10 ℃以下时植株停止生长,不能忍耐 5 ℃以下的低温,短时间的 0 ℃低温也会使其死亡。气候条件是影响山药生长的主要自然因素之一,对山药品质和产量都有明显影响。

贵州年平均气温在 14～16 ℃,年平均降水量在 1250～1347 mm,年日照时数在 1085～1317 h,全年无霜期为 280～308 d 的区域,适宜山药生长。4—6 月气温不断升高、日照时数达到最大、降水不断增多的气候条件,有利于形成壮苗。6—8 月平均气温在 21.5～23.2 ℃,降水量在 635～767 mm,雨热同季,有利于地上茎叶的生长,为地下根茎的生长积累充足的养分。9—10 月,气温、降水、日照均呈减少趋势,气温日较差增大,有利于地上茎叶的养分向地下根茎输送。这种雨热同期的气候条件极有利于山药中淀粉、氨基酸、蛋白质、淀粉酶、尿囊素、铁、锰等药效成分充分合成,促进较多的养分向块根输送,对提高山药的产量和品质十分有利。

8.4.2 气象服务技术指南

8.4.2.1 播种期

(1)主要农事活动

时间:2 月中旬—3 月中旬。

一般都选用芦头(种薯)做种,也可选用山药豆(种子)做种。

主要农事活动:①科学选地、整地。选择地势平坦、土层深厚、肥沃疏松、排灌方便的沙壤土作为山药种植地块。冬前翻耕晾晒,需深翻。春季整地时每亩施优质腐熟农家肥 5000 kg、腐熟饼肥 100 kg、优质氮磷钾三元复合肥 100 kg 作基肥,并施入 50 kg 生石灰。坡地和地势较高地块种山药宜整成平畦;地势低洼地种山药应采用高垄栽培或开深沟。②芦头消毒。3 月选用色泽新鲜、粗壮、无病斑、长 17～20 cm 的芦头,于发芽前先用 50～52 ℃温水浸泡 10 min,再用含有 600 倍 50%多菌灵和 1000 倍 50%辛硫磷的稀释液浸泡 0.5～1 h,捞出晾干,然后进行催芽。要求选择背风向阳、地势高燥且无短体线虫污染源的地方建床。每床下种 4～5 层,1 层芦头、1 层湿润细土,上铺地膜。待幼芽长出 1 cm 左右时即可开沟顺行播植。若选用山药豆做种,要选籽粒粗壮、毛孔稀疏且有光泽的圆形或椭圆形山药豆,下种前也要用上述方法进行消毒处理。③适期播种。当 5 cm 地温稳定在 10 ℃以上时择晴天播种。芦头开深 15 cm、宽 25 cm、间距 100 cm 的山药种植沟,在沟内顺同一方向将芦头摆放在沟底,株距 20 cm。为防治地下害虫及预防立枯病的发生,每亩用 5%辛硫磷颗粒剂 2～2.5 kg(或用 50%辛硫磷乳油 1 kg拌直径 2 mm 左右的炉渣 10 kg 制成 5%辛硫磷毒砂)、50%福美双可湿性粉剂 2 kg 与 15～20 kg 细土混匀,顺栽植沟撒施,然后下种覆土。可在播后苗前趁雨后墒情较好时,每亩用 48%氟乐灵乳油 150 mL 加水 50 kg 均匀喷洒后浅耧,灭草保苗。

(2)农业气象指标

日平均气温稳定通过 5 ℃初日～10 ℃初日、10～20 cm 地温稳定在 10 ℃以上的晴好天气适于播种。

(3)主要气象灾害及防御对策

主要气象灾害:低温阴雨。

气温低于 5 ℃的低温阴雨天气影响播种田间作业,过早播种可导致山药出苗后遇上晚霜冻,从而造成死苗,影响发育进程及产量形成,可选择雨后晴天播种。

8.4.2.2 出苗期

(1)主要农事活动

时间:3 月下旬—4 月中旬。

山药种薯萌芽并露出土壤表面 2 cm 为出苗。山药播种后 30 d 左右即可出苗。

主要农事活动:①浅中耕松土,促根下扎。②引蔓上架。山药藤蔓长到 50 cm 左右时引蔓上架。③除草。出苗后到封行前,随时人工清除田间杂草。

(2)农业气象指标

山药出苗适宜条件为:气温 13～16 ℃,降水量 40～60 mm,日照时数 90～120 h。晴好天气,气温高,土壤水分适宜,则发芽期短,出苗快。

(3)主要气象灾害及防御对策

主要气象灾害:低温阴雨、冰雹。

气温低于 10 ℃，山药发芽期延迟，出苗缓慢，导致弱苗，影响发育进程及产量形成；山药地上部分茎叶不耐霜冻，短时间的 0 ℃气温也会死亡。冰雹使山药幼苗受到机械损伤，造成缺苗断垄，延迟发育，影响产量。

主要防御对策：创造良好的发芽条件，使幼芽得到适宜的温度及充足的水分和空气，以保证芽的萌发生长；加强防雹工作，布局人工防雹炮站，适时消雹。

8.4.2.3　甩条发棵期（出苗—现蕾开花期）

(1)主要农事活动

时间：4 月下旬—6 月下旬。

这个时期为地下块茎形成初期，山药种薯萌芽后，地上部分经过芽条出土、展叶、茎叶生长和侧枝发生，继而进入现蕾开花期。此时吸收根的数量不再增加，须根大量发生并向深度和广度发展，山药的吸收根系初步形成。同时山药块茎继续向下生长，在块茎的周围发生大量不定根。此期的生长中心，以地上部藤蔓和地下部根系生长为主，块茎的生长量较小，主要向纵深伸长，增粗较少，块茎的颜色较浅，为乳白色。同时，这个时期植株由完全依靠种薯营养生长转到依靠山药茎叶营养生长的阶段。

主要农事活动：①加强肥水管理，及时追肥，浇水要少而勤。此时山药的需肥量是整个块茎膨大期的 60%，应在植株现蕾时重施肥一次，可用较浓的人粪尿加适当的饼肥或亩施氮磷钾复合肥 40～50 kg，促进地上茎叶生长。②加强田间管理，进行中耕除草，创造地下部分良好的生长环境，增强根系吸收能力，减少养分消耗。③控制好水分，尤其要密切关注暴雨洪涝的影响，及时进行开沟排水，避免田块土壤相对湿度过大造成渍涝危害。

(2)农业气象指标

适宜气温为 19～21 ℃，降水量为 600～700 mm，日照时数为 310～400 h。

(3)主要气象灾害及防御对策

主要气象灾害：暴雨、低温阴雨、冰雹。

气温低于 15 ℃，山药不开花；日照时数小于 90 h，山药甩条发棵缓慢，地上茎叶光合面积小，达不到高产的需求，导致弱苗，影响发育进程及产量形成。连续大于 50 mm的降水，可能导致山药田块积水，影响根系生长。冰雹使山药幼苗受到机械损伤，造成缺苗断垄，影响产量。

主要防御对策：加强管理，培育壮苗；及时开沟排水；人工防雹，适时补苗。

8.4.2.4　茎叶停止生长期

(1)主要农事活动

时间：7 月上旬—8 月下旬。

山药现蕾开花以后，地上茎叶迅速增加，地上茎达到足够的长度，整个植株迎来了生长盛期，营养生长和生殖生长齐头并进，依靠地上茎叶的光合作用，大量发生侧枝，生成山药豆，地上部枝繁叶茂，光合面积达到最大；地下部块茎长度伸长、直径增大迅速，处于块茎膨大盛期。

主要农事活动：①加强田间水肥管理，保障适宜的环境条件及充足的养分供给，并及时收获山药豆，减小营养消耗，集中养分促进块茎增长。②人工拔除杂草，结合中耕浅锄，重施肥一次，促进块茎迅速膨大。③浇水要少而勤，促进植株地上部分和地下部分协调生长。④及时开展病虫害防治工作。

(2)农业气象指标

此期是整个山药生长发育和产量形成的关键期，较高的温度、充足的日照、适宜的土壤相对湿度，可以促进同化器官和养分贮藏器官的生长，以制造大量的有机物质。山药地下块茎膨大最适宜的气温为 20～24 ℃，降水量为 210～270 mm，日照时数大于 200 h。

(3)主要气象灾害及防御对策

主要气象灾害：暴雨、干旱。

连续大于 50 mm 的降水，可能导致山药田间积水，影响根系生长。干旱将使藤蔓生长缓慢，叶面积减小，减小块茎重量。在低光照条件下，光合能力显著降低，明显减少光合产物的合成。

主要防御对策：①可在叶面喷洒钾肥，防止山药早衰，及时灌溉。②降雨多时应在田间挖排水沟，排出田间积水。

8.4.2.5 茎叶转黄期

(1)主要农事活动

时间：9 月上旬—10 月中旬。

山药地下块茎膨大盛期以后，地上部茎叶由叶面积最大逐渐减小，地下部块茎膨大速度逐渐减弱，生长发育缓慢。在块茎生长后期，应着重维持茎叶旺盛生长、延缓衰老，并促进其有机物质的制造和运输，使块茎不断增长。

主要农事活动：①抓紧收获山药豆，保证地下块茎营养供给。②可在叶面喷洒钾肥，防止山药早衰。③加强病虫害防治。

(2)农业气象指标

适宜气温为 18～20 ℃，适宜的温度条件可延迟山药地上部茎叶衰退期，同时使地下块茎持续膨大，增加产量；适宜降水量为 150～190 mm；适宜日照时数为 160～190 h。

(3)主要气象灾害及防御对策

主要气象灾害：低温阴雨。

当气温低于 10 ℃时，山药地上部分停止生长，低温使山药迅速进入衰退阶段，缩短块茎膨大时间，影响高产。连阴雨使地上茎叶光合作用严重受阻，影响干物质的积累。

主要防御对策：及时清沟排水，以防田间渍涝。

8.4.2.6　收获期

(1)主要农事活动

时间：10 月下旬—翌年 3 月中旬。

山药地上部分茎叶停止生长以后，地下块茎膨大也趋于停止，标志着山药成熟。此后一直到翌年开春前均为山药收获期。在此期间，晴朗、温度适宜的天气条件下均可进行山药收获。

主要农事活动：①拆除山药攀爬架。②清理田块。③根据市场行情、劳动力情况等，合理安排，适时采收山药块茎。

(2)农业气象指标

土壤相对湿度在 60%～80%，天气晴朗，无明显降雨天气有利于收获。

(3)主要气象灾害及防御对策

主要气象灾害：低温冻害。

霜冻和 0 ℃及以下低温为此时的主要灾害，其危害主要是造成冻伤，影响田间作业，使山药出现断裂等外伤，影响品质。

主要防御对策：选择晴好天气适时收获。

8.4.3　主要病虫害及防治

在贵州危害山药严重的病虫害是炭疽病、根腐线虫病和蛴螬等。

8.4.3.1　山药炭疽病

气温在 25～30 ℃，空气相对湿度在 80%以上易发病。天气温暖多雨或雾大露重有利于发病。偏施过施氮肥或植株郁蔽、通风透光不良会加重病害发生。

防治措施：①选用抗、耐病良种。②栽培防病。轮作，发病地块与非寄主实行 2 年以上的轮作；收获后收集病残体，集中烧毁，并深翻土壤；采用高支架管理，合理密植，改善田间小气候。适时中耕除草，松土排渍；合理施肥，以腐熟的有机肥为主，适当增施磷、钾肥，少施氮肥，增强植株抗病性。③药剂防治措施。发病初期喷 50%的退菌特可湿性粉剂 800 倍液，或 50%的甲基托布津可湿性粉剂 1000 倍液，或 65%的代森锰锌可湿性粉剂 500 倍液等。

8.4.3.2　山药根腐线虫病

该病发生程度与土壤质地有密切关系。根腐线虫好气，结构疏松、通气性好的沙壤土，有利于线虫移动和孵卵，发病重；黏土地的情况正好相反。土壤湿度大，有利于根腐线虫活动，山药发病比较严重；土壤干旱，线虫的活动受到限制，发病就轻。山药连作时，可使病害逐年加重。

防治措施：①选用健康种薯作种，或者用温汤浸种，即将种薯放在52～54 ℃的温水中，浸泡10 min，并上下搅动2次，使种薯受热均匀，达到杀灭线虫的目的。②轮作，将山药与小麦、玉米、花生和地瓜等进行轮作，轮作周期3年。③在病害比较严重时，要对土壤进行消毒。也可以用将噻唑膦颗粒剂和细土搅拌均匀(1500～2000 g颗粒剂拌细土10～15 kg)，均匀撒施到地表面，充分混匀药剂和土壤，噻唑膦颗粒剂和土壤混合深度一般在10～25 cm。

8.4.3.3　山药蛴螬

成虫具有趋光性和假死性。

防治措施：①农业防治措施。幼虫对水和低温抗性差，利用这个弱点进行田间灌水，降低土壤温度，阻碍幼虫生长，可在山药采收后进行灌水；冬春深翻，可以将越冬的幼虫、成虫翻至地表，使其冻死、晒死，降低当年虫量；在新鲜被害植株下深挖，可找到幼虫集中处理。②人工捕杀。利用其成虫假死性震落捕杀。③诱杀成虫。进行灯光或火堆诱杀。5—7月是蛴螬成虫出土的高峰阶段，利用蛴螬成虫性信息素诱集蛴螬成虫，将其集中杀死，阻断世代阶段。④利用天敌或者生物防治。生物防治可用昆虫病原线虫。⑤药剂防治措施。在山药定植前，用啶虫脒颗粒拌土。

8.5　太子参

8.5.1　概况

太子参为石竹科孩儿参属的植物。以干燥块根入药，是一种常见的中药材，也是药食两用药材之一，别名孩儿参、童参、四叶参或米参。

太子参多野生于阴湿山坡的岩石缝隙和枯枝落叶层中，喜疏松富含腐殖质、排水良好的沙壤土，喜肥、怕涝，积水后容易烂根。太子参耐寒性强，在－20 ℃的气温下也可安全越冬；适宜于温和湿润气候，在旬平均10～20 ℃的气温下生长旺盛，忌炎夏高温强光暴晒，当气温达30 ℃以上时，植株生长停滞。一般在6月下旬植株开始枯萎，进入休眠越夏；种子不宜干燥久放，宜随采随播，且必须满足一定的低温条件才能萌发。

贵州太子参主产区是黔东南州，种植面积达20.79万亩，以施秉、黄平县为主，辐射16个县(市)，施秉县牛大场镇是最主要的产区，种植太子参是黔东南州农民增收的重要产业。目前贵州已成为国内太子参三大产区之一，可左右全国市场价格，主要品种是黔产太子参1号。

根据康传志等(2016)贵州太子参生长适宜区划图(图8.6)，太子参最适宜区主要集中在施秉县、黄平县、凯里市中东部、台江县北部、镇远县中部和东部、岑巩县、余庆县南部、铜仁市西部等地区。生长次适宜区范围较广，主要分布在贵州中部和东部地区，具体分布在开阳县、都匀市、福泉市、瓮安县、麻江县、播州区、石阡县、思南县、兴义市等地区。考虑到最适宜区范围和当前贵州太子参种植现状，岑巩县和镇远县是值得开发的太子参潜在适宜种植区。

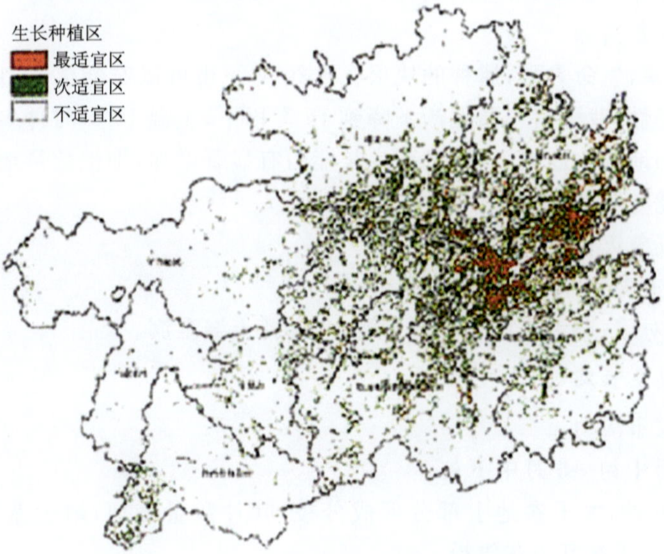

图 8.6　贵州太子参生长适宜区划图

8.5.2　气象服务技术指南

8.5.2.1　播种育苗期

(1)主要农事活动

时间：10 月下旬—翌年 3 月上旬。一般 10 月下旬—11 月(霜降前后)播种，翌年 3 月上旬出苗。

太子参的种植方式有无性繁殖和有性繁殖两种，在生产上以无性繁殖为主，由于太子参长期进行无性繁殖，导致病毒发生严重，太子参种子不携带病毒，通常用有性繁殖进行更新复壮，有效脱毒。

主要农事活动：①选地、整地做畦。栽培时选丘陵坡地或地势较高的平地，以疏松肥沃略有倾斜的向阳坡为好，忌重黏土、低洼积水地、盐碱地、沙土和板结贫瘠地，要排水良好。整地要使土壤疏松，播种前要先施足基肥，以充分腐熟的农家肥为宜，然后覆土稍许。②播种。选取参体肥壮、整齐无伤、无病虫害的块根作为种参。栽种时，把握深度是关键，一般以 8～10 cm 为宜，将种参平排放在条沟中，株距 5～7 cm，然后覆土使畦面呈弓形，覆土要求细腻，厚度以 1 cm 为宜，如有条件可在畦面覆盖草帘或者遮阳网。③松土。早春太子参还未出芽前便开始进行松土，此时松土既可疏松土壤提高地温,又可除掉正在萌发的草芽。④间苗。太子参出苗后松土需注意不要锄断萌芽,并且要不断间苗,间苗原则应采取多次少量,待植株高度 10 cm 时便可定苗,定苗株距保持在 5 cm 左右为佳。

(2)农业气象指标

太子参耐寒,生命力强,播种的块根在-20 ℃下也可以安全越冬,它还具有低温萌芽、发根的特性,栽种后气温逐渐下降到 15 ℃以下,土温 10 ℃时种参逐渐发芽、发根,随着气温和地温的逐渐下降,发芽生长能力有显著增加,细根数量增多,根系吸收面积增加,为越冬后早春出苗生长奠定基础。

(3)主要气象灾害及防御对策

主要气象灾害:干旱。

主要防御对策:遇干旱应及时适量洒水,保持土壤湿润。

8.5.2.2 旺盛生长期

(1)主要农事活动

时间:3 月中旬—5 月中下旬。

3 月中旬开始,太子参地上部分形成分枝,叶片数量增加,地上茎增粗,干重增加,进入花期,太子参可闭花传粉。

主要农事活动:①水肥管理。4—5 月是太子参地上部分生长最迅速的时期,此时要加强水肥管理,保证太子参生长环境的湿润,并进行追肥,以追施氮磷钾复合肥为宜。②打顶、摘蕾。在 4 月后地上部分生长迅速,此时可进行打顶,摘掉植株顶端,促使分枝,5 月花期时可进行摘蕾,且摘蕾进行越早越好,阻止太子参开花进入繁殖生长,减少营养消耗,促进营养向地下块根转移积累。③遮阴。太子参喜欢阴凉环境,忌强光直射,故可在田间间作其他作物为其遮阴,由于太子参株高只有 20 cm 左右,所以间作大豆比较适合,且大豆还可以通过根瘤菌固氮增加土壤氮肥。

(2)农业气象指标

以气温 10～20 ℃、土壤相对湿度以 60%～80%为宜。

(3)主要气象灾害及防御对策

主要气象灾害:干旱、渍害。

土壤相对湿度大于 80%或小于 60%均不利于太子参正常生长。

主要防御对策:①雨后要及时清沟排水。②遇干旱要及时浇水,但不宜过多,保持土壤湿润即可。

8.5.2.3 块根膨大期

(1)主要农事活动

时间:5 月上旬—6 月中下旬。

由种子胚根发育成的实生苗幼苗主根系在生长早期可吸收土壤养分、水分供幼苗生长，后期随着生长逐渐腐烂，而在根头基部和地下茎茎节处产生不定根，不定根逐渐膨大形成小块根，这些小块根就是太子参药材。5 月太子参地上部分生长稳定后，地下不定根便开始迅速膨大，6 月中下旬前不定根的数量和鲜重都不断增加。

由于此时期是太子参产量形成关键期，延迟茎叶枯萎时间，对于增加产量十分重要，主要农事活动有加强水肥管理和病虫害防治。

(2)农业气象指标

以气温 20～30 ℃、土壤相对湿度 60%～80%为宜。

(3)主要气象灾害及防御对策

主要气象灾害：干旱、渍害。

主要防御对策：①间作高秆作物对太子参进行遮阴，避免强光照射，保持土壤湿润。②遇连续降雨天气时要及时排水，否则容易造成块根染病腐烂。

8.5.2.4　休眠期

(1)主要农事活动

时间：6 月下旬—10 月中旬。

气温升高至 30 ℃以上时，植株开始枯萎，生长停滞，种子相继自行脱落，种根腐烂，新生块根彼此分开，块根顶端混合芽已分化完成，进入休眠越夏。

主要农事活动：采收。太子参进入休眠越夏期时便可进行采收，过早采收地下块根较小，影响产量，过晚采收药材有效成分含量下降。采收最好于雨后两天，选择晴天采挖，顺畦开挖，保证块根完整，去除泥土。采收时可结合种子采集同时进行，种子采集后应立即用湿沙进行贮藏，防止种子失去活力，种子可贮藏至 11 月播种。

(2)农业气象指标

以气温 20～30 ℃、土壤相对湿度 60%～80%为宜。

(3)主要气象灾害及防御对策

主要气象灾害：高温干旱、渍害。

主要防御对策：①遇高温干旱天气，要及时采收太子参，避免土壤相对湿度过低造成块根干枯，影响产量。②遇连续降雨天气时要及时排水，否则容易造成块根染病腐烂。

8.5.3　主要病虫害及防治

贵州太子参主要病虫害为根腐病、病毒病、小地老虎等。

8.5.3.1　太子参根腐病

在土壤湿度大、雨水过多等高湿条件下发生严重，偏施、过施氮肥，植株幼嫩，抗病力弱，发病重；连作地块发病重。

防治措施：①选用抗、耐病品种。②栽培防病。选用健壮种块或建立无病采种田；及时深翻晒土，清除地里病残体，深埋或烧毁，减少侵染源；轮作；合理施肥，氮、磷、钾肥配合施用，多施有机肥，少施化肥，保持良好排灌条件。③药剂防治。

8.5.3.2 太子参病毒病

在贵州太子参栽植区，3月下旬—4月初开始出现病斑，4月中旬达到发病高峰，连作地病毒病比轮作地重；过施氮肥，发病较重；土壤贫瘠、板结、黏重以及排水不良的田块，太子参生长衰弱，发病也重。

防治措施：①利用抗病品种。这是防治此病经济有效的根本途径。②栽培防病。选用无病的块根留种栽植；轮作；进行深翻晒土；太子参喜大肥，应选富含腐殖质、疏松、肥沃、排水良好的沙壤土地块，一次施足底肥。氮、磷、钾肥配合施用，多施有机肥，少施化肥，提高植株抗病能力。保持良好的排灌条件。③药剂防治。在防治用药的同时加微肥喷雾，可增强植株活力，抑制病毒的危害。

8.5.3.3 小地老虎

内容同6.5.3.3节。

8.6 薏苡

8.6.1 概况

薏苡，一年生粗壮草本植物，种仁是我国传统的食品资源之一。薏苡为禾本科药食兼用作物，其蛋白质含量高于其他禾本科作物。野生薏苡多见于湿润的屋旁、池塘、河沟、山谷、溪涧或易受涝的农田等地方，海拔200～2000 m处常见。

贵州是我国薏苡的主产区之一，种植面积及产量均居全国第一，主要分布在黔西南州的兴仁、晴隆、普安、贞丰、安龙等县，在安顺市紫云县、遵义市正安县、毕节市织金县等地也有零星分布，其中兴仁县是全国乃至东南亚地区的薏苡加工销售集散地。近年来，贵州薏苡种植面积和产量逐年大幅增加，2011—2014年全省薏苡每年平均种植面积为2.7万 hm^2，年均增长率为29.2%，年平均亩产为228.7 kg，年均增长率为32.4%；年均产量为9.4万t，年均增长率为71.0%。

薏苡对温度没有严格要求，只要日平均气温达到9～10 ℃就可以播种出苗，薏苡最适宜气温为25～30 ℃，最高气温为35～40 ℃。薏苡生长发育所需降水量在800 mm以上较为适宜，充足的降水量有利于地上茎叶的生长。干旱不利于薏苡生长发育，尤其在孕穗到灌浆阶段，水分不足可使产量大幅度降低。充足的阳光有利于薏苡中淀粉、氨基酸、蛋白质、淀粉酶、微量元素等的合成，并能促进较多的养分向薏苡仁输送，对提高其产量和品质十分有利。

8.6.2　气象服务技术指南

8.6.2.1　播种期

(1)主要农事活动

时间:3 月中下旬—4 月上旬。

从播种到出现真叶需 7～14 d。这一时期种苗由异养生长过渡到自养生长,开始吸收和制造营养物质,生长量比较小。

主要农事活动:采取雨后播种,起垄种植,选地形开阔、阳光充足、土层深厚、灌溉和排水方便的地方播种。

(2)农业气象指标

种子萌发的土壤温度必须在 9 ℃以上,白天气温在 20～25 ℃、夜间气温在 15～18 ℃为宜;土壤相对湿度在 70%以上为宜。

(3)主要气象灾害及防御对策

主要气象灾害:倒春寒、干旱。

气温低于 10 ℃,严重影响出苗或不出苗;气温低于 9 ℃,种子停止萌发。土壤相对湿度小于 60%对种子萌发不利,土壤相对湿度小于 50%,出苗缓慢,不利于根系生长。

主要防御对策:①适时灌溉,保持土壤相对湿度在 60%以上。②因地制宜,保温覆盖保苗。③在日平均气温达到 12 ℃以上或进入 4 月后适时播种可防止低温影响。

8.6.2.2　苗期

(1)主要农事活动

时间:4 月中旬—5 月中旬。

新叶不断出现,对肥水要求显著增多,苗期时间 40 d 左右。

主要农事活动:中耕除草、及时灌溉补水、施肥。

(2)农业气象指标

最适气温为 20～25 ℃,最低气温在 15 ℃以上,土壤相对湿度在 70%以上,有利于苗期生长。

(3)主要气象灾害及防御对策

主要气象灾害:低温、干旱。

夜间气温低于 15 ℃、白天气温低于 18 ℃,不利于植株生长;土壤相对湿度小于 60%,植株受旱,幼苗影响明显。

主要防御对策:及时灌溉补水、施肥调节地温,加强肥水管理。

8.6.2.3　拔节期

(1)主要农事活动

时间:5 月下旬—6 月上旬。

拔节期时间 15 d 左右。需水量开始增大,根系生长向纵深发展。

主要农事活动:中耕、除草、灌水、施肥、防病虫害。

(2)农业气象指标

最适气温为 22～25 ℃,最低气温在 18 ℃以上,土壤相对湿度在 70%以上,有利于拔节期生长。

(3)主要气象灾害及防御对策

主要气象灾害:低温、干旱。

夜间气温低于 18 ℃,白天气温低于 20 ℃不利于植株生长。土壤相对湿度小于 60%,拔节期薏苡不能正常生长,穗分化将受到明显影响,影响产量和质量。

主要防御对策:中耕、除草、灌溉施肥等调节温度和水分,加强肥水管理。

8.6.2.4 孕穗期

(1)主要农事活动

时间:6 月中旬至下旬。

孕穗期时间 10 d 左右,全面进入肥水需求关键期。

主要农事活动:施肥、灌水、喷药。

(2)农业气象指标

最适气温为 22～30 ℃,最低气温在 20 ℃以上,土壤相对湿度在 70%以上,有利于孕穗期生长。

(3)主要气象灾害及防御对策

主要气象灾害:干旱。

夜间气温低于 20 ℃,白天气温低于 22 ℃不利于植株生长;土壤相对湿度小于 60%时受旱,影响植株结实率。

主要防御对策:及时灌溉补水施肥,加强肥水管理。

8.6.2.5 抽穗灌浆期

(1)主要农事活动

时间:7 月上旬—8 月下旬。

抽穗灌浆需 60～70 d,肥水供给是产量形成的关键。

主要农事活动:施肥、灌水、喷药。

(2)农业气象指标

最适气温为 25～32 ℃,最低气温在 20 ℃以上,土壤相对湿度在 70%以上,有利于抽穗灌浆。

(3)主要气象灾害及防御对策

主要气象灾害:秋风、干旱。

土壤相对湿度小于 60%，影响薏苡结实率和千粒重。低温使薏苡生殖器官的生理机制受到破坏，容易造成薏苡仁脱落而减产。

主要防御对策：及时灌溉补水施肥，加强肥水管理。合理搭配品种，采取灌水、喷施根外肥料等措施减轻秋风危害。

8.6.2.6　成熟收获期

(1)主要农事活动

时间：9 月上旬—10 月上旬。

90%以上成熟时应及时收获。

主要农事活动：收获、晾晒。

(2)农业气象指标

最适气温为 25～32 ℃，最低气温在 22 ℃以上，土壤相对湿度在 60%以上，有利于薏苡成熟。

(3)主要气象灾害及防御对策

主要气象灾害：大风。

夜间温度低于 20 ℃，白天温度低于 22 ℃影响生长。土壤相对湿度＜60%，影响薏苡千粒重。大风易造成薏苡倒伏，影响品质。

主要防御对策：选用矮秆品种的同时，播种前深耕整地、配合使用氮磷钾肥，确定合理的种植密度等，防止植株倒伏。

8.6.3　主要病虫害及防治

薏苡主要病虫害：黑穗病、叶枯病、玉米螟、黏虫等。

8.6.3.1　薏苡黑穗病

又名黑粉病。病菌以冬孢子附着在种子上或土壤里越冬。翌春土温升到 10～18 ℃时，土壤湿度适当，有利于该病发生。

防治措施：①用 1∶1∶100 波尔多液浸种 24～72 h，或 40%拌种双 0.5 kg 拌 60 kg薏苡种子，或 50%甲基硫菌灵可湿性粉剂，或 50%多菌灵可湿性粉剂，或 15%三唑酮可湿性粉剂，按种子重量 0.4%拌种。②发病重的地区，要建立无病留种田，在无病株上采种。③进入发病期以后，要及时检查，发现病株及时拔除，集中深埋或烧毁。④与非寄主植物轮作。⑤深翻土地。⑥施用腐熟的有机肥。提倡施用酵素菌沤制的堆肥，减少化肥施用量，可减轻发病。

8.6.3.2　薏苡叶枯病

从苗期到成熟期均可发病。主要危害叶片，下部老叶先发病，逐渐向上部叶片发展蔓延。温暖、潮湿、多雨天气有利于发病流行。7—8 月，高温、高湿为发病盛期。低温、干旱能抑制病情发展。

防治措施:①种植抗病良种。②栽培防病。轮作,与非禾本科作物轮作以减少田间菌源基数;清除病残体,收获后将病残株集中烧毁,减少越冬菌源量;选择地势较高、通风良好的地块种植,施足底肥,合理施用氮、磷、钾肥。抽穗期及时浇水,促进植株生长发育良好,提高抗病能力。③药剂防治措施。发病初期用 30%丙环唑·苯醚甲环唑乳油 3000 倍液喷雾,或 50%多菌灵可湿性粉剂 500 倍液,或 50%代森锰锌可湿性粉剂 500 倍液,或 75%百菌清乳油 600 倍液,7~10 d 喷 1 次,连喷 2~3 次。

8.7 艾纳香

8.7.1 概况

艾纳香又名冰片艾、紫再枫、大艾、大风艾等,属菊科多年生木质草本植物,是热带和亚热带植物,喜温暖、向阳环境,耐旱不耐寒,呈灌木状,具有香气,全株长有银白色绒毛,主产于我国贵州、广西、广东、福建、云南、海南、台湾等地。在贵州主要生长在红水河、都柳江、锦江、乌江、清水江、赤水河和南、北盘江流域等海拔低于 1000 m 的低山干热河谷地带,多为野生零散分布。近年来,在罗甸、望谟、晴隆、荔波等县均有人工种植,其中罗甸县人工种植达 6 万亩,是全国最早开展艾纳香“GAP”(良好农业规范认证)标准化示范种植的县,2012 年“罗甸艾纳香”获得国家地理标志保护。

艾纳香适宜生长在土质肥沃适中、疏松、排水良好、光照充足的沙质土壤、二荒地及熟地。野生艾纳香主要生长在海拔 1000 m 以下的河谷两岸、疏林、林缘、田边、地坎、路旁、房前屋后、山地灌丛中,人工栽培多在海拔 300~600 m 处。适宜生长的年平均气温为 18~21 ℃,最冷月平均气温 7~11 ℃,日平均气温≥10 ℃年积温 5000~7000 ℃·d,年极端最低气温≥−5 ℃,日平均气温≤0 ℃的连续天数≤4 d。艾纳香喜向阳、温暖环境,在适宜生长区内温度、积温越高长势越好。在年平均气温≥20.5 ℃,日平均气温≥10 ℃积温≥6000 ℃·d,最冷月平均气温≥10 ℃,年极端最低气温≥0.5 ℃,日平均气温≤0 ℃的连续天数≤1 d 的气候条件下最适宜生长。

根据贵州 ETM 遥感图像(增强型专题绘图仪获取的图像)(分辨率 30 m)数据资料,利用遥感的图像分类技术,生成贵州土地利用现状图,屏蔽不适宜艾纳香种植的地块,区划出贵州艾纳香种植的气候最适宜区、适宜区和次适宜区(郑开颜 等,2016)。

可种植区域主要分布在红水河流域和南、北盘江流域海拔较低的中低山河谷地带。最适宜种植区面积共计 79.38 hm^2,主要分布在贵州南部边缘海拔 200~400 m 的低热河谷地带,具体分布在罗甸县的龙坪镇、茂井镇和沿红水河一带;望谟县的桑朗镇沿桑朗河、庶香镇沿红水河一带;贞丰县的白层镇、鲁容乡和望谟县的复兴镇沿北盘江区域;安龙县的栖凤街、镇宁县的六马镇和关岭县的花江镇沿打帮河区域。适宜种植区面积共计 156.04 hm^2，集中分布在沿红水河谷、南盘江河谷和北盘江河谷地带，包括罗甸、望谟、晴隆、册亨、镇宁、关岭、贞丰、安龙和兴仁 9 个县的海拔 400～600 m 区域。次适宜种植区分布面积最广，共计 236.33 hm^2，包括赤水市的大同镇、复兴镇和白云乡海拔 200～300 m 区域，荔波县的瑶山乡和朝阳镇沿樟江一线，三都县城周边海拔 350～550 m 的区域。

8.7.2　气象服务技术指南

8.7.2.1　分生苗发育期

(1)主要农事活动

时间：2 月上旬—4 月中旬。

主桩根、茎长出幼桩苗、近蔸苗和远蔸苗。幼桩苗是从艾纳香的地下根、茎上发出的分生苗；近蔸苗和远蔸苗均从水平根上长出，近蔸苗生长于水平根中部，靠近主蔸，只带一段无(少)须根的水平根；远蔸苗长于水平根末端处，离主蔸较远，须根较多。与此同时，主桩逐渐长出花序、花蕾。

主要农事活动：主桩侧生幼芽萌发时进行一次全田以除草为主的浅中耕，不可深松耕，以免伤及已成网状的水平根，保留已出土的根生苗。为促使早生快发，对主桩根追肥一次。施肥时速效氮的比例应提高，可用复合肥＋尿素或饼肥＋尿素按 4∶1 混合，每亩追肥 20～25 kg。

(2)农业气象指标

适宜日平均气温为 9.0～21.0 ℃。

(3)主要气象灾害及防御对策

主要气象灾害：干旱。

降水偏少，土壤相对湿度小于 50％影响分生苗生长。

主要防御对策：浇水灌溉。

8.7.2.2　定植期

(1)主要农事活动

时间：4 月下旬—5 月下旬。

艾纳香苗长至 5～10 叶、株高 5～20 cm 时便可定植。在定植期，老桩植株种子成熟，随风飞离花盘。

主要农事活动：①4 月下旬—5 月进入雨季时，可大面积移栽定植分生苗或第 1 年种植的有性繁殖苗。同时，收获的种子即可播种种植，为第 2 年的定植做准备。有性种子繁殖主要过程：将艾纳香种以 1∶10 的比例与细土(有机肥)拌匀，撒播在高畦处，播后覆盖稻草或一层厚 1 cm 左右的细土，每亩用种 1.25～3.0 kg。②浇水保持土壤湿润，并搭建透 30％～40％光的荫棚遮阴，出苗后及时除去覆草。

(2)农业气象指标

适宜日平均气温为 19.0～21.0 ℃。

(3)主要气象灾害及防御对策

主要气象灾害:干旱、晴热高温。

气温偏高、降水偏少,土壤相对湿度小于 50%,不利于定植。

主要防御对策:选择雨天或阴天移栽,在种苗前后给土壤适当浇水;避免在阳光强烈的晴天移栽。

8.7.2.3 旺长期

(1)主要农事活动

时间:6 月上旬—10 月中旬。

植株先后发生 1 次、2 次、3 次、杈状分生枝,株高长至 2 m 左右,最高可达 3 m,主茎绿叶数日增量达 0.4 叶,高峰期绿叶数可达 60 叶左右。

主要农事活动:①多年艾园的田间管理。在 6 月上旬至中旬,进行第 2 次管理,植株和群体生长量加快,田间分生苗分布很多,在进行以除草为主的浅中耕时,可对分生苗进行一次留壮去弱、留疏去密的间苗,让分生苗的分布疏密有致。施肥量较第 1 年增加 1/2,对主桩进行重点窝施,对分生苗辅助散施,中耕混入土层。8 月下旬—9 月上旬进行第 3 次管理,铲除后发小分生苗,视苗情确定补追肥量,一般都较第 1 年加量。②当年种植的艾纳香植株小,根系扩展不发达,管理方法与多年生艾园不同,6 月上旬前取苗补植;艾苗成活后于 6 月上旬进行第 1 次结合追肥的中耕除草,近株松窝,距植株 10～15 cm 外深中耕,以利根系扩展;6 月下旬—7 月上旬进入旺盛生长后进行第 2 次中耕除草,这时水平根已串根,应浅松浅锄,保留已生出的根生苗,视杂草发生情况,随时除草。成活后的合理追肥,能大幅度提高生物产量和改善有效成分含量,可结合中耕施 2～3 次肥。第 1 次为促使早生快发,速效氮的比例应提高,可用复合肥+尿素或饼肥+尿素按 4∶1 混合,每亩追肥 12～15 kg;第 2 次已进入旺长期,追肥宜重,为不影响有效成分含量,氮素比例降低,一般每亩可窝追复合肥或饼肥 15～25 kg;第 3 次根据长势看苗施肥,补充后劲,在 8 月下旬—9 月中旬,因已进入生长后期,应以速效氮为主,少量补追,每亩施 3～5 kg 尿素。施肥方法应掌握离植株 8～10 cm 点施或环施,结合中耕,覆土翻入土层。亦可进行叶面追肥或其他农肥如圈肥、油枯、火土灰、土杂肥结合施用。

(2)农业气象指标

适宜日平均气温为 19.0～28.0 ℃。

(3)主要气象灾害及防御对策

主要气象灾害:干旱。

干旱影响植株的生长发育。

主要防御对策:浇水灌溉。

8.7.2.4　缓慢生长期

(1)主要农事活动

时间:10月下旬—12月中旬。

艾纳香植株的根、茎、叶生长速度逐渐放缓,增长量渐小。主茎或分枝顶端出现3～5个圆球状花芽,开始生殖生长。

主要农事活动:①进入缓慢生长期后,即可采收。采收方法:采摘艾纳香叶片,割取嫩茎约20 cm,收集地上落叶,收割后砍下中下部老茎晒干用作燃料,需留桩10～15 cm。②晾晒。割取艾纳香叶片后可直接运送到加工地点,或将植株砍倒晾至八成干后再收运。

(2)农业气象指标

适宜日平均气温为9.0～22.0 ℃。

(3)主要气象灾害及防御对策

主要气象灾害:秋绵雨。

持续阴雨天气影响收割、晾晒。

主要防御对策:选择在少雨、天气较好时段收晒。

8.7.2.5　休长期

(1)主要农事活动

时间:12月下旬—翌年1月下旬。

艾纳香植株的根、茎、叶生长量接近于零,前期花茎伸长,后期花茎生长极缓或停止。

主要农事活动:清除灌木杂草、残枝,清洁艾园。

(2)农业气象指标

适宜日平均气温为7.0～12.0 ℃。

(3)主要气象灾害及防御对策

主要气象灾害:低温。

气温低于0 ℃时冻死花茎。

主要防御对策:选择低海拔区域的艾纳香植株进行有性繁殖的种子培育。

8.7.3　主要病虫害及防治

艾纳香的主要病虫害:根(茎)腐病、叶斑病、蛀心虫、蚜虫和红蜘蛛。

8.7.3.1　根(茎)腐病

4—5月危害移栽苗,是移栽死苗和幼苗成活后又枯死的主要病因。发病株根部发黑腐烂,甚至皮层水浸状坏死,致使地上部萎蔫枯死。

防治措施：选用健康春发苗，注意对地下害虫金针虫的防治，用 50％多菌灵 500 倍液或 1∶2∶(250～300)波尔多液灌根。

8.7.3.2　叶斑病

叶斑病的发病初期叶片呈大小不同的紫色病斑。

防治措施：选择健康无病植株作种苗，发病初期施用 65％代森锌 500 倍液或 1∶1∶100 波尔多液，隔 7 d 喷 1 次，需连续 2～3 次。

8.7.3.3　蛀心虫

幼虫蛀食心叶，形成虫苞，嫩梢受害呈筋条状。5—6 月和 10—11 月是两个危害高峰，严重且普遍，受害率可达 90％以上。

防治措施：在 5—7 月进行捕杀成虫，也可以用菊酯类药物 50～200 倍液蘸棉球堵住蛀孔，每周 1 次，连续 2～3 次。

8.7.3.4　蚜虫和红蜘蛛

5—8 月危害嫩梢，吸食汁液，使叶片卷缩退黄，茎芽畸形。

防治措施：①越冬砍除寄主植株，并将残枝败叶清除。②药剂防治措施。5—6 月和 8—9 月对叶片和心叶喷药防治。可选用吡虫啉，或啶虫脒，或烯啶虫胺，或苦参碱，或藜芦碱喷雾防治蚜虫；用阿维菌素，或哒螨灵，或唑螨酯喷雾防治红蜘蛛。

参考文献

彩万志，庞雄飞，花保祯，等，2011. 普通昆虫学(第二版)[M]. 北京：中国农业大学出版社：1-490.

曹士民，江和文，杨文艳，等，2007. 1961—2000 年辽宁夏季高温气候变化特征[J]. 气象与环境学报，23(5)：32-37.

陈浩，李正国，唐鹏钦，等，2016. 气候变化背景下东北水稻的时空分布特征. 应用生态学报，27(8)：2571-2579.

陈华文，2008. 台州市辣椒种植的气象条件分析[J]. 河北农业科学，12(9)：11-12.

陈怀亮，任景权，王连喜，等，2012. 怀山药的研究现状及其发展的几点建议[J]. 作物杂志，(1)：13-17.

陈菁，郑良勇，黄杵娜，等，2015. 贵州石漠化山区火龙果高产优质栽培技术[J]. 现代农业科技，(19)：107-109.

陈萍，卓琴，2016. 安龙县水稻主要病虫害及绿色防控技术示范[J]. 现代农业科技，(6)：157-158.

陈天青，隋建枢，张立异，等，2015. 贵州小麦育种核心种质的遗传多样性分析[J]. 西南农业学报，28(5)：1879-1887.

陈昭鹏，2015. 浅论贵州山区玉米高产栽培技术[J]. 农技服务，32(5)：47.

陈中云，罗楠，徐永灵，2005. 贵州主要作物农业气候实时客观评价系统研究[J]. 广西气象，(26)：169-170.

池再香，白慧，刘荣让，等，2007. 气候变化对椪柑病害发生的影响及防治[J]. 气象科技，35(4)：524-527.

池再香，白慧，彭兴德，等，2008. 黔东南山区椪柑生态气候适宜性分析及区划[J]. 西南农业学报，21(4)：1063-1068.

池再香，杜正静，陈忠明，等，2012. 2009—2010 年贵州秋、冬、春季干旱气象要素与环流特征分析[J]. 高原气象，31(1)：176-184.

池再香，杜正静，杨再禹，等，2012. 贵州西部马铃薯生育期气候因子变化规律及其影响分析[J]. 中国农业气象，33(3)：417-423.

池再香，付显荣，肖钧，等，2014. 六盘水近 6a 马铃薯全生育期的降水特征及其补充灌溉分析[J]. 贵州气象，38(2)：1-7.

池再香，胡跃文，罗顺祯，2005. 黔东南州近半个世纪夏季干旱气候变化分析及预测方法[J]. 贵州气象，29(3)：9-13.

池再香，龙先菊，刘荣让，等，2008. 黔东南椪柑种植的生态气候适应性研究[J]. 中国农业气象，29(3)：316-319.

池再香，龙先菊，晏理华，等，2008. 贵州东部中亚热带季风湿润区椪柑气候区划[J]. 气象，34(11)：101-105.

池再香,卢瑶,肖钧,等,2009.气象因子对马铃薯晚疫病发生规律的影响[J].贵州农业科学,37(9):69-71.

池再香,莫建国,康学良,等,2012.基于GIS的贵州西部春薯种植气候适宜性精细化区划[J].中国农业气象,33(1):93-97.

池再香,肖钧,龚雪芹,等,2014.贵州西部春薯主要生育期降水分布及其影响分析[J].中国农业气象,35(2):180-186.

池再香,张锦,李贵琼,等,2016.贵州红心猕猴桃膨大期对气温与降水变化的响应[J].气象科技,44(4):669-674.

池再香,张锦,吴丹,等,2015.2013年气候对水城县红阳猕猴桃物候期的影响[J].气候变化研究快报,4(2):80-89.

池再香,张锦,肖钧,等,2018.红阳猕猴桃种植基地自动站温度对其生长季的影响[J].气象科学,38(2):258-263.

池再香,张普宇,张艳梅,等,2009.贵州西部地区马铃薯生产主要气象限制因子分析[J].中国农业气象,30(S2):257-259.

戴建华,陶岚,丁杨,等,2012.一次罕见飑前强降雹超级单体风暴特征分析[J].气象学报,70(4):599-627.

邓仁菊,卢扬,潘建梅,等,2016.不同栽培模式对贵州冬作马铃薯抗旱防寒的影响[J].江苏农业科学,44(9):119-122.

邓素芳,杨有泉,应朝阳,2016.薏苡产量形成关键技术研究[J].安徽农业科学,44(13):161-163.

刁秀广,朱君鉴,刘志红,2009.三次超级单体风暴雷达产品特征及气流结构差异性分析[J].气象学报,67(1):133-146.

丁超,2008.优质山药[M].南京:江苏科学技术出版社.

杜月红,冉亚民,崔嵬,1997.贵州栽培薏苡的特征特性与技术要点[J].耕作与栽培,(6):35-36.

段若溪,姜会飞,2002.农业气象学(第一版)[M].北京:气象出版社.

樊鹏,肖辉,2005.雷达识别渭北地区冰雹云技术研究[J].气象,31(7):6-19.

丰佩明,梁正英,胡娄燕,等,2014.贵州长顺县苹果产业发展现状、对策与建议[J].中国园艺文摘,30(10):73-75.

冯晋勤,俞小鼎,傅伟辉,等,2012.2010年福建一次早春强降雹超级单体风暴对比分析[J].高原气象,31(1):239-250.

冯浪,李恩宏,施文娟,2015.贵州马铃薯脱毒种薯质量管理现状、存在的问题及对策初探[J].耕作与栽培,(S1):49-51.

符兆欢,2017.火龙果高产优质栽培技术[J].中国热带农业,(5):57-58.

谷晓平,2016.特色农业气象灾害研究——以贵州两高沿线为例[M].北京:气象出版社:45.

谷晓平,李茂松,2017.西南地区农业干旱和低温灾害防控技术研究[M].北京:中国农业科学技术出版社.

谷晓平,梁平,于飞,等,2015.特色农业气象试验研究——以贵州"两高"沿线为例[M].北京:气象出版社:13-34.

谷晓平，于飞，梁平，等，2017. 不同栽培方式对水稻光合特性及产量的影响[J]. 作物杂志，(5)：66-72.

谷晓平，袁淑杰，史岚，等，2010. 贵州高原复杂地形下太阳总辐射精细空间分布[J]. 山地学报，28(1)：96-102.

谷晓平，袁淑杰，吴战平，等，2009. 贵州山地气候要素分布式研究[M]. 北京：气象出版社：13-28.

谷晓平，袁小康，胡家敏，2014. 火龙果幼苗和成龄树寒害指标初探[J]. 中国农业气象，35(2)：214-220.

贵州烤烟种植区划项目组，2016. 贵州烤烟种植区划丛书(24 本)[M]. 贵阳：贵州人民出版社.

贵州农业气候区划编写组，1989. 贵州农业气候区划[M]. 贵阳：贵州人民出版社.

郭江雪，张璇，何昊东，2016. 贵州金刺梨栽培技术[J]. 现代农业科技，(14)：74-75.

韩方建，翟先果，郭修光，2006. 山药生产中存在问题及对策[J]. 安徽农学通报，12(10)：102.

韩会庆，朱健，苏志华，2017. 气候变化对贵州刺梨种植气候适宜性影响[J]. 北方园艺，(5)：161-164.

韩世刚，周浩，何军，等，2009. 1960—2010 年重庆高温日数时空变化特征[J]气象，9(35)：68-75.

何彬方，冯妍，戴娟，等，2008. 合肥市近 50 年最高气温变化特征[J]. 气象科技，36(6)：764-767.

何辰宇，李蓓蓓，杨菲，2016. 高温干旱对茶叶生产的影响及应对措施[J]. 江苏农业科学，44(4)：215-217.

何庆才，龙增栋，2005. 贵州小麦科研现状与今后的重点分析[J]. 贵州农业科学，(S1)：20-23.

何元龙，丁映，冼福荣，等，2005. 艾纳香生长发育特性的初步观测[J]. 贵州农业科学，33(2)：19-23.

胡家敏，吴战平，陈中云，等，2008. 贵州太阳总辐射计算及其分布规律[J]. 气象科技，36(1)：91-94.

胡明文，2005. 贵州辣椒产业现状与发展策略[J]. 贵州农业科学，(S1)：98-100.

黄彩梅，刘海燕，邹天才，等，2011. 贵州发展油茶种植业的区域划分[J]. 贵州农业科学，39(5)：218-221.

黄芳，李文贞，陈天青，等，2014. 贵州小麦主要品种(系)的条锈病抗性鉴定[J]. 贵州农业科学，42(2)：81-84.

黄芳，熊仕俊，颜学佳，等，2017. 贵州小麦品种(抗源)苗期抗条锈性鉴定[J]. 江苏农业科学，45(1)：103-106.

黄桂东，舒兴武，杨红，2014. 黔南地区需冷量的计算及其在蓝莓种植中的应用[J]. 农技与服务，31(5)：107-108.

黄麟媛，兰昌明，罗明权，2016. 葡萄种植主要气象灾害防御措施[J]. 江西农业，(9)：48.

黄寿波，姚国坤，1989. 从生态农业角度试论提高我国茶叶质量的途径[J]. 中国农业科学，(6)：50-58.

纪瑞鹏，张玉书，2004. 农田土壤水分动态估算模式的研究[J]. 干旱区资源与环境，18(1)：64-67.

姜平，2014. 贵州玉米高产种植技术要点[J]. 南方农业，8(24)：21-22.

蒋太明，向红琼，王群，等，2011. 山区旱地农业抗旱技术[M]. 贵阳：贵州出版集团贵州科技出版社：1-24.

金义兰，蒋选利，黄胜先，等，2015. 贵州蓝莓病害种类调查与鉴定[J]. 中国果树，(4)：80-82.

康传志,周涛,江维克,等,2016. 贵州栽培太子参质量评价及生长区划[J]. 中国中药杂志,41(13):2391-2396.

雷显琪,雷文权,周开芳,等,2008. 高粱品种在不同海拔区的产量与性状表现[J]. 贵州农业科学,36(4):85-86.

李大山,2002. 人工影响天气现状和展望[M]. 北京:气象出版社:164.

李凤霞,王连喜,2003. 宁夏引黄灌区春小麦需水规律及水分指标的研究[J]. 中国生态农业学报,11(4):108-110.

李桂兰,1998. 薏苡的研究进展(综述)[J]. 河北农业技术师范学院学报,12(1):61-63.

李昊宇,王健林,郑昌玲,等,2012. 气候适宜度在华北冬小麦发育期预报中的应用[J]. 气象,38(12):1554-1559.

李佳林,2015. 蓝莓主要病虫害及其防治简介[J]. 南方农业,9(15):22-24.

李婕羚,2017. 贵州喀斯特不同地区无籽刺梨品质研究[D]. 贵阳:贵州师范大学.

李婕羚,胡继伟,李朝婵,2016. 贵州不同种植地区无籽刺梨果实品质评价[J]. 果树学报,33(10):1259-1268.

李金辉,樊鹏,2007. 冰雹云提前识别及预警的研究[J]. 南京气象学院学报,30(1):114-119.

李静,周毓荃,蔡淼,2012. 一次超级单体强雹暴发展演变过程的观测分析[J]. 气象与环境科学,35(2):1-7.

李明军,向仰州,2017. 贵州刺梨低产林改造初步研究[J]. 四川林勘设计,(3):43-46.

李时睿,王治海,杨再强,等,2014. 江南茶区茶叶生产现状和气候资源特征分析[J]. 干旱气象,32(6):1007-1014.

李树杏,王丽丽,涂敏,等,2016. 贵州地区水稻覆膜直播轻简化栽培技术[J]. 耕作与栽培,(5):54,73-74.

李顺雨,马检,谢江,等,2017. 贵州威宁苹果苗木管理技术[J]. 北方园艺,(11):64-65.

李思梅,何庆才,陈曦,2015. 黔西南州小麦品种适应性研究与应用[J]. 种子,34(12):97-98.

李玉柱,许炳南,2001. 贵州短期气候预测技术[M]. 北京:气象出版社.

李云瑞,2005. 农业昆虫学[M]. 北京:高等教育出版社:1-416.

李正强,郭贵敏,杨顺国,等,2008. 高产高油花生新品种黔花生 4 号的选育[J]. 湖北农业科学,47(1):31-32.

李倬,1981. 安徽茶树气候区划[J]. 茶业通报,(3):3-7.

梁传静,蒋选利,洪元洪,2015. 贵州小麦慢条锈品种资源的鉴定[J]. 贵州农业科学,43(5):91-94.

梁仕红,2010. 兴义市下午屯办事处小麦主要病虫综合治理技术效果与措施[J]. 耕作与栽培,(4):62-63.

廖向花,周毓荃,唐余学,等,2010. 重庆一次超级单体风暴的综合分析[J]. 高原气象,29(6):1556-1564.

林茂,李正强,郑治洪,等,2012. 贵州花生地方品种的遗传多样性[J]. 作物学报,38(8):1387-1396.

刘朝英,谭清波,石廷娅,2012. 罗甸县种植火龙果的气候适宜性分析[J]. 南方农业,6(3):16-18.

刘红彦,鲁传涛,张玉聚,等,2001. 怀山药规范化栽培管理技术[J]. 河南农业科学,(5):32-33.

刘静，王连喜，2003. 宁夏南部山区小麦干旱监测与灾损评估模型研究[J]. 中国生态农业学报，11(4)：143-147.

刘久锋，2017. 贵州：玉米之变书写改革大文章[J]. 农村实用技术，(8)：17-18.

刘连斌，于学萍，王萍，等，2011. 火龙果生物学特性及主要病虫害防治技术[J]. 农技服务，28(8)：1204-1206.

刘琳，徐宗学，2014. 西南地区旱涝特征及其趋势预测[J]. 自然资源学报，(10)：1792-1801.

刘荣让，池再香，2006. 柑桔黄龙病的发病规律及其与气象条件的关系[J]. 贵州气象，30(3)：13-14.

刘学锋，李元华，秦莉，等，2007. 河北省近 50 年最高气温及高温日数变化特征[J]. 气象科技，35(1)：31-35.

刘雪梅，宋国强，程平顺，等，1996. 贵州夏旱的基本规律及其对策研究[J]. 贵州气象，20(6)：19-22.

刘雪梅，宋国强，程平顺，等，1997. 贵州夏旱特征及分区研究[J]. 高原气象，16(3)：292-299.

柳运民，2009. 怀山药栽培及病虫害防治[J]. 河南农业，(1)：39.

马天进，林茂，吕建伟，等，2013. 贵州花生耐阴性研究思考[J]. 种子，32(10)：92-95.

莫建国，池再香，汤苾，等，2016. 贵州山区红心猕猴桃种植气候区划[J]. 中国农业气象，(1)：36-42.

牟东岭，郑元红，陈祖瑶，等，2012. 贵州威宁苹果产业现状与发展措施[J]. 中国园艺文摘，28(5)：56-57.

潘文力，冼星彩，1997. 椪柑栽培技术[M]. 广州：广东科技出版社：158-161.

庞文保，李建科，宋鸿，等，2011. 陕西省高温气象风险区划及其防御[J]. 陕西气象，(2)：47-48.

蓬桂华，邢丹，牟玉梅，等，2015. 贵州地方辣椒抗疫病性鉴定[J]. 现代农业科技，(20)：64-65，73.

任艳玲，周杰，杨茂发，等. 2015. 贵州蓝莓病虫害调查及防治方法初报[J]. 中国南方果树，44(6)：102-105.

桑维亮，2017. 毕节市马铃薯产业现状及发展方向——在 2017 年中国马铃薯大会上的主题报告[J]. 世界农业，(8)：244-246.

申慧娟，严昌荣，2003. 农田土壤水分预测模型的研究进展及应用[J]. 生态科学，22(4)：366-370.

石振彬，董旭光，石兴旺，等，2007. 济南市近 50a 高温天气的气候特征[J]. 气象与环境科学，30(9)：95-97.

石正太，赵振安，贾惊涛，等，1996. 长山药块茎膨大进程的初步研究[J]. 中国蔬菜，(1)：29-31.

帅忠兰，罗福礼，2006. 安顺市春旱情况浅析[J]. 贵州气象，30(2)：29-31.

苏海兰，黄颖桢，陈菁瑛，2012. 薏苡栽培管理技术[J]. 福建农业科学，(10)：16-18.

孙继松，戴建华，何立富，等，1992. 强对流天气预报的基本原理与技术方法[M]. 北京：气象出版社：7.

孙启善，2001. 山药优质高产栽培实用技术[M]. 北京：中国农业出版社：51.

田海斌，2012. 喀斯特山地核桃育苗及丰产栽培技术[J]. 中国园艺文摘，(10)：157-159.

田维超，2016. 贵州辣椒种植病虫害防治技术[J]. 农业与技术，36(10)：77.

王安泽，张明新，陈元钧，等，1992. 贵州气候与农业生产[M]. 贵阳：贵州科技出版社：23-46.

王博，2009. 气候因子对小麦品质的影响及贵州小麦品质区划[D]. 贵阳：贵州大学.

王丽芝，谢彩香，陈士林，等，2010. 怀山药的生态适宜性数值区划[J]. 中药材，33(8)：1222-1225.

王少先，等，2008. 辣椒栽培技术[M]. 郑州：中原农民出版社：78.

王旭，向青云，谭伟，等，2011. 基于 RS 和 GIS 的贵州火龙果种植气候区划[J]. 贵州农业科学，3(3)：229-233.

王艳君，高超，王安乾，等，2014. 中国暴雨洪涝灾害的暴露度与脆弱性时空变化特征[J]. 气候变化研究进展，(6)：391-398.

王友成，王丽娟，吴文华，2016. 火龙果生物学特性及其栽培技术[J]. 农业装备技术，42(1)：40-41.

王雨增，李凤声，伏传林，1994. 人工防雹实用技术[M]. 北京：气象出版社：26.

王志英，潘安定，2008. 广州市夏季高温特点及其危害[J]. 气象研究与应用，29(4)：26-29.

魏凤英，1999. 短期气候预测方法[M]. 北京：气象出版社.

文光琴，聂飞，方品武，2012. 兔眼蓝莓在贵州的表现性状及应用评价[J]. 北方园艺，(13)：27-30.

吴丹，张锦，古书鸿，等，2015. 贵州水城县与四川苍溪县红阳猕猴桃种植的气候相似性分析[J]. 贵州气象，39(3)：35-38.

吴俊铭，1997. 贵州稻作气候研究[M]. 贵阳：贵州科技出版社：4-8.

吴俊铭，谷晓平，宋国强，等，1998. 贵州稻作气候研究[M]. 贵阳：贵州科技出版社：29-54.

吴永贵，杨昌达，熊继文，等，2008. 贵州马铃薯种植区划[J]. 贵州农业科学，36(3)：18-25.

吴战平，谷晓平，徐丹丹，等，2008. 猕猴桃栽培的生态气候适应性研究[J]. 气象科技，36(6)：782-786.

吴战平，杨利群，谷晓平，等，2013. 贵州现代高效农业示范园区气候评价[M]. 贵阳：贵州出版集团贵州科技出版社：4-6.

伍红雨，杜尧东，2011. 近 49 年广东高温的气候特征及其变化规律[J]. 热带气象学报，27(3)：427-432.

夏恒，王晓峰，2013. 水城红心猕猴桃的气候适应性分析[J]. 贵州气象，37(1)：34-36.

肖辉，吴玉霞，胡朝霞，等，2002. 旬邑地区冰雹云的早期识别及数值模拟[J]，高原气象，21(2)：159-166.

熊华，于飞，刘济明，2016. 贵州核桃种植的生态适宜性区划[J]. 中国农业科学，44(5)：106-108.

熊伟，周明飞，周永水，等，2011. 雷达资料对春季冰雹云识别初探[J]. 贵州气象，35(2)：13-17.

徐东曙，邹士奖，高明杰，等，2009. 山药栽培的气候适应性分析[J]. 安徽农学通报，15(23)：173-175.

徐金芳，邓振镛，陈敏，2009. 中国高温热浪危害特征的研究综述[J]. 干旱气象，27(2)：163-167.

许炳南，吴俊铭，姚檀桂，等，1992. 贵州气候与农业生产[M]. 贵阳：贵州科技出版社：170-185.

许炳南，张弼洲，黄继用，等，1997. 贵州春旱、夏旱、倒春寒、秋风的规律、成因及长期预报研究[M]. 北京：气象出版社：7-137.

许昌燊，等，2004. 农业气象指标大全[M]. 北京：气象出版社.

许焕斌，段英，刘海月，2006. 雹云物理与防雹的原理和设计[M]. 北京：气象出版社：8.

许薇，汤强，陈欢欢，等，2013. 1961—2010 年广东省高温天气时空变化特征分析[J]. 气象与环境学报，(6)：68-74.

颜艳，2014. 喀斯特山区火龙果栽培技术要点[J]. 农技服务，31(5)：34-36.

杨昌达,陈德寿,2008.利用优势做好做大马铃薯产业[J].贵州农业科学,(1):77-79.
杨恩琼,2007.加快良种体系建设促进贵州马铃薯产业发展[J].种子世界,(9):8.
杨华,吴亚维,韩秀梅,等,2016.贵州苹果产业发展现状与建议[J].农技服务,33(8):190-189.
杨玲,聂飞,周洪英,等,2007.兔眼蓝莓在贵州的引种栽培试验及应用评价[J].贵州农业科学,35(5):48-52.
杨培才,郭裕福,刘锦丽,等,1980.华北地区降雹回波系统的分类及单体特征[J].大气科学,4(3):236-244.
杨玉春,魏永祥,孙斌,2012.蓝莓生理特性及需冷量研究进展[J].辽宁农业科学,(3):42-46.
姚小英,蒲金涌,姚茹莘,2011.气候暖干化背景下甘肃旱作区玉米气候适宜性变化[J].地理学报,66(1):59-67.
叶敏,钱忠华,吴永萍,2013.中国旱涝时空分布特征分析[J].物理学报,62(13):139-203.
尹晗,李耀辉,2013.我国西南干旱研究最新进展综述[J].干旱气象,31(1):182-193.
英敏,余虎,2012."十一五"贵州小麦区试结果分析与评价[J].种子,31(5):101-102.
余光英,胡国珍,李忠洪,等,1987.贵州核桃农家品种资源调查研究[J].贵州林业科技,(2):1-17.
余娟,赵彬,夏燕,等,2014.贵州高寒山区小麦新品种适应性研究[J].农业科技通讯,(6):78-81.
余青,陈思璇,2013.贵州地区节水灌溉对小麦生长状况和水分利用情况的影响[J].安徽农业科学,41(1):65-67.
俞小鼎,姚秀萍,熊廷南,等,2006.多普勒天气雷达原理与业务应用[M].北京:气象出版社:181.
郁青,王雨曾,1995.满城冰雹云类型与特征分析[J].气象,21(6):33-38.
郁青,王雨曾,1995.综合识别冰雹云[J].气象,21(7):26-28.
袁淑杰,缪启龙,谷晓平,等,2007.中国云贵高原喀斯特地区春旱特征分析[J].地理科学,27(6):796-800.
袁小康,谷晓平,2012.贵阳市太阳能资源评估分析[J].贵州农业科学,40(8):108-109.
袁小康,谷晓平,杨再强,等,2014.火龙果开花坐果期寒害指标研究[J].中国农业气象,35(4):463-469.
曾祥忠,郑传芳,胡永刚,2013.加快遵义市酒用高粱产业发展实践与对策[J].中国农业,(9):8-10.
詹永发,王海,张万萍,2015.贵州辣椒种质资源的多样性[J].贵州农业科学,43(10):1-7.
张成礼,付成开,文永刚,等,2015.长顺县紫王葡萄主要病虫害防治技术[J].植物医生,(5):15-18.
张国华,张江涛,金晓青,等,2012.京津冀城市高温的气候特征及城市化效应[J].生态环境学报,21(3):455-463.
张和喜,王群,王鹏,等,2012.贵州辣椒产业发展现状及发展思路分析[J].广东农业科学,39(3):40-42.
张鸿发,左洪超,都秀书,等,2002.平凉冰雹云回波特征分析[J].气象学报,60(1):110-115.
张怀山,鄢秀芹,鲁敏,等,2017.基于 EST-SSR 标记的贵州野生刺梨居群遗传多样性分析[J].中国农业科学,50(6):1098-1108.
张茂松,朱勇,李晓燕,等,2009.云南高原稻区水稻气候适宜度模型研究[J].云南农业科技,(3):16-17.

张蔷,郭恩铭,何晖,等,2011.人工影响天气试验研究和应用[M].北京:气象出版社:98.

张书娟,尹占娥,刘耀龙,等,2011.基于 GIS 的华东地区高温灾害危险性分析[J].灾害学,26(2):54-65.

章澄昌,1992.人工影响天气概论[M].北京:气象出版社:131.

章洁琼,朱怡,2015.贵州薏苡产业发展的现状及对策[J].贵州农业科学,43(4):217-219.

赵峰,千怀遂,焦士兴,2003.农作物气候适宜度模型研究[J].资源科学,6(25):77-82.

赵凤坡,丁国民,1993.几个葡萄品种生物学零度与花期预报的研究[J].中外葡萄与葡萄酒,(2):12-13.

赵锦,杨晓光,刘志娟,等,2014.气候变化对东北三省春玉米气候适宜性的影响[J].中国农业科学,47(16):3143-3156.

赵增渠,2010.今年核桃花期冻害给我们的启示[J].果农之友,(9):34.

郑开颜,王乾,侯芳洁,等,2016.基于温度因子的贵州艾纳香种植气候区划研究[J].中国中药杂志,41(17):3164-3168.

郑明强,李士敏,2006.移栽时期对高粱产量的影响[J].贵州农业科学,34(5):89-90.

郑小波,康为民,汪圣洪,等,2004.贵州早稻栽培的气候适应性分析[J].贵州农业科学,32(4):43-44.

郑媛媛,俞小鼎,方冲,等,2004.一次典型超级单体风暴的多普勒天气雷达观测分析[J].气象学报,62(3):317-328.

周维佳,罗德强,江学海,等,2012.杂交水稻五五精确定量栽培技术规范[J].贵州农业科学,40(6):55-56.

周维佳,王际凤,姜萍,等,2002."秋风"对贵州中高海拔稻区杂交籼稻的影响及其对策[J].杂交水稻,(4):45-47.

周永水,汪超,2009.贵州冰雹的时空分布特征[J].贵州气象,33(6):9-11.

朱以维,张玉华,王永平,2011.大理州核桃主要气象灾害及防御措施[J].云南农业科技,(1):4-7.

宗德华,池再香,2010.贵州从江椪柑黄龙病的发生及气象条件分析[J].贵州气象,34(2):26-28.

邹旭恺,张强,叶殿秀,2005.长江三峡库区连阴雨的气候特征分析[J].灾害学,20(1):84-89.

左德川,2009.薏苡的特征特性及高产栽培技术[J].农技服务,26(4):138-139.

左丽芳,龙平,石昌军,2010.罗甸县春旱特征及成因浅析[J].贵州气象,34(增刊):33-34.

Chi Zaixiang,Mo Jianguo,Kang Xueliang,et al,2012. Meticulous Regionalization of Climate Suitability about Spring Potato Planting in Western Guizhou Based on GIS[J]. Meteorological and Environmental Research,3(11):65-71.

Chi Zaixiang, Pan Xuyan, Zhang Puyu, et al, 2010. Analysis of Main Climatic Factors Affecting Potato Yields of Western Guizhou[J]. Meteorological and Environmental Research, 1(10):85-88.

Johnson J T,et al,1998. The storm cell identification and traking algorithm:an enhanced WSR-88D algorithm[J]. Wea Forecasting,13:263-276.

附录A　气象服务方案简表

为了便于农业气象业务人员在业务服务中使用，特形成以下简表。

表 A.1　水稻气象服务方案简表

发育期	时间	生长发育特点	主要农事活动	不利天气影响及防御对策
播种育苗期	3月下旬—5月上旬	包括播种出苗和苗期。播种出苗期指播种到芽鞘中生出第一片不完全叶的阶段，苗期指出苗—移栽阶段。	播种、施肥	倒春寒：降低了秧苗的生活能力，抗逆力削弱；阴雨连绵，淹水缺氧，既消耗养分，又产生有毒物质，使秧苗受害，加之日照不足，秧苗纤弱，烂秧严重。防御对策：利用“冷尾暖头”及时播种，或因地制宜，保温覆盖育秧。推广温室无土育秧和薄膜育秧也是很有效的措施。此外，用土面增温剂、糠灰、绿肥等覆盖，调节秧田小气候，均有较好的增温、保温效果，看天排灌，合理水肥管理，调节气温。
移栽返青期	5月中旬—6月中旬	移栽后叶色转青，心叶重新展开或出现新叶（上午叶尖有水珠出现），用手将植株轻轻上提，有阻力，说明根已扎入泥中。	施肥、通风、水层控制	干旱：移栽期遭遇降水不足，影响水稻栽插；移栽后根部受伤，吸水力弱，缺水后若不能迅速返青，分蘖即会延迟，影响生长。防御对策：有水源的要及时灌溉。无水源灌溉的要进行灾后补种。因旱没有移栽的稻田，要积极准备早熟玉米种和马铃薯种，待降雨后抢时间及时改种。
分蘖期	6月下旬—7月上旬	分蘖期叶鞘中露出新生分蘖的叶尖，叶尖露出长 0.5～1.0 cm。	施肥、灌水、晒田、病虫害防治	①阴雨寡照。在 15 ℃时分蘖停止发生，如果低温时间过长，会导致萎缩死亡。低于 20 ℃时，分蘖发生便受到显著的阻碍；光强低于自然光强的 5%时，分蘖停止。防御对策：在气温稳定在 15 ℃以上时插秧，并采取有效措施提高水温，以促进分蘖发生。 ②干旱。连续 10 d 以上无有效降水，稻田脱水开裂。在分蘖初期至盛期表现为分蘖速度减慢、叶面积指数降低、叶色转淡，并对后续株高、抽穗及幼穗产生不利影响，分蘖初期—盛期，水稻能耐短期干旱，在干旱解除后，生理活动逐渐恢复正常，分蘖速度加快，有效分蘖期延长，穗数会与正常生长基本一致，只是穗型稍小，产量稍有降低。分蘖末期，干旱会导致叶色严重转淡，严重时导致植株停止发育，甚至死亡。分蘖末期遭遇干旱后，恢复正常生长较为困难，穗数、穗粒数均会减少，对产量影响较大。防御对策：发生干旱后，制定并做好补救措施；降雨后要组织抢时间补施分蘖肥。

续表

发育期	时间	生长发育特点	主要农事活动	不利天气影响及防御对策
拔节孕穗期	7月中旬至下旬	茎基部茎节开始伸长，形成有显著茎秆的茎节为拔节，拔节高度距最高生根节长度为1.5 cm。孕穗期为剑叶全部露出叶鞘。	施肥、灌水、喷药	①干旱。干旱降低了花粉粒育性，导致花粉粒在花药中积累的位置和数量上发生异常并可能引起高度败育。导致穗长缩短，穗粒数减少，空秕数增多。缺水也会降低光合能力，影响有机物质的合成和运输，影响枝梗和颖花的发育，造成颖花的退化和不孕。防御对策：可采取生物化学防御干旱的不利影响，如喷抗旱剂提高水稻抗旱能力、引水灌溉等。 ②洪涝：孕穗期受淹2 d以上，会出现畸形穗花和倒伏。防御对策：预报有大雨以上量级时要提前打开排水沟，确保多余的雨水及时排走。
抽穗扬花期	8月上旬至中旬	抽穗期：穗子顶端从剑叶叶鞘中露出。有的稻穗从叶鞘旁呈弯曲状露出。稻穗抽出后当天或1～2 d即开花。	灌水、喷药	①伏旱。如遇上伏旱，使稻穗抽出受到抑制，天气干燥加上高温，花粉寿命缩短，活力降低，甚至干燥死亡，最终形成空壳，减产严重甚至绝收。防御对策：采用抗旱节水技术，实施拌种、浸种、蘸根和喷施，能有效提高农作物的抗旱能力；可采取生物化学防抗，例如喷抗旱剂提高水稻抗旱能力；引水灌溉。 ②秋风。特指发生在水稻抽穗扬花期的低温灾害。此时低温使水稻的生殖器官的生理机制受到破坏，造成颖花不育，空壳很多而减产。防御对策：掌握秋风出现的规律和安全齐穗期，合理搭配品种；秋风的出现有一定的规律，要根据秋风出现的时间选择品种，择期播栽，使其在秋风出现之前安全齐穗，避免秋风危害；注意应用秋风预报，合理安排生产；根据秋风长期预报制定生产计划，秋风早的年份可多种早熟品种，秋风晚的年份可多种晚熟品种；采取相应的农业措施，改善农田小气候，如秋风来临时，可采取灌水、喷水、喷磷、喷施根外肥料等措施，以减轻低温的危害。
灌浆成熟期	8月下旬—9月中旬	水稻开花后3～5 d即开始灌浆。灌浆后籽粒内容物呈白色乳浆状，淀粉不断积累，干、鲜重持续增加。在乳熟始期，鲜重迅速增加；在乳熟中期，鲜重达最大，米粒逐渐变硬变白，背部仍为绿色。该期手压穗中部有硬物感觉，持续时间为7～10 d。	灌水、喷药、施肥	干旱：此时干旱会使植株光合作用速率、体内同化物的生产、运转和积累受到影响，并且由于能耗的加大，会加速叶片的老化及根系的早衰，导致千粒重降低，严重时还会导致植株干枯死亡。防御对策：生物化学防抗，喷抗旱剂提高水稻抗旱能力；引水灌溉。

表 A.2　玉米气象服务方案简表

发育期	时间	生长发育特点	主要农事活动	不利天气及防御对策
播种出苗期	3月上旬至中旬	播种到三叶期。出苗到第3片完全叶展开。	翻犁、平整土地、选择良种、浸种催芽、种子包衣、防病虫害	低温、连阴雨和干旱。灾害指标：气温低于10 ℃或土壤相对湿度小于70%，出苗缓慢，易受虫鼠害，造成缺窝少苗；气温低于10 ℃，且土壤相对湿度大于90%，连续阴雨大于5 d时，玉米种子容易霉变。防御对策：采用地膜覆盖，提高地温，加快出苗速度；采用种子包衣播种技术；集中育苗，光、温、水、肥等要素容易调控，病虫害及鼠害也容易防治。
三叶期	3月下旬—4月上旬	第三叶片展开。	查苗、补苗、定苗	低温。灾害指标：气温低于10 ℃，玉米苗停止生长，持续5 d以上，容易形成僵苗，甚至死苗。防御对策：集中温室育苗，待苗五叶时移栽大田。
五叶—七叶期	4月中旬至下旬	从第四叶叶鞘中露出第五叶到从第六叶叶鞘中露出第七叶，叶片长约2.0 cm。	定苗、中耕	低温和干旱。灾害指标：气温低于17 ℃，持续5 d以上；土壤相当湿度小于60%。防御对策：根据当地气候特点，合理安排播种时间。
拔节期	5月上旬至中旬	玉米基部节间由扁平变圆，近地面用手可摸到圆而硬的茎节，节间长度约为3.0 cm，此时雄穗开始分化。	中耕除草、追肥	低温和干旱。灾害指标：气温低于17 ℃，持续5 d以上；土壤相对湿度小于60%。防御对策：当土壤相对湿度降到60%左右时应及时灌溉，最优灌溉上限为土壤相对湿度80%。
大喇叭口期	5月下旬—6月中旬	此时玉米第11～12片叶展开，上部几片大叶突出，形似大喇叭，雄穗进入小花分化时期。	灌溉	低温和干旱。灾害指标：气温低于17 ℃，持续5 d以上；土壤相当湿度小于60%。防御对策：当土壤相对湿度降到60%左右时应及时灌溉，最优灌溉上限为土壤相对湿度80%。
抽雄吐丝、开花期	6月下旬—7月上旬	该时期是玉米一生中积累能量、孕育种子的时期。抽雄期为雄穗的顶部小穗从叶鞘中露出；开花期为雄穗中上部花药露出，散出花粉；吐丝期为植株雌穗苞叶中露出花丝。	去雄、辅助授粉	低温和干旱。灾害指标：气温低于18 ℃，持续5 d以上；土壤相对湿度小于60%。防御对策：当土壤相对湿度降到60%左右时应及时灌溉，最优灌溉上限为土壤相对湿度80%。
灌浆乳熟期	7月中旬—8月上旬	雌穗的花丝变成暗棕色或褐色，外层苞叶颜色变浅仍呈绿色，籽粒形状已达到正常大小，果穗中下部的籽粒充满较浓的白色乳即为乳熟期。	加强田间管理、注意病虫害防治	干旱。灾害指标：土壤相当湿度小于60%。防御对策：当土壤相对湿度降到60%左右时应及时灌溉，最优灌溉上限为土壤相对湿度80%。

续表

发育期	时间	生长发育特点	主要农事活动	不利天气及防御对策
成熟收获期	8月中旬—9月下旬	80%以上植株外层苞叶变黄，花丝干枯，籽粒硬化，呈现该品种固有的颜色，且不易被指甲切开即为成熟期。	适时收获	连阴雨。灾害指标：出现日雨量≥0.1 mm，持续时间达5 d或以上的时段（其中从第6天起，允许有间隔1天无降水量）。主要防御对策：抢晴收获，及时晾晒。

表 A.3　小麦气象服务方案简表

发育期	时间	生长发育特点	主要农事活动	不利天气及防御对策
播种出苗期	10月中旬—11月上旬	从芽鞘中露出第一片绿色的小叶，长约2.0 cm，条播竖看显行即为出苗。	播种、施肥、灌溉、整地	①低温阴雨。候平均气温低于10 ℃时播种，影响分蘖；气温低于14 ℃对出苗不利，导致幼苗弱；土壤相对湿度大于85%，易出现烂种；连阴雨天气容易造成烂种，诱发病虫害。防御对策：适时下种，注意水分调节，遇连阴雨及早清沟排水，及时中耕松土，提高地温，促进分蘖成穗，减少病虫害发生。②干旱。土壤相对湿度小于55%，不利于种子膨胀发芽及出苗。防御对策：遇干旱及时灌溉，以滴灌、喷灌为宜。
三叶期	11月中旬至下旬	全田50%以上的麦苗，主茎节从第二叶叶鞘中露出第三叶，叶长为第二片叶的一半，为三叶期。	水肥管理	①干旱。土壤相对湿度低于50%，易形成缺苗断垅，影响小麦生长发育。防御对策：科学调控肥水，因地因苗制宜，受旱麦田要做到应浇尽浇。②低温寡照。气温低于5 ℃对幼苗生长不利，导致幼苗弱。防御对策：注意水分调节，严格控水除湿。
分蘖期	12月上旬—翌年1月中旬	全田50%以上的麦苗，第一分蘖露出叶鞘1 cm左右时，记为分蘖期。	浇水、追肥	①低温阴雨。阴雨连绵，光照不足，不利于分蘖。防御对策：在麦田内及时开挖田内三沟，确保排水通畅，及时中耕松土，提高地温，促进分蘖成穗，减少病虫害发生。②干旱。土壤相对湿度低于60%，影响分蘖。防御对策：浇分蘖水，追施苗肥，促进苗匀苗壮，增加分蘖。
拔节孕穗期	1月下旬—2月下旬	全田50%以上植株茎部第一节露出地面1.5～2 cm时，为拔节期；全田50%以上植株的分蘖旗叶叶片全部抽出叶鞘，旗叶叶鞘包着的幼穗明显膨大为孕穗期。	追肥、浇水、病虫害防治	①低温阴雨。连阴雨大于6 d，光照不足，小麦茎秆细弱，旺长，易生病虫害，后期倒伏。防御对策：根据苗情适时进行灌溉追肥，有条件的应在麦田追施农家肥以提高地温，力促小麦成大穗；及时中耕松土，提高地温，促进分蘖成穗，减少病虫害发生。②干旱。土壤相对湿度小于50%，小穗结实率降低。防御对策：科学运筹肥水，因地因苗制宜。受旱麦田要做到应浇尽浇；对于没有水浇条件的旱地麦田，应在早春镇压并划锄保墒。

续表

发育期	时间	生长发育特点	主要农事活动	不利天气及防御对策
抽穗开花期	3月上旬至下旬	全田50%麦穗(不包括芒)由叶鞘中露出1/2时,为抽穗期;麦穗中上部小花的内外颖张开、花药散粉时,为开花期。	追肥、灌溉、喷药	低温阴雨、雷雨大风和干旱。防御对策:及早清沟排水;要科学运筹肥水,因地因苗制宜;注意防病防虫,防止小麦倒伏(倒伏一般发生在抽穗后,倒伏愈早,减产愈重)。
灌浆乳熟期	4月上旬至下旬	籽粒开始沉积淀粉、胚乳呈炼乳状,在开花后10 d左右,灌浆开始,穗子中部籽粒达到正常大小,呈黄绿色,内含物充满乳状浆液即为乳熟期。	施肥、浇水、喷药	①连阴雨。防御对策:及早清沟排水,确保排水通畅。减少病虫害发生。②干旱。防御对策:有条件的地方应灌麦黄水,对小麦籽粒干物质积累有利。
成熟收获期	5月上旬至下旬	小麦胚乳呈蜡状,籽粒开始变硬时为成熟期,此时为最适收获期。	收获	连阴雨。防御对策:合理安排麦收生产,并抓住天时,抢收抢打。

表A.4 马铃薯气象服务方案简表

发育期	时间	生长发育特点	主要农事活动	不利天气及防御对策
播种出苗期	2月下旬—3月中旬	播种至出苗是马铃薯进行主茎第一段的生长、主茎轴与叶片分化生长、主茎轴顶端花芽及下方两侧枝的分化期。	地块整理、种薯处理、播种、施肥	干旱少雨,影响出苗。防御对策:适时进行灌溉,保障马铃薯播种和出苗。
苗期	3月下旬—4月中旬	从出苗到第6叶(早熟品种)或第8叶(中晚熟品种)展平,幼苗期15～18 d,侧生枝叶开始发生,进入“块茎”过程。	浇水、除草、施肥	①干旱少雨影响苗期生长。防御对策:修筑山塘水库、蓄水池、小水窖等设施,干旱时可以进行人为调节;加强人工增雨工作,充分开发空中云水资源,增强防旱抗旱的保苗生长工作。②倒春寒。防御对策:适度灌水、追肥,对已出土的马铃薯叶面喷防冻剂,提高抗逆性。
分枝期	4月下旬—5月上旬	从第6叶展平到第12叶展平,主茎开始急剧拔高,主茎叶已全部建成,并有分枝及分枝叶的扩展,顶端孕育着花蕾。	疏枝、开沟排水、中耕培土、施肥	干旱少雨,影响枝条生长发育。防御对策:及时灌溉。加强人工增雨工作,充分开发空中云水资源,增强防旱抗旱,促进枝条生长发育。

续表

发育期	时间	生长发育特点	主要农事活动	不利天气及防御对策
现蕾期	5月中旬至下旬	早熟品种第一花序开花，晚熟品种第二花序开花。	疏蕾、疏枝、开沟排水、中耕培土、施肥	低温阴雨。防御对策：根据天气预报，在低温阴雨来临前，可在田间采取培土等措施，减轻低温阴雨危害；天气回暖后，如下部叶片受冻较轻，及时去掉上部冻死枝叶，每亩叶面喷施0.2%～0.5%的磷酸二氢钾60～80 kg，增强光合作用，延缓叶片衰老，尽量减少产量损失。
开花期	6月上旬—7月上旬	开花期为30 d左右，根系继续扩大，块茎膨大到鸽蛋大小，开花期的10多天膨大最快，50%左右的产量在这段形成。	打花、施肥、防病虫害	①干旱少雨。防御对策：适时适量浇水，并抓住有利天气，实时开展人工增雨保高产工作。②暴雨。防御对策：暴雨天气发生之后，及时开沟排水，防渍害，保障马铃薯块茎生长发育。③冰雹。防御对策：布局人工防雹炮站，适时消雹。
成熟收获期	7月中旬—9月中旬	开花结束后，茎叶发展日益减少，基部叶片开始转黄枯落，地上部分的养分向块茎输送，块茎迅速膨大，此期间大概2个月左右，马铃薯基本成熟，可收获。	开沟排水、浇水	①暴雨。防御对策：及时开沟排水，防渍害，保障马铃薯块茎生长发育。②干旱。防御对策：适时适量浇水，保障马铃薯块茎生长发育。

表 A.5　高粱气象服务方案简表

发育期	时间	生长发育特点	主要农事活动	不利天气及防御对策
播种育苗期	3月下旬—4月中旬	播种出苗期到三叶期。从芽鞘中露出第1片叶，长约2 cm即为出苗；从第2叶叶鞘中露出第3片叶，长约2 cm即为三叶期。	翻犁、培土、播种、定苗等	低温阴雨，影响出苗。防御对策：注意收听当地天气预报，选择冷尾暖头及时播种；春播高粱在苗床上需要加盖塑料薄膜，防止倒春寒，出苗后棚内气温高于30 ℃时揭膜降温，晚上温度低时要盖膜保温，保持棚内温度在15～30 ℃；当厢面失水（床体发白）时进行补水，在下午厢面温度降至20 ℃左右或早上浇水较好，不能在中午高温时浇水。
苗期	4月下旬—6月上旬	四叶到七叶期。从第3叶叶鞘中露出第4片叶，长约2 cm即为四叶期；从第6叶叶鞘中露出第7片叶，长约2 cm即为七叶期。	移栽、查苗补苗、施肥等	①连阴雨，不利于蹲苗。防御对策：及早清沟排水，确保排水通畅。②干旱，生长将受到抑制。防御对策：遇有干旱及时灌溉，浇水时应以喷灌为宜。

续表

发育期	时间	生长发育特点	主要农事活动	不利天气及防御对策
拔节孕穗期	6月中旬—7月上旬	基本节间由扁平变圆，近地面用手可摸到圆而硬的茎节，节间长度约为3 cm，此时雄穗开始分化。	中耕除草、培土施肥	①高温干旱。防御对策：补水灌溉。②暴雨。防御对策：有较强降水天气过程时，要防局地洪涝灾害，及时开沟排除田间积水。
抽穗开花期	7月中旬—8月上旬	从剑叶叶鞘中或从叶鞘侧部露出穗的小穗即为抽穗；穗顶部有花药露出，并散出花粉即为开花期。	中耕除草、培土施肥、防病虫害	①干旱。防御对策：及时补水灌溉。②连阴雨，对开花不利，易感染病害。防御对策：及时清沟排水。
灌浆成熟期	8月中旬—9月下旬	高粱适宜收获期为蜡熟末期，籽粒饱满，干物质已停止积累。	适时收获	低温阴雨，影响灌浆和收晒。防御对策：高海拔地区应适时早播早栽，使灌浆成熟期提前，避开低温冷害的不利影响；合理灌溉保证稳产高产；当高粱成熟度达到80%时应及时抢晴收晒，若脱粒后遇长时间阴雨，可用烘干机进行烘干，保证质量。

表A.6　油菜气象服务方案简表

发育期	时间	生长发育特点	主要农事活动	不利天气及防御对策
播种出苗期	9月下旬—10月中旬	油菜播种后，种子吸收相当于自身重量60%以上的水分。油菜种子发芽时，首先是胚根突破种皮深入土壤，随后下胚轴向上伸长，将子叶及胚芽顶出地面。当两片子叶出土展开，由淡黄转绿，即为出苗。	播种、灌溉、施肥、喷药	①连阴雨，土壤过湿影响种子萌发。防御对策：及时清沟理墒。②干旱。防御对策：及时浇水。
苗期	10月下旬—12月下旬	油菜从出苗到现蕾抽薹之前的阶段称为苗期。	间苗、定苗、移栽、中耕、施肥、喷药等	①干旱，难以形成壮苗。防御对策：要及时浇水，以沟灌或喷灌为宜，忌大水漫灌。②连阴雨，土壤过湿，不利于根系生长。防御对策：及时清沟理墒。③低温冻害。防御对策：冻害严重时要覆盖稻草，铺盖在畦面的株行间。

续表

发育期	时间	生长发育特点	主要农事活动	不利天气及防御对策
现蕾抽薹期	1月上旬—2月下旬	从现蕾到初花阶段称为蕾薹期。现蕾即指主茎顶端出现一丛花蕾，仍为1～2片小叶遮盖，仅稍蕾出一小部分。抽薹的特征是主茎顶端花蕾明显出现，茎秆长度达10 cm左右。蕾薹期是油菜营养生长和生殖生长双旺时期，是对水和各种养分吸收利用最迅速、最迫切的时期。	追肥、水分管理、病虫害防治、中耕培土	①低温。防御对策：增施磷钾肥，撒草木灰等抗冻；蕾薹受冻后可割除冻薹，追施速效肥。②高温，气温过高易徒长，不利于产量形成。防御对策：注意合理施肥，防止氮肥过多。③干旱。防御对策：合理补水灌溉。
开花结荚期	3月上旬—4月上旬	油菜开花期是营养生长和生殖生长都很旺盛的时期。	施肥、病虫害防治	①干旱。防御对策：及时浇水。②低温阴雨，导致落花，幼蕾发黄，分段结荚。防御对策：及时清沟排渍降湿。
成熟期	4月中旬—5月中旬	从终花到收获阶段，称为成熟期。一般需时25～35 d，成熟过程的生理活动包括角果体积的增大，种子的发育和油分及其其他营养物质的积累。具体又可分为绿熟期、黄熟期和完熟期。	修剪、施肥、喷药、收获、晾晒	①暴雨。防御对策：做好清沟排水工作。②连阴雨。防御对策：合理贮存防霉变。③冰雹。防御对策：各地要密切关注当地天气预报，已成熟的油菜抓紧收割、晒藏，做到成熟一块收一块；布局人工防雹炮站，适时消雹。

表 A.7　花生气象服务方案简表

发育期	时间	生长发育特点	主要农事活动	不利天气及防御对策
播种期	4月上旬至下旬	—	晒种、种仁处理、翻耕、打窝、播种	①倒春寒。防御对策：根据天气预报，选择冷尾暖头的日子播种。②湿害。防御对策：开挖排水沟。
发芽出苗期	5月上旬至中旬	从花生播种到50%的幼苗出土，并展开第一片真叶，为发芽出苗期。	查苗补种、破膜出苗	①春旱。影响正常出苗和幼苗生长，重者造成缺苗断垄。防御对策：适时浇水灌溉。②倒春寒：倒春寒会使造成“烂种”，种子不能正常发芽出苗或发芽率低。防御对策：稻草、薄膜等覆盖防低温。

续表

发育期	时间	生长发育特点	主要农事活动	不利天气及防御对策
苗期	5月下旬—6月上旬	自50%种子出苗到50%植株第一朵花开放为苗期。这一时期以营养生长为主。	水肥管理、清棵蹲苗、中耕除草、防虫	①低温寡照,影响幼苗生长。防御对策:覆膜保温,加强水肥管理,促进壮苗形成。②冰雹。防御对策:有效覆盖。
开花下针期	6月中旬至下旬	自50%植株开花到50%植株出现鸡头状幼果为开花下针期,简称"花针期"。此期营养体迅速生长外,植株大量开花、下针。	中耕培土、追肥、水分管理	①雨涝。防御对策:采用起畦种植,挖好排灌沟,做到雨过田间无积水,雨后畦沟干。②干旱。土壤板结,果针难以入土。防御对策:松土浇灌。
结荚期	7月上旬至下旬	从50%植株出现鸡头状幼果到50%植株出现饱果为结荚期。此期大批果针入土形成幼果或秕果,营养生长达到最盛期。	病虫害防治、施肥	①暴雨。防御对策:挖好排灌沟,减少土壤积水。②干旱。防御对策:松土浇灌。
饱果成熟期	8月上旬—9月上旬	从50%植株出现饱果到大多数荚果饱满成熟为饱果成熟期。此期营养生长日渐衰退,以生殖生长为主。	施肥、收获	①低温阴雨。防御对策:开沟排水起垄,及时收获。②高温干旱。防御对策:松土浇灌降温。

表A.8　油茶气象服务方案简表

发育期	时间	生长发育特点	主要农事活动	不利天气及防御对策
叶芽萌动期	2月下旬—3月上旬	主干枝和侧枝末梢包裹紧实,不定芽开始膨大,伸长生长,逐渐变成瘦长色青的形态,即为叶芽萌动。此时地下根系已恢复生长。	修枝整形、追肥、大苗补植、防治病虫害	①低温。防御对策:可施御寒肥或覆盖御寒,可采用夜间上风口熏烟御寒或冻前浇水。②干旱。防御对策:雨后中耕或采取灌溉,增施抗旱剂,树盘培土蓄水等方式防御干旱灾害。

续表

发育期	时间	生长发育特点	主要农事活动	不利天气及防御对策
春梢抽发期	3月中旬—5月上旬	叶芽破绽展叶后在其叶柄基部抽生出长5～15 cm、粗0.2～0.3 cm的嫩枝即为新梢抽发，新梢伸长生长的同时新叶相继展开，并在顶端和叶腋形成新的顶芽和腋芽。期间根系生长减缓，越冬幼果开始膨大，造成大量生理落果。	水肥管理、幼树整形、喷药防病	①暴雨。防御对策：及时排水控墒，修剪枝条；雨后清沟排水，清理果园，加强土肥、病虫害管理。②冰雹。防御对策：雹前架设防雹网，雹后及时清园、追肥，做好伤口修护和保护。
花芽分化期	5月中旬—9月下旬	春梢生长停止后，油茶花芽体积显著增大，开始出现不同于叶芽的内部结构。分化初期花芽的生长点稍尖，外表形态与叶芽无明显区别，后期芽顶呈半球形，鳞片边缘有红色镶边，外形明显区别于叶芽的青长形态。	修枝除萌、排水控墒、喷药防病、施肥、采穗嫁接	①高温干旱。防御对策：树干刷白降温或灌水控温补偿土墒。②暴雨。防御对策：清沟排水，控制土墒，及时清园，整地、疏枝扶正，防治病虫害。③冰雹。防御对策：雹前架设防雹网，灾后清园，加强管护。
果实膨大期	3月上旬—8月中旬	幼果体积的迅速增大，前期纵径生长大于横径，后期横径生长大于纵径。期间花芽完成分化，秋梢正在孕育。容易出现大量生理落果。	除草壅土、抗旱保墒	①高温干旱。防御对策：树干刷白降温或覆草灌水控温。②连阴雨。防御对策：清沟排水，控制土墒。
油脂转化期	8月下旬—10月上旬	果实以油脂累积为主，体积不再增加，果重增长明显，果皮颜色由青绿或青红色逐渐转变为青黄或黄红色，绒毛逐步脱落，呈现出成熟光泽。期间幼树夏梢生长趋于结束，秋梢开始抽生；根系生长持续活跃，进入全年第2次生长高峰。	采前劈草、摘蕾、追肥	①高温干旱。防御对策：树干刷白降温，树体喷水降温或林地覆草灌水控温。②大风。防御对策：及时清园，疏枝扶正，做好伤口修护和保护，防治病虫害。
开花期	9月下旬—12月上旬	果实成熟，同时花芽发育完成所需积温累积，花瓣随即展开，花蕾开始绽放，油茶进入花期。	幼树摘花、成熟果实采收和施越冬肥	①高温干旱。防御对策：林地覆草灌水控温控墒。②秋绵雨。防御对策：提前收晒成熟果实，树体叶面喷施激素肥，减少落花落果；抢晴开展人工授粉。

续表

发育期	时间	生长发育特点	主要农事活动	不利天气及防御对策
休眠期	12月中旬—翌年2月中旬	子房停止增长；地下根系也基本停止生长，油茶树体进入越冬休眠状态。	整地、挖带、施基肥、整形修剪	低温冻害。防御对策：可采取培土施肥以壮树势，或覆草保温，同时做好林地清沟、灾后病枝修剪和林地管护。

表 A.9　刺梨气象服务方案简表

发育期	时间	生长发育特点	主要农事活动	不利天气及防御对策
发芽期	1月下旬—2月上旬	刺梨芽的萌发力较强，1年生枝上只有基部的少数芽不能萌发成为隐芽。刺梨的花芽为混合芽，萌芽后，先抽生结果枝，然后开花。	扦插、修枝、施肥、挖沟	倒春寒和晚霜冻。会造成已经萌动的芽冻死。防御对策：提前采取熏烟、涂白、培土包扎法、防风等方法，使树体免受或少受倒春寒及晚霜冻等恶劣气候的侵袭，减少冻害的发生。对萌芽前的果树喷施布萘乙酸甲盐溶液，浓度控制在500 mg/kg，这样就可以将花期往后推迟4～7 d的时间，尽可能避开低温冻害天气。在低温冻害天气发生时，可以在萌芽的初期喷施0.5%的氯化钙，以将花期往后推迟4～5 d的时间。
展叶期	2月中旬—4月上旬	枝芽在此期间不断延伸长成新梢。	松土、除草、喷药	倒春寒和晚霜冻。会造成新展开的幼叶冻死。防御对策：春季进行灌水或喷灌，可显著降低地温，延迟发芽。而在冻害前灌水或喷灌又可提高地温和树温，可预防和减轻冻害。在喷灌时，喷0.5%的蔗糖水，水遇冷结冰，放出热能，保护树温缓慢下降，防冻效果更好。
花期	4月中旬—6月上旬	花期长达1个月左右，盛花期15 d，能够自花授粉结实，但是异花坐果率高。	除草、施肥、喷药	低温、连阴雨。花期遇到13 ℃以下的低温，不能正常受精，种胚不能发育，果实容易脱落。持续阴雨天气也会造成光照不足，内膛枝易枯死、低产。防御对策：在初花期，可以喷施0.3%～0.5%的磷酸二氢钾、氨基酸钙或是硼砂等，以提高花器、幼果及枝条中的细胞液浓度，从而增强抗寒能力。

续表

发育期	时间	生长发育特点	主要农事活动	不利天气及防御对策
结果期	6月中旬—8月中旬	果实发育对种子的依赖性较大，一年生苗木都会有一部分开花结实。	松土、除草、喷药	暴雨、高温干旱。高温会造成刺梨的生长衰弱、结果少而小，质量差。干旱及空气干燥条件下，刺梨生长较弱，叶易枯黄脱落，结果少，且果小涩味重，在干热条件下更为严重。防御对策：暴雨后要注意地下追肥和叶面喷肥相结合，特别注意铁及硼、镁、锌等中微量元素的施用，同时可对过度旺长树施用多效唑150倍液或PBO250倍液，控制旺长。尽快处理出现的黄叶、烂根、花芽分化不良、病菌快速侵染等现象。高温干旱天气要及时补充水分，使果树根部土壤保持湿润。有喷滴灌设施的，可据果园内具体情况在早上或傍晚进行补水；其他果园要及时灌水抗旱。另外树体受旱后根系受损，吸收肥水的能力较弱，不宜立即根施肥料，可选用0.1%～0.2%的磷酸二氢钾、0.3%尿素，以及高效、速效性叶面肥等进行根外追肥。每隔5～7 d喷雾一次，连喷2～3次。结合灌溉，土壤追施腐熟的优质有机肥或尿素，以促发新根生长。
采收期	8月下旬—9月下旬	果皮由绿开始转为黄色。	清排水、采收、施底肥	连阴雨天。雨天采收果实不耐贮运。防御对策：对受淹时间较长的果园，要提前采收；受灾较轻的果园和未受灾的果园要分级采收；对晚熟品种尽量不要早采，以避免集中上市导致果价下跌。

表 A.10　苹果气象服务方案简表

发育期	时间	生长发育特点	主要农事活动	不利天气及防御对策
休眠期	12月上旬—翌年3月上旬	休眠。	冬季管理：整形修剪、树干刷白；伤口保护、果园清理	低温冻害，冻伤果树。防御措施：树主干防冻。用生石灰1份、水6 kg、石硫合剂原液或硫黄1 kg，食盐和油脂各少许，制成白涂剂，涂白树干。涂白一是防病虫害，更重要的是预防低温冻害。

续表

发育期	时间	生长发育特点	主要农事活动	不利天气及防御对策
萌芽期	3月中旬至下旬	新芽萌动。	病虫害防治、施肥、刻芽	低温霜冻灾害。主要影响:冻伤新芽。防御对策:在低温来临前,根据苹果是否萌芽,分别采用不同的化学防治措施。在苹果萌芽前2～3 d,喷施植物防冻剂或低浓度的萘乙酸、青鲜素溶剂、乙烯利,抑制新芽萌动,提高树体抗寒能力。对于正在萌芽的苹果树体连续喷施2～3次0.3%的KH_2PO_4加0.5%的白糖,可起到防冻作用。在霜冻来临前的夜晚进行熏烟。在果园四周或行间堆放树叶、锯末、柴草、麦糠,每亩果园在上风口设一个烟堆,熏烟从夜间零时至次日天亮,以暗火浓烟为宜。
花期	4月上旬至中旬	一朵苹果花从开放到落瓣一般为一天,一个花序开放需要一周时间,整个花期则一般持续半个月时间。在同一植株上的短果枝花先开,中长果枝随后开,腋花芽最晚开放。	疏蕾、除虫、人工授粉施肥、剪除萌蘖	①倒春寒:在花蕾期喷施钙硼肥,增加花器抗寒能力;倒春寒来临时,采用硫黄锯末或半干杂草烟熏法,营造区域小气候,温度升高时喷施糖水,引蜂授粉或放壁蜂。②连阴雨:采用人工液体授粉或人工点授。③冰雹:布局人工防雹炮站,适时消雹;在降冰雹前或降冰雹后进行叶面施肥,增强作物树的抗逆性,达到保花保果的效果。
幼果期	4月下旬—5月下旬	花谢到果实成型。	病虫害防治、疏果定果、套袋	①冰雹。主要影响:对幼果、果树造成物理损伤。防御对策:在降冰雹前或降冰雹后进行叶面施肥,增强作物树的抗逆性。②连阴雨。主要影响:诱发病虫害。防御对策:花后两周全园喷布一次杀菌剂,防止早期落叶病的发生;在易积水的地方应解决好排水问题;及时套袋;适当修枝改善通风条件。
果实膨大期	6月上旬—8月中旬	果实成型到脱袋前。	病虫害防治、追肥、除草、覆盖树盘、清园、浇灌	①冰雹。主要影响:对果实和果树造成物理损伤。防御对策:布局人工防雹炮站,适时消雹。②连阴雨。主要影响:诱发病虫害。防治对策:在易积水的地方应采取排水措施;排水方法:修筑台田,降低地下水位,挖排水沟。③暴雨。主要影响:诱发裂果、烂果、落果和果树病害流行。防御对策:科学建园,果园的地下水位应在地表2 m以下,在易积水的地方应解决好排水问题;排水方法:修筑台田;降低地下水位;挖排水沟;暴雨后及时排水。
果实着色期	8月下旬—9月中旬	果实着色期是苹果上色时期。	疏枝、果实除袋、摘叶转果	连阴雨:诱发裂果、烂果、落果和果树病害流行。防御对策:根据天气发展情况,科学判断除袋时机,尽量选择晴好天气来临前除袋,在易积水的地方应解决好排水措施。

续表

发育期	时间	生长发育特点	主要农事活动	不利天气及防御对策
成熟期	9月下旬—10月中旬	果实脱袋后1～2周。	分期分批采收、冷藏	连阴雨。主要影响:烂果、落果和果树病害流行。防御对策:及时关注天气发展情况,及时采摘成熟果实。
落叶期	10月下旬—12月上旬	摘果后叶黄掉落期间。	施基肥、清理果园树干涂白	连阴雨。主要影响:滋生病虫害。防御对策:及时修剪病虫害枝条,清除僵果、烂果,统一焚烧,减少虫卵越冬。

表 A.11　葡萄气象服务方案简表

发育期	时间	生长发育特点	主要农事活动	不利天气及防御对策
萌芽期	4月上旬至中旬	出现新芽尖。	树体涂刷、疏芽、施芽前肥	渍涝、低温、干旱、冰雹。防御对策:渍涝时增加土壤的通透性,提高通风透光的能力,挖排水沟,开沟疏渠;干旱时及时浇灌,保持田间土壤相对湿度在60%～70%;低温来临前铺黑地膜,以提高土壤温度,及时抹芽定梢;喷洒植物防冻液;人工消雹。
新梢生长期	4月下旬—5月中旬	新芽苞片开始生长,新梢随着气温的升高逐渐加快生长,日生长量可达5～6 cm,持续到开花坐果期。	抹芽定梢、新梢摘心、根外追肥、中耕除草、喷药	渍涝、低温、干旱、冰雹。防御对策:①注意降低田间湿度,保持排水通畅,避免园内积水。②根据气象预报,有干旱天气,要在花前10 d左右灌水,水要灌透;合理地进行追肥处理,以减轻前期干旱影响。③当有低温到来之前,应给葡萄枝蔓喷洒植物防冻液或采用硫黄锯末或半干杂草烟熏法,对受冻较轻果枝及时采取保花保果措施。④及时人工作业消雹。
开花坐果期	5月下旬—6月上旬	花序逐渐伸长、膨大,随着雄蕊花粉的散落,柱头授粉变干枯,子房开始膨大、坐果。	疏花、施壮果肥、根外追肥、抹芽疏枝、中耕除草	连阴雨、干旱、冰雹、暴雨洪涝。防御对策:①连阴雨。及时进行早摘心、重摘心,提高坐果率;适当增施磷钾肥,提高植株抗病能力。②干旱。构建喷灌设施预防干旱,3～4 d浇一次水;可应用覆草保湿技术提高水分利用率。③冰雹。根据气象预报,施放火箭缓解或消除冰雹;在葡萄架面之上,架设一层适当宽的透明塑料网罩或塑料薄膜等防雹设施,可有效防止冰雹砸伤。④暴雨后易暴发各种病虫害,应注意防治霜霉病、白粉病、炭疽病以及其他生理性病害。

续表

发育期	时间	生长发育特点	主要农事活动	不利天气及防御对策
浆果成熟期	6月中旬—9月下旬	幼果膨大，持续 3～7 周，幼果的日生长量最大可达 0.6 mm，果粒大小、种子基本长成，果实套袋后进入缓慢生长期，果实变软着色，转色后是果实成熟的前奏，表现为体积缩小，糖度浓缩增高，水分含量下降。	疏果穗、套袋、摘心、摘老叶、除卷须、病虫害防治、施肥、中耕、采收	连阴雨、干旱、暴雨洪涝。防御对策：增加土壤的通透性，提高通风透光的能力；及时排水，结合打药防治加喷磷酸二氢钾叶面肥。
落叶期	10月上旬—11月上旬	树枝上 5% 树叶开始发黄掉落。	施肥、清园	干旱。防御对策：积极搞好水利设施建设，增加抗旱水源；加施一次冬管肥，加盖黑色地膜。
休眠期	11月中旬—翌年3月下旬	树枝上的叶子全部脱落。	施基肥、清园、冬季修剪	干旱。防御对策：积极搞好水利设施建设，增加抗旱水源。

表 A.12　火龙果气象服务方案简表

发育期	时间	生长发育特点	主要农事活动	不利天气及防御对策
育苗期	2月上旬—3月下旬	育苗可采用扦插和嫁接等方式，待根长到 3～5 cm 即可结束培育，适时定植。生产上以扦插育苗为主，一般育苗时间为 2—3 月，持续 40～50 d。	扦插、浇水、施基肥、防虫	不利天气：气温低于 4 ℃枝条受冻；低于 0 ℃会冻伤；−4 ℃以下植株死亡。防御对策：选育壮苗，增强植株抗寒能力，有条件时可采取相应的保温措施，如薄膜、稻草等覆盖；土壤相对湿度大于 90% 或小于 60% 均不利于根系生长及发育，田间积水 3 d 及以上易烂根。防御对策：种植时行间开设排水沟，布设灌溉设备；加强田间水分管理，及时排除田间积水、补水灌溉。
定植期	4月上旬—5月下旬	从定植到成活需要 20～30 d。	选址建园、整畦立柱、定植浅栽	不利天气：干旱、低温、暴雨。防御对策：布设灌溉设备，及时补水灌溉；有条件时可采取相应的保温措施，如薄膜、稻草等覆盖；及时清沟排水防渍害。

续表

发育期	时间	生长发育特点	主要农事活动	不利天气及防御对策
新梢生长期	3 月上旬—4 月中旬	定植后第二年春季芽萌动、新梢开始生长。	培土、施肥、修剪树形、病虫害防治、摘心	不利天气：土壤相对湿度大于 90%或小于 60%不利于根系生长及新梢抽伸，田间积水 3 d及以上易烂根；连续 4 d 及以上连阴天，或其中有日照时数小于 3 h 的寡照天气会导致生长缓慢。防御对策：抓住降雨天气过程做好蓄水储水工作，合理补水灌溉；加强田间管理，促进新梢生长，有条件时可采取薄膜、稻草覆盖等保温措施；暴雨过后及时清沟排水。
现蕾期	第一批次 4 月下旬—5 月上旬，第二批为 6 月下旬—7 月上旬，第三批为 9 月中下旬。	花芽分化。	施肥、疏花、疏枝	不利天气：温度过高会抑制花芽分化，使花期出现间隔，影响产量；较长时间气温持续低于 15 ℃，还会使花芽转化成枝芽；土壤相对湿度大于 90%或小于 50%不利于植株根系生长及花芽分化，田间积水 3 d 及以上易烂根。防御对策：种植时行间开设排水沟，布设灌溉设备；及时排除田间积水、遇旱时及时补水灌溉。
开花结果期	第一批始于 5 月中下旬，第二批 7 月中下旬，第三批 10 月上中旬。	果实逐渐膨大成型，果皮仍为绿色。	授粉、疏花疏果、套袋、施肥	不利天气：温度过高或过低都会对果实发育产生不利影响，易导致果小质差，果实形成后在气温15～16 ℃条件下能继续生长，但发育期延长；土壤相对湿度大于 90%或小于 60%不利于果实形成及成熟，田间积水 3 d 及以上易烂根。防御对策：及时排除田间积水，遇旱时及时灌溉，开花期遇阴雨天，及时进行人工授粉。
成熟期	第一批始于 6 月中下旬，第二批 8 月中下旬，第三批 11 月中下旬。	果实呈现固有大小后，果皮颜色逐渐转红，呈现品种应有色泽。	采收、剪枝	不利天气：土壤相对湿度＞90%或＜50%不利于根系生长，田间积水 3 d 及以上易烂根。防御对策：种植时行间开设排水沟，布设灌溉设备；及时排除田间积水、遇旱时补水灌溉；适时采收。

表 A.13　蓝莓气象服务方案简表

发育期	时间	生长发育特点	主要农事活动	不利天气及防御对策
休眠期	12 月上旬—翌年 2 月中旬	不见花芽膨大，花芽鳞片紧闭，不见生长迹象。	整园、施肥、浇水	①气温骤降，或日平均气温≤－10 ℃低温会使细胞组织结冰，部分器官受伤或植株冻死。防御对策：在强寒潮到来时采取烟熏等增温防冻措施。②休眠期温度过高，日平均气温≤7.2 ℃的低温持续时间达不到需求，会影响开花结果。防御对策：做好种植区划，依据气候区划成果进行科学布局，选择最适宜区域进行规模化种植。

续表

发育期	时间	生长发育特点	主要农事活动	不利天气及防御对策
萌芽展叶期	2月下旬—3月上旬	叶芽尖端鳞片裂开，绿叶组织开始长出，叶片开始展开。	修剪、浇水	①晚霜冻。蓝莓叶芽萌动期的低温影响较大，叶芽萌动期气温≤−1 ℃时容易造成花芽死亡。防御对策：在夜间采取烟熏等增温防霜冻。②冰雹大风。防御对策：需做好人工防雹工作。
花期	3月中旬—4月中旬	花芽膨大可见，花芽尖头外部鳞片裂开，露出内部色泽略浅鳞片。	授粉管理	低温：0 ℃即可引起严重伤害。防御对策：在强寒潮到来时采取烟熏等增温防冻措施。
幼果发育期	4月下旬—5月中旬	花谢幼果发育。	施膨果肥、撤除蜂箱、清除杂草	①寡照。日照百分率偏低时产量即明显降低，遮光70%～80%时产量严重下降。②干旱。干旱初期叶片变红，随着干旱加重，枝条生长细而弱，坐果率降低，易早期落叶。严重干旱时，造成枯枝甚至整株死亡。防御对策：利用蓝莓园沟渠及时灌溉。③冰雹大风。防御对策：需做好人工防雹工作。
果实膨大期	5月下旬—6月中旬	果实着色膨大。	①施肥。叶面喷施几丁聚糖和果蔬钙提高果实品质和树体抗逆性；在果实成熟前2周完成施肥。②控水。不旱不浇，并减少每次浇水量。③防鸟防虫。在结果大树区张挂好防鸟网；根据病虫发生情况对症防治	①干旱。防御对策：适时浇灌，促进果实膨大。②暴雨洪涝。果实膨大期，降雨过多会造成裂果。防御对策：注意排水，尽量不要有果园积水。
果实成熟期	6月下旬—8月中旬	果实色泽进一步加深成熟。同果序或果枝先端果先成熟，最先成熟的果最大。粗壮的枝条上结的果比弱枝上的大。成熟期为25～40 d。	①采果分级。及时组织人员采摘，缩短采果间隔期。做好果实分级和基地短期存放，注意卫生及消毒。②适当控水。不旱不浇，并减少每次浇水量，浇水量为膨果期的一半即可，要在采摘后及时浇水，不能浇水后直接采摘。雨后及时排涝。注意不要在雨中或雨后马上采收，以免造成霉烂。③施肥。在采收前10 d施肥1次，以磷钾肥料为主。④果实采收后进行修剪，清除园内杂草	连阴雨：连续5 d以上日降水量≥0.1 mm、过程总降水量≥30 mm，不利于采摘，若在雨中或雨后马上采收，易造成霉烂。防御对策：可适时采收以防御不利影响。

表 A.14 椪柑气象服务方案简表

发育期	时间	生长发育特点	主要农事活动	不利天气及防御对策
休眠期	12月中旬—翌年2月下旬	停止生长。	深耕、施重肥、除草、冬季灌水	冻害：极端最低气温低于－5 ℃时，树体就会受冻害。防御对策：①根据气候分析和天气预报，通过灌水和喷药延迟椪柑物候期，降低低温的影响；②加强管理，增强树势，提高椪柑果树的抗低温能力，减轻冻害的危害。
萌芽期	3月上旬至下旬	开始萌芽。	施肥、浇水、剪除病虫枝叶	倒春寒：日平均气温低于 5 ℃时，对芽造成损伤。防御对策：应及时灌水，保持土壤湿润。
开花期	4月上旬至下旬	春梢抽发，有花蕾，并且花蕾逐渐开花。	施肥、疏蕾（花）控梢	低温阴雨：日平均气温低于 10 ℃，连阴雨天数在4 d以上时，极易造成烂花、沤花或花药不散，影响授粉受精。防御对策：①根据中长期天气预报，合理安排花期，或把花期推迟到 4 月下旬之后；②在花瓣开始脱落时每隔3～4 d进行摇花，震花落瓣及花丝；③雨天摇树枝抖落水滴；④在果园内放蜂授粉，以减少由于授粉受精不良的落果。
幼果形成期	5月上旬—7月上旬	5 月初进入谢花末期，并进入第 1 次生理落果，5 月中、下旬开始进入第 2 次生理落果，夏梢抽发。	施肥、中耕除草、修剪、疏果	暴雨洪涝。防御对策：日降水量 50 mm 以上时，应及时疏通沟渠，防止积水。
果实膨大期	7月中旬—10月中旬	幼果迅速膨大，夏梢大量抽发；8 月秋梢抽发、果实继续膨大；9—10 月秋梢进入生长老熟期，根系生长，果实迅速膨大。	施肥、浇（排）水、疏果、修剪、放梢	①高温干旱。防御对策：极端最高气温高于 37 ℃时，早晚要灌水，喷淋降温；在干旱发生前，做好树盘覆盖和抗旱保水工作；②暴雨洪涝。防御对策：及时疏通渠道，降低水位，排涝保根。
果实成熟期	10月下旬—12月上旬	果实逐渐橙黄橘绿、着色、陆续成熟采收。	控水、适期采收、施肥	干旱。防御对策：在持续 15 d 以上无降水时，应及时灌水，以满足果实生长对水分的要求。

表 A.15 金钱橘气象服务方案简表

发育期	时间	生长发育特点	主要农事活动	不利天气及防御对策
休眠—花芽分化期	1月上旬—2月下旬	果树从处于休眠状态，到花芽开始分化至雌蕊形成。花芽分化期间，外观无明显特征。	清园、翻耕、施肥、越冬病虫防治	凝冻、干旱、霜冻。防御对策：灌水防干旱，培土覆盖防凝冻，可使用熏烟、盖草等方法防霜冻。
春梢萌芽—抽梢期	3月上旬至下旬	新梢开始萌芽，叶柄旁的腋芽鳞片开裂后，芽体超过鳞片大小为春梢萌芽期；新梢第一片幼叶张开，同时出现基节即为抽梢期。	定植、施肥、旱时灌水、中耕、嫁接	春旱，倒春寒、冰雹、晚霜冻。防御对策：人工消雹，施肥、压绿，灌溉防旱，熏烟防霜冻。
现蕾—开花期	4月上旬至下旬	发芽以后能区分出极小的花蕾，约出现5%时为现蕾期，花瓣开裂能窥见雌雄蕊即进入开花期。	施肥、疏蕾（花）、控梢、抹芽、病虫防治、绿肥播种	干旱、冰雹、倒春寒。防御对策：灌溉、人工防雹。
生理落果期	5月上旬—6月中旬	第1次生理落果期：子房刚开始转色，自果梗处脱落。第2次生理落果：子房膨大，果实从蜜盘脱落。	注意排水、施稳果肥、除草、疏果、保果、夏梢修剪、病虫害防治	冰雹、暴雨洪涝、高温干旱。防御对策：灌溉、人工防雹、排涝。
结果期	6月下旬初至7月中旬	子房膨大开始至囊瓣发育完全。	树体管理、肥水管理、控梢疏果、病虫防治	冰雹、持续高温干旱、暴雨洪涝。防御对策：人工防雹、灌溉、排涝。
果实膨大期	7月下旬—9月下旬	果实逐渐膨大，果皮色泽呈绿色。	修剪树冠、病虫害防治、追肥壮果、播种冬季绿肥、果实套袋	连阴雨，干旱，暴雨洪涝。防御对策：涝时排水、旱时灌水、施稳果肥、加强病虫害防治。
果实成熟采收期	10月上旬—12月中旬	果实成熟期果实组织发育基本完善，糖、氨基酸、蛋白质等固形物迅速增加，酸含量下降。果皮叶绿素逐渐分解，胡萝卜素合成增多，果皮逐渐着色。果汁增加，果肉、果汁着色；种子硬化，果实进入成熟时期。	控水、采收、贮藏、采后恢复树势、防治冬季病虫害	连阴雨，干旱。防御对策：涝时排水、旱时灌水。

表 A.16 猕猴桃气象服务方案简表

发育期	时间	生长发育特点	主要农事活动	不利天气及防御对策
萌芽期	2月下旬—3月上旬	全株有5%芽的鳞片裂开，微露绿色。	灌水、整地建园、喷药	①霜冻。防御对策：霜冻来临前，使用烟熏、向树体上喷水或防冻剂，培土，入冬后灌水。②凝冻。防御对策：提高树体营养贮备水平，加强树体保护，可减轻冻害发生。
展叶期	3月中旬—4月中旬	全株有5%的叶开始展开。	施肥、灌水、喷药、抹芽定枝	①春旱。防御对策：及时灌水，中耕松土。②霜冻。防御对策：冻害来临前，可采用烟熏、向树体上喷水或防冻剂、防冻，还可在深秋用石灰水将树干和大枝蔓涂白等。
现蕾期	4月下旬—5月上旬	全株有75%的花蕾出现。	诱杀害虫、疏花蕾、灌水、中耕保墒	①春旱。防御对策：施肥后及时灌水，适时中耕松土。②霜冻。防御对策：在霜冻来临前使用烟熏、向树体上喷水或喷防冻剂，还可用深秋用石灰水将树干和大枝蔓涂白，培土，入冬后灌水等方法防御霜冻。
开花期	5月中旬至下旬	全株有75%的花朵开放。	疏花、人工授粉、排灌水、喷药	①低温。防御对策：及时灌水保温，加强肥水管理，进行人工授粉。②春旱。防御对策：及时灌水，中耕松土。
坐果期	6月上旬至下旬	全株有50%～95%花朵的花瓣凋落之间的时期，即果实开始迅速生长。	疏果、套袋、施肥、疏枝、除草	①连阴雨。防御对策：疏枝疏叶，及时排除果园积水。②干旱。防御对策：园地覆盖、架顶覆盖、灌水或浇水。③冰雹。防御对策：冰雹来临前做好防范的准备工作，开展人工防雹作业，灾后及时清园，疏除残次果，追肥补养。
果实膨大期	7月上旬—8月上旬	新梢逐渐停止生长，幼果逐渐膨大，历时50 d左右。	修剪、病虫害防治、追肥、喷药、灌排水	①高温干旱。防御对策：适量留果，合理负载；及时打开套袋通气孔降温；遮阳；摘心；加强管理。②冰雹。防御对策：冰雹来临前做好防范的准备工作，开展人工防雹作业，灾后及时清园，疏除残次果，追肥补养。
果实成熟期	8月中旬—11月上旬	果实种子已饱满呈深褐色。	深耕施肥、采果、排灌水、翻园、绿肥种植、病虫害防治	①高温。防御对策：狠抓果园覆草、果园灌溉、树冠喷水、合理留枝、科学夏剪等措施。②低温阴雨。防御对策：疏枝疏叶，增加通风透光性，及时排除果园积水，防治病虫害。
落叶期	11月中旬—12月上旬	全株有5%的叶开始脱落至75%的叶脱落。	修剪、清园、深翻、施基肥、涂白、培土	①秋绵雨。防御对策：及时排除果园积水。②霜冻。防御对策：熏烟法防霜冻，冬季修剪调节生长发育。
休眠期	12月中旬—翌年2月上旬	全株有75%的叶脱落完毕到来年芽膨大之间的时期。	整地定植、灌水、整地、冬季修剪	低温冻害。防御对策：提高树体营养贮备水平，加强树体保护，可减轻冻害发生；冬季浇防冻水；受冻后加强管理、恢复树势。

表 A.17　核桃气象服务方案简表

发育期	时间	生长发育特点	主要农事活动	不利天气及防御对策
萌芽展叶期	3月上旬—4月上旬	整株有5%绿芽微露至5%的叶子展开。	施肥、病虫害防治	低温冻害。防御对策：熏烟、灌水、包树干。
开花期	4月中旬—5月上旬	子房逐渐膨大，花羽始开时为始花期；当花羽呈倒“八”字形时，为雌花盛花期；当整株有5%花蕾绽开时为盛花期。	解绑、喷叶面肥、人工授粉、疏花、灌溉、病虫害防治	①霜冻，气温≤−1 ℃时，花蕾受冻害。防御对策：熏烟。②连阴雨，影响核桃核桃树的传粉、授粉。防御对策：天气转晴后进行人工授粉或放蜂。③冰雹。防御对策：人工防雹。
果实膨大期	5月中旬—8月中旬	整棵树上5%授粉果实开始膨大。	疏果、中耕、除草、施肥、灌溉、病虫害防治	①冰雹。防御对策：人工防雹。②持续高温干旱，防御对策：灌溉、叶面喷水、抹芽疏枝、合理疏果。
成熟采收期	8月下旬—10月上旬	核桃青果皮由深绿变为淡黄，部分外皮裂口，个别果实脱落。	施肥、收获、采后加工（脱皮、漂洗）、贮藏	①暴雨。防御对策：及时开沟防渍排涝。②冰雹。防御对策：及时开展人工消雹工作。③秋绵雨。防御对策：采摘后及时烘烤干燥。
落叶休眠期	10月中旬—翌年2月下旬	整株有5%的树叶变黄并开始掉落。	整形修剪、刮皮、深翻、施肥、幼树防寒、病虫害防治、清洁核桃园	冻害。防御对策：铺膜盖草或套袋（1～3年树龄幼苗）、树体包裹塑料带、捆绑秸秆、埋土等可有效地防止寒流侵袭。

表 A.18　烤烟气象服务方案简表

发育期	时间	生长发育特点	主要农事活动	不利天气及防御对策
播种至育苗期	2月上旬—4月上旬	在温湿度适宜、通气良好的条件下，从播种到现真叶需10～12 d。这一时期种苗由异养过渡到自养，开始吸收和制造营养物质，生长量比较小。	苗床制作，消毒，剪叶、剪根	春季低温，温度低于10 ℃持续5 d以上，易烂种，烟苗长势差。防御对策：大棚增温。
移栽期	4月中旬至下旬	烟株移栽成活后茎叶恢复生长，新叶不断出现。初期茎部尚短，叶片聚集在地面随着烟株的生长，叶片发生速度加快茎部也伸长加粗，对肥水要求显著增多。	移栽、浇水、揭膜	①春季低温，移栽后温度连续在13～18 ℃持续10 d以上。防御对策：选均匀一致的壮苗，适时移栽，地面覆盖，保肥保墒。②干旱，土壤相对湿度＜50%。防御对策：适时引水灌溉；利用有利天气条件及时进行人工增雨作业。

续表

发育期	时间	生长发育特点	主要农事活动	不利天气及防御对策
伸根期	5月上旬至下旬	茎叶片聚集在地面随着烟株的生长，叶片在茎部伸长加粗。	中耕，追肥水，除杂草，培土	①春旱，严重干旱导致烟株营养期短，植株老化。防御对策：利用有利天气条件及时进行人工增雨作业；结合浇施提苗肥和追肥，及时补充烟株水分。②冰雹：对植株造成机械损伤，影响产量。防御对策：布局人工防雹炮站，适时消雹。
旺长期	6月上旬至下旬	上部叶片扩展与下部叶片充实积累并进群体迅速扩大叶面积达到最高峰，是产量、品质形成的重要阶段。	清沟排水、摘除病叶或拔除病株。中耕、重浇团棵至旺长水	干旱，严重干旱，导致烟株营养期短，植株老化，严重影响烟叶品质。防御对策：重浇团棵至旺长水；利用有利天气条件及时进行人工增雨作业。
采烤期	7月上旬—9月上旬	烟株现蕾到烟叶采收完毕，由营养生长转为生殖生长。	采收、烘烤	高温干旱，导致烟株营养期短，植株老化，严重影响烟叶品质。防御对策：灌溉或者浇水降低土壤温度；利用有利天气条件及时进行人工增雨作业。

表 A.19　茶叶气象服务方案简表

发育期	时间	生长发育特点	主要农事活动	不利天气及防御对策
萌发期	2月中旬—3月上旬	从茶芽鳞片开裂，露出绿色牙尖开始，到鳞片、鱼叶开展。	抗寒防冻工作、催芽施肥、病虫害防治	低温冷害是贵州茶树萌芽期的气象灾害。低温冻害防御对策：一般可采用根际覆盖稻草、杂草以及熏烟等方法。受害较轻的茶园，可进行轻修剪，剪去树冠上面受冻的枝梢；受害较重的茶园，应进行重修剪。茶树萌芽期冻害后，在春芽鱼叶至一叶展开时，喷施叶面肥，对恢复茶树生机和茶芽萌发及新梢生长有促进作用。
开采期	3月中旬—10月下旬	漫射光对茶叶生长有利，日照百分率<40%最佳。	开采	①倒春寒，春茶进入开采期，常受倒春寒或早霜冻的影响，温度过低，使芽易发生冻害，影响当年春茶的产量和品质。防御对策：在强冷空气来临前，采取扎防风障、幼龄茶园培土、喷水、喷化学药剂等缓解气温骤降，削弱冻害程度；在已萌芽的茶园四周点燃发烟物，减少地面与茶树体表面热辐射。受害后可以采取轻修剪，剪掉受冻新梢，再施有机复合肥和速效肥，保证茶树恢复生长所需养分。②高温干旱，日平均气温达 30 ℃以上、日最高气温超过 35 ℃、日平均空气相对湿度在 60%以下时，茶树生育就会受到抑制；严重干旱影响夏茶产量和品质，叶芽生长受到抑制。防御对策：及时灌溉浇水。③冰雹。防御对策：利用有利天气条件及时进行人工防雹作业。

续表

发育期	时间	生长发育特点	主要农事活动	不利天气及防御对策
休眠期	11月上旬—翌年2月上旬	茶树新梢停止生长	冬季茶园管理，包括：除草、剪枝、施肥、病虫害防治、防御低温冻害	低温：冬季最低气温在−10.0 ℃以下，茶树将冻死，新茶园或幼茶致死低温为−5.0 ℃。霜冻：晚秋时节气温突然下降到4 ℃以下，茶树即遭受霜冻害，危害茶树生长。防御对策：覆土、铺草等提高地温；使用烟熏法、喷水法等预防霜冻危害。

表 A.20　辣椒气象服务方案简表

发育期	时间	生长发育特点	主要农事活动	不利天气及防御对策
育苗移栽期	2月下旬—3月下旬	从辣椒种子萌动到子叶展开、真叶显露。这一时期种苗由异养过渡到自养，开始吸收和制造营养物质，生长量比较小。	苗床制作、催芽、施基肥、移栽、通风、追肥、浇水	干旱、低温阴雨。防御对策：采用地膜覆盖栽培、合理施肥。
移栽—大田生长期	4月上旬—5月下旬	从第一片真叶显露到第一朵花现蕾。辣椒移栽后，当辣椒苗长有2～4片真叶时，即开始进行花芽分化。	中耕除草、整枝、追肥、水分管理	①冰雹。防御对策：布局人工防雹炮站，适时消雹。②干旱。防御对策：做好水分管理，加强田间沟路清理。
开花挂果至成熟期	6月上旬—9月上旬	这一时期植株不断分枝，不断开花结果，陆续采收。	培土、灌溉、追肥、采收	干旱、阴雨寡照。防御对策：加强肥水管理。

表 A.21　山药气象服务方案简表

发育期	时间	生长发育特点	主要农事活动	不利天气及防御对策
播种期	2月中旬—3月中旬	播种到出苗前。	选地、种子处理、开沟播种	①低温阴雨，不利出苗。防御对策：选择雨后晴天播种。
出苗期	3月下旬—4月中旬	山药种薯萌芽并露出土壤表面2 cm为出苗。	中耕松土、搭架、引蔓上架、除草	①低温阴雨。防御对策：加强管理。②冰雹。防御对策：加强防雹工作，布局人工防雹炮站，适时消雹。
甩条发棵期（出苗—现蕾开花期）	4月下旬—6月下旬	地下块茎形成初期，以地上部藤蔓和地下部根系生长为主。植株由完全依靠种薯营养生长转到依靠山药茎叶营养生长的时期。	追肥、除草、浇水、排水、病虫害防治	①低温阴雨，导致弱苗。防御对策：加强管理，培育壮苗。②暴雨，会导致山药田块积水，影响根系生长。防御对策：及时开沟排水。③冰雹，造成植株地上茎叶机械损伤。防御对策：人工防雹，适时补苗。

续表

发育期	时间	生长发育特点	主要农事活动	不利天气及防御对策
地上部茎叶停止生长	7月上旬—8月下旬	地上茎叶迅速增加，整个植株迎来了生长盛期，营养生长和生殖生长齐头并进，依靠地上茎叶的光合作用，大量发生侧枝，生成零余子，地上部枝繁叶茂，光合面积达到最大。地下部块茎长度伸长、直径增大迅速，处于块茎膨大盛期，是整个山药生长发育和产量形成的关键期，对环境及水肥条件要求高。	病虫害防治、除草、施肥、排水	①暴雨。防御对策：降雨多时应在田间挖排水沟，排出田间积水。②干旱。防御对策：可在叶面喷洒钾肥，防止山药早衰，及时灌溉。
茎叶转黄	9月上旬—10月中旬	地上部茎叶由叶面积最大逐渐减小，地下部块茎膨大速度逐渐减弱，生长发育缓慢。	收获零余子、施肥、病虫害防治	低温阴雨。防御对策：及时清沟排水，以防田间渍涝。
成熟收获期	10月下旬—翌年3月中旬	山药地上部分茎叶停止生长以后，地下块茎膨大也趋于停止，标志着山药成熟。此后一直到翌年开春前均为山药收获期，适宜的天气均可收获。	拆架、清理田块、采收山药块茎	霜冻、低温造成山药冻伤，降低商品价值，并影响田间作业。防御对策：尽量选择晴好天气收获。

表 A.22 太子参气象服务方案简表

生育期	时间	生长发育特点	主要农事活动	不利天气及防御对策
播种出苗期	10月下旬—翌年3月上旬	具有低温萌芽、发根的特性，栽种后随着气温和地温的逐渐下降，发芽生长能力有显著增加，细根数量增多，根系吸收面积增加，为越冬后早春出苗生长奠定基础。	选地、整地做畦、播种、松土、间苗	干旱。防御对策：及时浇水，保持土壤湿润。
旺盛生长期	3月中旬—5月中下旬	太子参地上部分形成分枝，叶片数量增加，地上茎增粗，干重增加。	水肥管理、打顶、摘蕾、遮阴	①干旱。防御对策：及时浇水，但不宜过多，保持土壤湿润既可。②渍害。防御对策：雨后要及时清沟排水。
块根膨大期	5月上旬—6月中下旬	根头基部和地下茎茎节处产生不定根，不定根逐渐膨大。	追肥、病虫害防治	①干旱。防御对策：间作高秆作物对太子参进行遮阴，避免强光照射，保持土壤湿润。②渍害。防御对策：及时排水，否则容易造成块根染病腐烂。

续表

生育期	时间	生长发育特点	主要农事活动	不利天气及防御对策
休眠期	6月下旬—10月中旬	植株开始枯萎，生长停滞，种子相继自行脱落，种根腐烂，新生块根彼此分开，块根顶端混合芽已分化。	采收、储藏	①高温干旱。防御对策：要及时采收太子参，避免土壤含水量过低造成块根干枯，造成损失。②渍害。防御对策：及时清沟排水，避免块根染病腐烂。

表A.23　薏苡气象服务方案简表

发育期	时间	生长发育特点	主要农事活动	不利天气及防御对策
播种期	3月中下旬—4月上旬	从播种到出现真叶需7～14 d。这一时期种苗由异养生长过渡到自养生长，开始吸收和制造营养物质，生长量比较小。	起垄种植	①干旱。防御对策：适时灌溉，保持土壤湿度在60%以上。②倒春寒。防御对策：覆盖保温。
苗期	4月中旬—5月中旬	新叶不断出现，对肥水要求显著增多，苗期时间40 d左右。	中耕除草、施肥时灌溉补水	低温、干旱。防御对策：及时灌溉补水施肥增加地温，加强肥水管理。
拔节期	5月下旬—6月上旬	拔节期时间15 d左右。需水量开始增大，根系生长向纵深发展。	中耕、除草、灌水、施肥、防病虫害	低温、干旱。防御对策：中耕、除草、灌溉施肥等调节温度和水分，加强肥水管理。
孕穗期	6月中旬至下旬	孕穗期时间10 d左右。全面进入肥水需求关键期。	施肥、灌水、喷药	干旱。防御对策：及时灌溉补水施肥，加强肥水管理。
抽穗灌浆期	7月上旬—8月下旬	抽穗灌浆时间60～70 d。肥水供给是产量形成的关键。	施肥、灌水、喷药	①干旱。防御对策：及时灌溉施肥，加强肥水管理。②秋风。防御对策：合理搭配品种，采取灌水、喷施根外肥料等措施减轻低温秋风危害。
成熟收获期	9月上旬—10月上旬	90%以上成熟时应及时收获。	收获、晾晒	雷雨大风。防御对策：选用矮秆品种，播种前深耕整地、配合使用氮磷钾肥，确定合理的种植密度等。

表 A. 24 艾纳香气象服务方案简表

发育期	时间	生长发育特点	主要农事活动	不利天气及防御对策
分生苗发育期	2月上旬—4月中旬	主桩根、茎长出幼桩苗、近蔸苗和远蔸苗。主桩植株长出花序、花蕾。	进行1次全田以除草为主的浅中耕、对主桩根追肥1次	干旱。影响分生苗的生长。防御对策：进行人工灌溉。
定植期	4月下旬—5月下旬	苗木长至5～10叶，株高5～20 cm，根嫩白。老桩植株种子成熟，随风飞离花盘。	在雨季移栽成苗、播种收获的种子	①干旱。防御对策：选择雨天或阴天移栽，在种苗前后给土壤适当浇水。②晴热高温。防御对策：避免在阳光强烈的晴天移栽。
旺长期	6月上旬—10月中旬	植株先后发生1次、2次、3次、杈状分生枝，株高长至2 m左右，主茎绿叶数日增量达0.4叶，高峰期绿叶数可达60叶。	中耕除草、施肥	干旱。影响植株的生长。防御对策：进行人工灌溉。
缓慢生长期	10月下旬—12月中旬	植株的根、茎、叶生长速度逐渐放缓，增长量渐小。主茎或分枝顶端出现3～5个圆球状花芽，开始生殖生长。	采摘艾纳香叶片、割取嫩茎、收集地上落叶、晾晒、加工	秋绵雨，影响收割、晾晒。防御对策：选择在少雨、天气较好时段收晒。
休眠期	12月下旬—翌年1月下旬	植株的根、茎、叶生长量接近于零，前期花茎伸长，后期花茎生长极缓或停止。	清除灌木杂草、残枝、清洁艾园	低温。冻死花茎。防御对策：选择低海拔区域的艾纳香植株进行有性繁殖的种子培育。